돈은 없어도 떠나고는 싶었다

돈은 없어도 떠나고는 싶었다

발행일	2021년 7월 8일

지은이	이해성		
펴낸이	손형국		
펴낸곳	(주)북랩		
편집인	선일영	편집	정두철, 윤성아, 배진용, 김현아, 박준
디자인	이현수, 한수희, 김윤주, 허지혜	제작	박기성, 황동현, 구성우, 권태련
마케팅	김회란, 박진관		
출판등록	2004. 12. 1(제2012-000051호)		
주소	서울특별시 금천구 가산디지털 1로 168, 우림라이온스밸리 B동 B113~114호, C동 B101호		
홈페이지	www.book.co.kr		
전화번호	(02)2026-5777	팩스	(02)2026-5747

ISBN	979-11-6539-854-5 03980 (종이책)	979-11-6539-855-2 05980 (전자책)

(주)북랩 성공출판의 파트너

북랩 홈페이지와 패밀리 사이트에서 다양한 출판 솔루션을 만나 보세요!

홈페이지 book.co.kr · **블로그** blog.naver.com/essaybook · **출판문의** book@book.co.kr

작가 연락처 문의 ▶ ask.book.co.kr

작가 연락처는 개인정보이므로 북랩에서 알려드릴 수 없습니다.

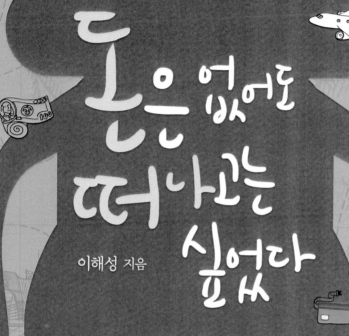

돈은 없어도 떠나고는 싶었다

이해성 지음

**길거리 장사로 지구촌을 누빈
여행작가 이해성의 무전여행기**

북랩 book Lab

1989년에 세계여행을 시작하여 올해로 벌써 32년째에 접어든다. 지나고 보니 결코 짧은 세월이 아닌 것만은 분명한 것 같다. 뒤늦게나마 기록으로 남기기 위해 글 작업을 시작한 지도 어느덧 7년이란 세월이 금방 지나갔다.

여행기를 책으로 남겨보겠다고 생각한 지는 오래되었지만 마음과 달리 주위 환경이 그렇게 되어주지를 않았다. 더 늦기 전에 여행을 좋아하고 사랑하는 사람들과 공유하기 위해 책을 내기로 한 것이다.

나의 여행기는 일반 여행이 아닌, 주로 무전여행을 주제로 한 이야기이다. 여느 사람들이 일반적으로 하는 그런 유형의 여행과는 다른 경우이다.

나도 여행 초반 몇 년 동안은 가지고 있던 얼마 안 되는 재산을 처분해 돌아다녔다. 그때는 그리 불편하거나 부족한 게 없었다. 그러나 경비가 다 떨어지게 되니 다음 여행 경비를 마련하는 게 무엇보다 중요하였다. 여행을 포기하고 국내에 다시 정착해 살 요량이면 모를까, 나에겐 그럴 생각이 없었던 것이다. 그렇다면 어떻게 이 문제를 풀어나가나? 오랫동안 고심한 끝에 생각해낸 게 무전여행이었다. 그런데 무전여행을 아무나 쉽게 할 수 없다는 게 문제였다. 국내에서도 쉽게 할 수 없는 무전여행을, 그것도 세계 각국을 혼자 돌아다니며 한다는 게 상식적으로 어디 가당키나 한 말인가?

그렇지만 꼭 이루어 보겠다는 목적의식과 실천력이 있느냐 없느냐가 무엇보다 중요한 것 같았다. 그렇게 고달픈 무전여행의 길에 들어서서 경비를 벌기 위해 세계 각국을 집시처럼 떠돌아다니며 길거리 장사를 하게 된다. 가끔은 거리의 악사로도 나섰지만, 주로 장사를 해서 여행 경비를 마련하게 된다.

여행 중 많은 우여곡절을 겪게 되는데, 국내도 아닌 외국에서 노상 장사를 하다 불시단속 나온 경찰들에 붙잡혀 닭장차에 실려 그대로 감옥으로 직행해서 본의 아니게 마약사범 등 국제범죄자들과 철창생활을 하게 된다(타이완 타이페이). 홍콩에서는 같은 떠돌이 외국인 친구들과 장사하다 걸려 유치장에 갇혀 하룻밤 지내고 다음 날 홍콩 침사추이 법정에서(중국 반환 전) 영국인 재판장으로부터 특별히(?) 심문을 받는 등 꼴이 말이 아니었다. 벌금 딱지 끊는 건 차라리 양반이었다. 현지 장사꾼들의 텃세는 어찌 보면 당연한 것이고, 야쿠자, 마피아, 좀도둑(?)에 어깨들까지… 어휴! 생각만 해도 참으로 기구한 인생여정이라는 생각이 들었다. 대체 무전여행이 뭐라고….

여행 중 마피아 소굴에 들어갔다가(터키 이스탄불) 가진 돈 중 택시비만 남기고 다 뺏기고, 이태리 로마 지하철역 입구에선 순간적으로 방심했다가 그야말로 눈 깜짝할 새에 현지 도둑들에게 여행 자금과 장사할 물건들이 가득 들어 있는 배낭(50㎏)을 통째로 시원하게(?) 도둑맞고, 현지 한국 대사관으로 가서 담당 영사에게 도움을 청한 후, 협조해줄 테니 이왕 로마에 온 김에 며칠 쉬었다 가라는 호의도 마다하고 손에 들고 있던 가이드 책 한 권만 달랑 들고 다음 날 빈 몸으로 김포공항으로 귀국했다가 공항 담당자가 수상하다고 특별히 불려가 수색도 당하였다. 그리고 인도네시아 발리에서는 오토바이 사고로 죽을 고비도 넘기고, 일본 도쿄 신주쿠 역 지하상가에서 좌판을 깔고 장사하다가 현지인과 시비가 붙어 싸움까지 벌여야 하는 등 정말 고달픈 인생의 여정길이었다.

어떨 땐 내가 왜 이렇게 세계를 돌아다니며 생고생을 해야 하는지 스스로 반문해볼 때가 한두 번이 아니었다. 어떨 땐 잠을 자다가 어두운 방에서 일어나니 여기가 서울인지, 유럽인지, 아프리카인지, 아니면 동남아의 어느 나라인지 비몽사몽간에 헷갈릴 때가 부지기수였다.

그렇지만 이렇게 고생하면서도 계속 여행할 수 있었던 것은 아마도 타고난 방랑벽 때문이라고 생각한다. 나는 내 주위에 나만큼 돌아다닌 사람을 본 적이 없다. 그러니 고생도 마다않고 낯선 나라를 돌아다니고, 또 돌아다녀야만 직성이 풀리는 그런 체질이었던 것이다. 아니, 정확히는 안 돌아다니면 병에 걸리는 체질인 것이다.

세계여행 떠나기 전 예능 계통(음악, 춤)에서 활동할 때만 해도 자유직업인으로서 편하고 남부럽지 않은 인생을 즐기며 살았었는데 지금은 결혼도 포기하고 인생의 황금기에 지구촌을 내 집 안방인 양 떠돌며 지내왔으니, 이게 잘하는 짓인지 아니면 생각 없이 미련한 삶을 살고 있는지 스스로에게 반문해보기도 한다. 좀 헷갈리기도 했지만 지금 와서 지난 세월을 돌이켜보니 결코 잘못된 선택은 아니었다는 생각이 든다.

인생을 살아가면서 모든 것을 다 가질 순 없지 않은가? 결코 후회 없는 삶을 살았다고 스스로 자위하곤 한다. 세월이 흐른 다음 마음속에 못해본 것에 대한 미련을 남기는 것보다는 후회 없는 삶을 산다는 게 무엇보다 중요하다고 생각한다.

2021년 봄, 남산 자락 고시원 골방에서

이해성

kingnamsan88@naver.com
http://blog.naver.com/kingnamsan88
010-9131-1678

◦ 차 례 ◦

머리말　　　　　　　　　　　　　　　　　　　　　　　· 4

❶부 남 아 프 리 카 공 화 국

1. 진짜 검은 대륙 아프리카를 찾아서　　　　　　　　· 16
2. 서울에 돌아와도 머물 곳 없는 신세　　　　　　　· 17
3. 번화가 가게 부근에서 털렸다는 현지 한국인 사장님　·19
4. 불안한 치안 때문에 백인들은 대부분 빠져나가　·20
5. 남아프리카공화국의 진주 케이프타운으로　　　·22
6. 장신 금발 백인 미녀의 대쉬　　　　　　　　　·24
7. 즉석에서 팀을 꾸려 드라이브 하기로　　　　　·27
8. 희망봉 등대에는 나라 망신시키는 가장 큰 한글 낙서가　·31
9. 수산업을 하다가 망해 식당 차렸다는 한국인 아저씨　·32
10. 눈길만 마주쳐도 속 빈 사람들처럼 아는 체해　·35
11. 남아공 민주화의 상징 넬슨 만델라의 집은 아주 평범해　·36
12. 7일짜리 3개국 국제 투어에 참가하다　　　　·38
13. 사자와 차량들과의 덩치 경쟁(?)　　　　　　·41
14. 아침식사 중인 원숭이들의 모습에 폭소가　　·43
15. 겁 없이 괴물 차량으로 뛰어오르는 개코원숭이　·46
16. 하마들은 물 밖으로 나오지도 않아　　　　　·48
17. 무법자 코뿔소 퇴치법 강의(네팔의 치토완에서)　·50
18. 재롱둥이 아프리카 부엉이　　　　　　　　　·52
19. 엠피티엔탈 산속에는 수만 년 전 부시맨의 벽화가　·54
20. 미국인 아줌마 등반에 도전하지만 곧 포기　·57
21. 아프리카 여행지에서의 개고기 논쟁　　　　·59
22. 도둑이 가장 많은 대표적인 세 나라　　　　·62

23. 각국의 실업률과 경제성장률 고백(?) ·65

24. 미국, 유럽인들 일본에서 대우 못 받아 ·67

25. 깨끗한 환경, 친절한 사람들 덕분에 좋은 추억 가지고 떠나 ·70

2부 타 이 완

1. 국내에는 머물 곳이 없는 신세라 빨리 출국하는 게 상책 ·72

2. 엄격하기로 소문난 타이페이 공항 꼬랑내 작전(?)으로 무사통과 ·74

3. 욕쟁이 이집트 남자와 우당탕 한바탕 하다 ·76

4. 욕심쟁이 영국인 친구 ·77

5. 길거리 장사하다 단속경찰에 잡혀 감옥으로 직행 ·79

6. 타이완 경찰관, "정말 존경스럽고 부럽습니다" ·82

3부 이 탈 리 아 , 오 스 트 리 아

1. 잠깐 길을 물어보다가 배낭까지 날려 ·86

2. 주머니 속에는 달랑 120달러, 맥이 풀려 ·88

3. 한국인 관광객들 매일 소매치기 당해 대사관으로 ·89

4. 빈손으로 김포공항을 통과하려는데 특별히 조사를 ·90

5. 집시들, 관광객들 혼을 빼놓아 ·91

6. 오스트리아 비엔나 길거리 연주 중 만난 인연 ·92

4부 홍 콩

1. 졸단 거리 한국 식당에서의 한담(閑談) ·98
2. 뇌물(?) 요구하는 영국인 경찰관들 ·100
3. 한국인 장사꾼, "양심껏 말했다간 하나도 못 팔아요" ·103
4. 홍콩 법정에서의 코미디 쇼 ·107
5. 탈출하다 붙잡힌 이스라엘 친구는 오랏줄에 묶여 철창 안에 ·109
6. 신성한 법정을 난장판으로 만드는 한국인 고문관 ·112
7. 짧은 영어로 영국인 재판장과 벌금 흥정을 ·115

5부 러 시 아

1. 7년 전 세계여행 떠날 때 재산 탈탈 털어 떠나 ·118
2. 한국인 사업가 덕에 숙소 문제 공짜로 해결 ·120
3. 곰 사냥, 헬리콥터에 군용 총까지 대동 ·126
4. 그놈의 보드카가 원흉? ·128
5. 식사 준비 중에 뻗어버려 오도가도 못해 ·130
6. 러시아 미녀 친구를 만나다 ·134
7. 예비 사위 대하듯이 대해주시는 한국계 어머니 ·136
8. 모녀와 함께 아무르강변에서 ·138
9. 코풀이 왕초 대학생과 길거리 장사를 ·143
10. 험상궂은 마피아들 때문에 장사 접어 ·148
11. 한국인 웅담(熊膽) 장사꾼의 유혹 ·151

⑥부 태 국

1. 잊지 못할 첫 여행지 태국으로 ·156
2. 파타야 해변의 게이 거리 ·158
3. 거리에는 마약상까지 ·160
4. 하룻밤 신세, 히치하이크 모두 실패 ·162
5. 중동에서 다시 태국으로 ·164
6. 난생 처음 해보는 길거리 장사 ·166
7. 일본인 류이찌를 만나 같이 장사하러 가기로 ·168
8. 단속 경찰들, 외국인들이라고 그냥 가버려 ·170
9. 여장남자에게 봉변당할 일본인 친구를 본체만체 ·173
10. 세상에 태어나 이렇게 혼나긴 처음이야 ·175
11. 치앙마이 시골 지역 오토바이 드라이브 ·178
12. 청동(靑銅)주화 200바트 불렀다가 300바트로 올렸는데도 팔려 ·180
13. 일본 친구와 십 년 후 서신 주고받아 ·182
14. 500원짜리를 80배인 45,000원에 팔다 ·184
15. 정말로 경찰 닭장차에 실려가다 ·187
16. 휴! 장사하며 살기가 이렇게 힘들 줄이야 ·189
17. 튀김장수 아줌마 파트너 ·191

⑦부 이 집 트

1. 찾아간 곳은 한국대사관이 아닌 조선민주주의인민공화국대사관 ·194
2. 길을 묻는데 몰라도 아는 체… 골탕먹여 ·198
3. 피라미드의 원조 사카라 계단식 피라미드를 향해 ·201
4. 몰라도 아는 체하며 시간만 다 빼앗는 이집션들 ·204

5. 길거리에서 처음 보는 사람들과 즉석 짤짤이 게임 ·205

6. 와따따따따! 이집션 크레이지! ·210

7. 왕가의 계곡을 찾아서 ·212

8. 밤 기차 타고 아스완행 ·214

9. 유물 한 점 구하기 위해 친구들과 헤어져 따로 작업 ·215

10. 고대 누비아족의 터전에서 ·217

11. 배삯 바가지 요금 250원을 항의해 25원으로 ·218

12. 새벽 차를 타고 아부심벨 신전으로 향하다 ·219

13. 귀여운 클레오파트라의 후예들 ·221

14. 오늘도 거리에서 짤짤이 게임을 ·223

8부 덴 마 크

1. 잠든 새에 기차는 통째로 큰 배에 실려 이미 바다 건너 덴마크에·228

2. 선배형 집에서 모처럼 포식한다 ·229

3. 세계 최고의 복지국가에 거지협회가? ·231

4. 국가원수인 여왕도 장바구니 들고 장 보러 가 ·232

5. 안델센 동화마을에 살고 있다는 친구를 만나러 ·233

6. 눈앞에서 가이드 책 한 권 남기고 배낭을 통째로 떠나보내 ·234

7. 내가 앉았던 좌석 선반에 내 배낭이… 가슴을 쓸어내리다 ·235

8. 동양인이라고 빵 대신 감자와 콩을 위주로 특별히 배려해줘 ·236

9부 일 본

1. 여행 자금 마련을 위해 길거리 장사를 ·238
2. 마약 추방 운동, 불우이웃 돕기, 동네 청소하기로 사회공헌하는 야쿠자? ·240
3. 경찰 아닌 야쿠자에게 더 신경 써야 하는 노점상들 ·241
4. 질서정연한 우에노 공원의 벚꽃놀이 ·243
5. 하라주쿠에서 만난 노숙자 캐나다 친구 싸이몬, 밴쿠버에서 재회하다 ·244
6. 조상들과 문화가 다 한국에서 왔다고 말하는 여선생 ·246
7. 일본어 왕초보 때 실수연발 ·248
8. 지나가던 일본 아줌마와 말이 안 통해 실랑이를 ·250
9. 방에만 틀어박혀 외출도 안 하는 일본인 남편 ·252
10. 동병상련의 친구 영국인 안디 ·254
11. 안디와 진한 키스를 나누는 와까바 ·255
12. 친절한 할아버지의 길안내 ·257
13. 길거리 장사 직접 단속 나온 파출소장 ·258
14. 일본 경찰, "왕초(파출소장)가 나올 땐 좀 치우는 시늉이라도…" ·260
15. 너무 예뻐서 깎아줄 수 없어 ·262
16. 찐삐라 야쿠자를 어르고 달래어 쫓아버리는 고마운 아줌마 ·265
17. 오사카 쯔루하시에 산다는 밴드마스터 친구분 찾아가 ·268
18. 술 한잔하고 그러다 보니 그렇게 돼버렸어 ·271
19. 일본에서 돈 벌어 예금하면 대접도 달라져 ·272
20. 파친코장 앞에서의 길거리 장사 ·273
21. 지한파 고수와 다섯 점 접바둑으로 두다 ·276
22. 돈내기들을 안 하니 다툴 일이 없어 ·278
23. 요시다상, "일본 여자들은 엉큼하고 말만 많아요" ·282
24. 외국인이라고 하니까 더욱 감동한 듯 연방 고맙다고 절을 해 ·284
25. 다람쥐 쳇바퀴 돌듯이 도망가는 도둑 ·286
26. 비가 오나 눈이 오나 변함없이 오직 같은 옷차림 ·287

27. 오키나와 공항에서 금지품목 압수당해 ·289

28. 하얀 저고리에 검정 치마, 한복 입은 조총련계 여고생 ·291

29. 길거리 장사 중, "빠가야로 강곡구징!" ·293

30. 어린(?) 친구들이 친구하자고 제의해와 ·294

31. 중국 여행 중 들은 "빠가야로!" ·296

32. 일본 아저씨, "후루룩 쩝쩝 우동?" ·298

33. 어린 친구가 공부는 제쳐놓고 일찍 장삿길로 ·300

34. 한국인들과 롯폰기의 나이트클럽으로 ·302

35. 상파울루에서 온 글래머 일본 미녀 ·304

36. 아카사카(赤坂) 고급 술집에서 대접받는 한국 소주 ·307

37. 철거하기엔 너무 아까운 목조 고옥(古屋) ·309

38. 일본 시골에도 한국 드라마 팬이 ·311

39. 신주쿠 여자 점쟁이와의 충돌 ·312

40. 야구자가 섬생이의 영업용 탁자를 밟아 부수다 ·314

41. 가야, 백제, 신라, 고구려 도래계에 의해 홋카이도로 밀려나 ·315

42. 사진작가 미찌코와의 만남 ·316

43. 30대 싱글녀들 덕분에 식사 문제는 자연히 해결돼 ·319

44. 영문학을 전공한 후배에게 일본어를 쉽게 배워 ·320

45. 신주쿠(新宿)의 한국인 보따리 옷장수 아주머니 ·323

46. 신주쿠의 길거리 꽃장사 한국인 유학생 ·325

47. 꽃장사 유학생, 하루 순수익 540만 원 올리기도 ·327

48. 현해탄 페리호에서 만난 현대판 보부상 보따리 상인들 ·329

49. 법당 문도 닫고 사기꾼 찾아 일본까지 온 법사 부부 ·332

50. 고향 시골마을과 가등청정(加藤淸正)의 서생성(西生城) ·335

51. 캄보디아에서 만난 일본인 여행객들 ·338

52. 일본 여행객들과 함께 한국 식당으로 ·341

53. 캄보디아에서의 비빔밥 찬가 ·342

맺음말 ·344

1부

남아프리카공화국

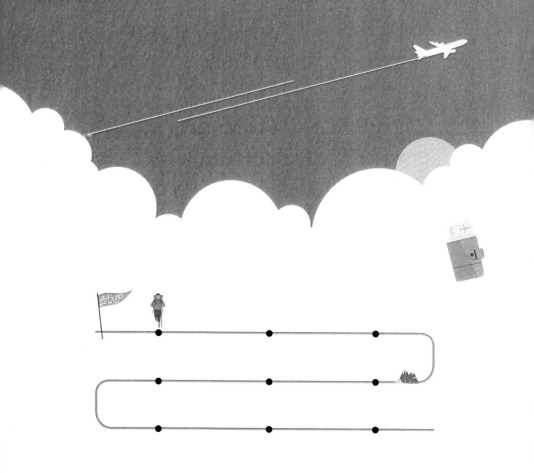

1995. 11. 25.

드디어 검은 대륙에 가게 되나 보다. 전에 이집트, 모로코 등지에 간 적은 있지만 그쪽은 검은 피부색의 아프리카가 아니었다. 원래 아프리카 하면 검정 피부색깔을 떠올렸는데 그쪽 사람들은 조금 갈색 톤의 피부색깔들이었다.

이제 본격적인 검은 아프리카 대륙 여행에 나서는 것이다. 지금은 서점에 가면 많은 안내 책자들이 나와 있지만 내가 처음 아프리카 여행 갈 때 가장 큰 애로사항은 정보 부재였다. 기껏해야 미국이나 유럽 등지에서 나온 여행 자료들을 통해 단편적인 정보만을 접할 수 있었을 정도로 자료가 빈약했던 시절이었다. 다시 본격적인 아프리카 여행을 떠난다니 가슴이 설레었다. 그러나 저러나 지도를 펴놓고 각 대륙별로 보아도 전 세계의 많은 곳(50개국 이상)을 이미 여행했기 때문에, 이제 갈 곳은 아프리카뿐이었다.

지금도 생각나는 것은 5년 전 유럽의 네덜란드 암스테르담역 길거리에서 만난 흑인 친구들의(탄자니아, 보츠와나) 드럼 소리와 그들의 노랫소리가 아직도 귓가에 생생히 들리는 듯하다. 어릴 적 아프리카를 연상하면 생각나는 것은 북미의 아파치 인디언들처럼 얼굴에다 기묘한 칠을 한 사람들, 초등학교 시절 영화, 소설, 만화, 잡지 등에서 본 식인종 같은 인상에 코걸이, 귀걸이 등에다, 동물의 이빨, 뼈, 발톱, 뿔 등으로 장식한 장신구들을 반나체의 몸에다 주렁주렁 걸친… 하여튼 이번 여행의 목적은 줄루족을 비롯한 원주민들이 생활하는 모습과 넓은 초원을 질주하는 동물들을 보는 것이었다. 그리고 전통음악, 무용, 무속 등도.

2. 서울에 돌아와도 머물 곳 없는 신세

　그동안 외국여행을 다니면서 서울에 들어와 한 달이라는 가장 오랜 시간을 보내었다. 잘해야 일주일, 길어야 보름이었다. 왜냐하면 얼마 안 되는 재산을 다 처분해 외국여행을 떠났기 때문에 서울에 들어와도 고정적으로 내가 머물 수 있는 곳이 없었기 때문이다. 그러니 서울에 돌아와도 외국에 들어오는 것이나 마찬가지였던 셈이다. 생활비를 절약하려면 하루라도 빨리 출국하는 게 경비를 아끼는 방법이었다. 볼일이라곤 친구들을 잠깐 만나고, 나의 소지품을 맡겨놓은 외사촌형 집에 들르는 게 다였다.

　1995. 11. 26.

　서울 김포공항을 출발, 경유지인 홍콩까지는 케세이퍼시픽을 타고 갔다. 홍콩 공항에서 장시간 대기하였다가, 다시 남아공의 요하네스버그행 비행기를 탔는데 승무원에게 물어보니 13시간이 소요된다고 하였다.

　비행기 안에서 남아공 현지에 살고 있다는, 예쁘장한 금발의 장신 백인 여성(182㎝, 27세, 내년 결혼 예정) 타이(Tay)를 만났는데 남아공에 가면 다른 데는 못 가더라도, 아름다운 케이프타운에는 꼭 가보라고 권하고 또 권하였다. 어떡하지? 나의 원래 계획은 요하네스버그에 잠깐 머물면서 비자를 만든 후, 탄자니아, 보츠와나, 케냐 등지로 가는 것이었는데 케이프타운 등 남아공 지역을 장시간 돌아다니다보면 그 나라들은 못 갈 수도 있기 때문이었다. 이 친구는 미국 로스앤젤레스의 한 대학에서 공부하다가 귀국하는 길이라고 한다. 장시간 비행을 하려면 비행기 안에서 무료할 것 같았는데 이 친구 덕분에 그나마 시간을 잘 때우게 된다. 이야기를 나누다가 한국에 놀러가도 되느냐고 묻길래 언제든 오면 환영한다고 하였다.

1995. 11. 27.

다음 날 공항에 도착하여 수하물을 찾는데 가장 먼저 눈에 띄는 게 삼성 로고가 찍힌 짐수레였다.

행정수도 프리토리아(Pretoria)에 도착해 공항 안내소에서 시내 중심가에 있는 싼 숙소를 소개받는다(유스호스텔). 공항까지 차를 가져와 숙소까지 데려가 준다. 싱글룸 3.6달러(35랜드), 도미토리 25랜드였는데 싱글룸으로 선택한다. 일단 남아공에 도착은 하였지만 뭘 어떻게 해야 할지, 금방 생각이 안 난다. 무슨 정보나 안내 책이라도 있으면 모를까… 생각도 정리할 겸 일단 밖으로 외출하려 하니 여주인(60대 초)이 모든 짐은 놔두고 나가란다. 시내 전역이 위험하다는 것이었다. 그리고는 얼마나 갖고 나가냐고 물으셨다(별걸 다 묻는다는 생각이 들었다).

150랜드(약 4,000원) 보여주니 너무 많다고 펄쩍 뛰신다. 30~40랜드면 충분하다고 하였다. 그 대신 돈이 하나도 없으면 곤란하다는 것이다. 만약에 강도들을 만나더라도 현금이 하나도 없으면 신체에 위해를 가할 수 있기 때문에 뺏기더라도 조금만 가지고 다니면 된단다. 이런 일은 이곳에서는 비일비재하다고 하였다. 이곳 숙소에 묵고 있는 손님들이 밖에 나갔다 강도를 너무 자주 당해 이제 그렇게 권한다고 하였다. 숙소 안에 보이는 외국인 여행객들에게 물어보니 상황은 똑같았다. 실제로 당한 사람도 몇 사람 만난다.

케이프타운 시내

3. 번화가 가게 부근에서 털렸다는 현지 한국인 사장님

한국대사관에 전화해서 한국인이 운영하는 여행사를 알아내 그곳으로 간다. 숙소에서 20여 분 걸리는 거리였다. 걸어가면서도 너무 긴장이 되었다. 언제 불쑥 강도로 변해 덤벼들지 모르기 때문이었다. 한국인 여행사 사장님은 시내에서 신발가게를 운영하면서 여행사도 같이 하는 분이었다. 여행 정보를 부탁하니 이 얘기, 저 얘기 들려주고는 겁을(?) 주었다. 백인 정권이 인종차별 정책을 철폐하였다고는 하지만 아직 이곳 치안이 너무 불안하다는 것이었다. 뭘 모르고 이곳에 온 한국인들이 자주 당한다고 하였다. 현지에 사는 자신도 당하는데… 평소 자가용 차를 주로 이용해 이동한단다. 왜냐하면 지나가는 차량까지 어찌하기는 어려우니까. 한번은 시내 중심가에 있는 이 가게에서 조금 떨어진(불과 몇백 미터 거리) 곳에 볼일이 있어 도로를 건너 잠깐 걸어가는데 갑자기 흑인 대여섯 명이 한꺼번에 자기를 붙잡더니 도로 옆 길바닥에 쓰러뜨려놓고는 몸을 뒤져 시계, 현금 등을 다 가져갔다고 하였다. 하도 목을 심하게 비틀어 낫는 데 사오 일 걸렸다고 하며 지금도 욱신거린다고 하였다. 그런 일을 두 번이나 당해 이제는 웬만하면 걸어다니지 않는다고 하였다. 가게에서 불과 150여 미터 거리에서 그렇게 당했으니… 한국에는 남아공 여행가이드 책이 거의 없어 이곳에서 자료를 구해 번역해 쓴다고 하였다.

일단 시내를 돌아다니며 구경을 한다. 치안이 신경 쓰이지만 이 먼 곳까지 와서 숙소에만 처박혀 있을 수는 없지 않은가? 도시는 매우 설계가 잘된 것 같았다. 지나다니는 여성들(특히 흑인) 엉덩이가 매우 크게 보였다. 엉덩이 뒷부분이 위로 향해 있어 걷는 모습이 꼭 곱사가 걸어가는 듯한 모습이었다. 머리스타일은 꼰 머리를 수없이 내려뜨린 형, 자존심 머리처럼 위로 솟구친 모양 등 다양하였다. 백인 여성들의 패션은 여느 유럽 스타일과 별 다를 게 없었다. 시내 전역이 백인 거리, 흑인 거리 등으로 구분되어 있다고 하였다.

만델라 대통령 임기 전 시내 번화가는 백인들만 다니는 거리였다고 한다. 거리는 아주 깨끗했는데, 지금은 흑인들이 들어오면서 거리가 아주 지저분해졌다고 하였다. 이 나라의 상황을 잘 모르는 나로서는 이해가 안 갔다. 그리고 현재 대부분의 백인들은 치안 문제 때문에 시내에서 빠져나 갔다고 한다.

이 나라의 경제는 유태인들이 대부분 잡고 있다고 하였다. 세계 제일의 다이아몬드 생산국이지만 원석을 캐내는 즉시 제련을 하기 위해 이스라 엘로 다 가져간다고 하였다. 유통과 판매권도 이스라엘인들이 다 장악하 고 있어 정작 남아공 토박이들은 들러리 역할만 한다고 하였다.

시내를 다녀보니 이곳 사람들의 인상은 북부 아프리카와 좀 다른 것 같 았다. 원숭이, 침팬지가 연상되는 형태의 얼굴들도 많이 보였다. 들창코, 투박한 코, 거친 피부, 민주주의형 치아(?), 피부색은 짙은 갈색, 거무스레 하면서도 회색빛이 감도는 듯한 피부, 완전 검정색 피부 등 아주 다양하 였다. 시내 '베리아' 부근에서 점심으로 햄버거와 감자튀김, 카레라이스로 한 끼 때운다(20랜드, 약 450원). 하도 위험을 강조하는 바람에 젊은 사람들 만 곁을 지나가도 신경을 곤두세우게 된다.

숙소를 나와 여행 정보도 알아볼 겸 한국인이 운영하는 민박으로 옮 긴다. 시내에서 좀 벗어난 주택가에 위치해 있었는데, 주인은 40대의 젊 은 부부였다. 집은 깨끗하고 아주 큰 저택이었다. 물어보니 크기는 1에이 커(약 600평)라는데, 정원이 아주 잘 꾸며져 있었고, 가운데에는 풀장도 있 었다. 정문은 자동으로 여닫을 수 있었다. 뒷쪽에 있는 정원도 잔디로 잘 꾸며져 있었다. 한국 같으면 20억 원(2017년 현재 기준 80억 원)이상 나갈 것 같았는데 불과 1억 원에 구입하였단다. 한국에서는 상상할 수 없는 가격이라고 하였다. 가정부도 여럿을 두고 있었다. 그리고 날씨가 한국의 초가을 날씨였는데, 이곳은 일 년 열두 달 매일 이렇게 선선한 날씨란다. 참으로 부러운 날씨라는 생각이 들었다. 차를 하루 빌리는 데 네 명이 같이 빌리면 50달러씩, 혼자 빌리면 200달러라고 묻지도 않았는데 친절하게 설명해주었다. 다른 손님 없이 큰 저택에서 혼자 있으려니 좀 신경이 쓰였다. 식사 후 몸도 피곤하고 해 일찍 잠자리에 든다.

다음 날 록키거리(Rockey Street) 부근의 'Backpackers'로 옮긴다. 여름이라지만 그리 덥지 않고 그저 상쾌하였다. 이곳에는 배낭여행객들이 많이 묵고 있었다. 외국 관광객들이 많아선지 치안도 문제없는 지역이라고 하였다. 정보도 다양하게 접할 수 있었다. 그룹 투어는 월요일 출발 코스밖에 없다고 하였다.

먼저 비자 문제를 알아보기로 한다. 각 대사관에 전화해 알아보니 나미비아 7~14일, 짐바브웨 이틀, 스와질랜드 당일 가능, 보츠와나 2일~14일 소요… 아주 헷갈리게 한다. 영국 아가씨 셋과 슈퍼마켓에 갔다가 소시지만 몇 개 사고 부근을 좀 돌아다니다 바로 들어온다. 록키거리에 있는 Backpackers 숙소 내 바(Bar) 옆에서 맥주를 한잔 마시려는데, 옆에는 영국에서 온 친구가 혼자 앉아 있는 게 보였다. 혹시 여행을 같이 다닐 수 있는 친군지 알아보기 위해 말을 걸어보니, 이 친구(30대 초반)도 혼자 왔다고 한다. 계획을 물어보니 현재 확정된 스케줄은 없지만 차를 한 대 빌려서 여행할 예정이라고 하였다. 말을 나누다보니 이 친구도 동행할 사람이 필요했던 모양이었다. 그런데 이 친구는 이곳에서 사나흘 지낸 뒤 떠날 생각이란다. 나는 가능하면 내일이라도 떠날 생각인데, 서로 일정이 맞지 않아 그만둔다. 일단 케이프타운으로 가기로 결정하고 알아보니 기차는 자그마치 28시간 소요. 할 수 없이 비행기로 가기로 한다. 여건이 되면 승용차로 구경하면서 가면 좋을 텐데… 케이프타운까지는 1,500㎞ 거리. 일단 스와질랜드 비자부터 신청한다(30랜드, 약 6,000원).

5. 남아프리카공화국의 진주 케이프타운으로

오후 2시 30분발 비행기를 타고 케이프타운에 도착하니 4시30분, 공항은 한적한 곳에 위치해 있었는데 주택가를 끼고 위치해 있었다. 요하네스버그의 숙소에서 나올 적에 소개받은 곳에다 공항에서 전화를 하니 "풀"이라고 하였다. 공항 안내소에서 시내의 숙소 한 곳을 추천받는다. 합승 봉고로 30여 분 걸려 도착한 곳은 아주 청결한 인상의 단층 건물이었다 (Queens Rd, sea point 8001). 개인 가정집을 개조해 만든 것이라고 하였다. 50대 중반의 여주인은 아주 지적인 인상이었다. 같이 도착한 다른 두 사람과 같이 숙소 내부를 안내해주었다. 실내는 아주 청결한 분위기였다. 도미토리룸은 높은 천장에 두 칸짜리 목조 조립식 침대로 이루어져 있었다. 하루 숙박료는 25랜드(약 5,000원, 2017년 기준 25,000원). 여주인께서 케이프타운의 관광코스에 대해 아주 상세히 설명해주셨다. 이곳 케이프타운이나, 요하네스버그는 말이 아프리카지 여느 유럽 나라들과 다름이 없었다.

여장을 풀고는 일단 밖으로 나온다. 숙소 뒷쪽으로 높이 보이는 산봉우리들이 눈에 들어오는데 아주 독특한 풍광이었다. 해변도로를 걷는데 파도가 바위를 때리며 하얀 물보라를 일으키는 모습은 보기만 해도 아주 상쾌하였다. 도로 주위는 싱가폴 이상으로 청결한 분위기였다. 이곳에서 보는 케이프타운은 아주 아름다운 곳이었다. 그리고 건물, 도로, 지나다니는 사람들의 옷차림 등, 얼굴만 흑인들이지(흑인 90%) 아주 깨끗한 도시 분위기였다. 시내를 감싸고 있는 산들은 온통 바위산으로 이루어져 있었는데, 수백 미터 높이의 절벽을 이룬 산들이 병풍처럼 둘러져 있는 게 아주 이국적 풍광이었다. 조금 걸어가니 해변가에 수백 마리의 갈매기들이 보였다. 도시 바로 옆에 이렇게 맑고 공해 없는 곳이 있을 줄이야. 전혀 상상도 못 한 풍경이었다. 시내 메인로드를 향해 걸어가는데 20대 초의 젊은 백인 여성이 다가왔다.

"어디서 왔나요?"

"코리아."

"웰컴."

"땡큐."

느낌상 인상은 그렇게 맑은 인상이 아니었다.

"혼자 왔나요?"

"예."

"호텔에 묵고 있나요?"

"조그만 가정집에 묵고 있어요."

"혼자 왔나요?"

별걸 다 꼬치꼬치 묻는 것 같았다.

"혼자 왔다고 했잖아."

"…유 원 미?"

"무슨 소리인가?"

"…아임, 워킹…"

말을 흐린다. 어떤 여성인지 알아챘으면서도 짓궂게 물어본다.

"무슨 말인지 확실하게 말해."

"음… 섹스… 유 원 섹스?"

"아. 그러니까 직업 여성분이군."

"예스."

"아니, 생각 없어."

하고 거절을 한다. 따라오며 귀찮게 할 줄 알았는데 그냥 조용히 돌아서 간다. 그렇게 위험한 치안의 나라라면서… 이곳도 사람 사는 곳이라고… 하긴 케이프타운이 위험한 곳이라는 이야기는 남아공에 들어온 뒤로 아직 들어보지를 못했다. 이 나라의 치안이 나쁜 것도 흑백 인종 문제보다 현실적인 문제로, 50%가 넘는 최악의 실업률에 그 원인이 있을 것이다.

시내를 돌아다니다 한 슈퍼마켓에서 빵과 우유를 사가지고 나온다. 조금 전 슈퍼마켓 안에서 본 30대 초반쯤 돼 보이는 금발 백인 여성이 같이 나오다가 나에게 말을 걸어왔다. 훤칠한 키에(173㎝) 얼굴이 좀 갸름한데, 미인형에다 인상이 맑고 수수한 차림의 주부(?)인 듯하였다.

"일본분이세요?"

"아니요."

"그럼, 중국사람?"

"아니요."

"아니… 그럼, 어디서 왔어요?"

"한국에서 왔어요."

"아! 코리안… 혼자 왔나요?"

"예."

하고 답변하니까 호의적인 인상을 짓고는

"숙소가 어디에요?"

"저쪽 길 끝 쪽에요."

"숙소에 놀러가도 돼요?"

　처음 본 이방인에게 갑자기 적극적으로 나오니까 좀 당황스러워졌다. 남아공 백인 여성들 원래 이렇게 적극적인가? 친절히 대해주는 건 고맙지만 치안에 대한 인상이 아주 안 좋은 상황이라…

"죄송하지만 곤란하군요. 그곳에는 많은 사람들이 있어서…"

"괜찮아요. 그럼 즐거운 시간 보내세요."

"바이!"

　좀 실망한 표정을 지으며 돌아간다. 어떻게 된 영문인지 모르겠다. 일반 여성이 왜? 이거 내가 너무 신경과민 아닌가 싶었다. 저런 미녀의 호의를… 그리고 좀 미안한 생각도 들었다. 그냥 오케이할 걸 잘못했나? 그냥 만나서 차나 한잔하며 대화 정도는 해도 되는데… 그리고 다시는 이런 기회가 안 올지 모르는데, 괜히 속 좁은 좀팽이가 된 기분이었다. 숙소로 돌아오는데 실망해 돌아가는 백인 여성의 얼굴이 자꾸 생각난다.

부근 길거리는 먼지 하나 안 날릴 정도로 깨끗하였다. 숙소로 돌아와 부엌엘 들어가니 한 친구가(20대 후반 백인 남성) 햄버거 같은 걸 해먹기 위해 소시지를 굽고 있었다. 이때까지 6년째 외국여행을 다니며 양식 요리를 직접 해먹어본 적이 없어 경비도 절약할 겸 요리하는 방법도 배울 겸 물어본다.

"지금 햄버거 만들고 있는 건가?"

"글쎄… 햄버거는 아니지만…."

"나도 이걸로 해먹고 싶은데 어떻게 하는지 좀 가르쳐줄래?"

"물론이지."

"그거(햄버거 속의 고기) 어디서 샀나?"

"이거? 레스토랑에 가면 살 수 있어."

"어느 레스토랑?"

"요 앞 골목 옆에 과일가게가 있는데 그 옆에 있어."

이 친구는 이곳 케이프타운에서 일을 하고 있다고 하였다.

"어디서 일하는데?"

"레스토랑에서 일해."

"어때, 할 만해?"

"괜찮아."

"월급은 괜찮나?"

"괜찮아. 돈을 모아서 또 놀러갈 거야. 다른 나라로."

"그거 좋은데. 그럼 잠깐 갔다 올 테니 가르쳐줘. 나 이렇게 만들어보는 건 처음이거든."

"알았어, 갔다 와."

밖으로 나와 부근에 있는 레스토랑에 들어가서 자리에 앉는다. 그리고 바로 주문을 한다. 레스토랑의 천장과 벽은 세계 각국의 커다란 국기들로 메워져 있었는데, 태극기는 안 보였다. 계산대 앞에는 젊은 여성이 앉아 있고, 홀 안에는 테이블이 8~9개 정도 있는 그리 크지 않은 레스토랑이었는데 주방 쪽에서는 서너 명의 남녀가 부지런히 오가며 요리를 만들고 있었다.

"저기… 햄버거용 빵 두 개하고, 안에 넣는 소시지 두 개, 그리고 샐러드를 그냥(요리 안 된 걸로) 주세요."

돌아가서 해먹기 위해 분명히 재료만 시켰다. 금방 나올 줄 알았는데 한참을 기다려도 나오지를 않았다. 아무래도 내 설명이 부족해 그냥 완성된 상태로 나올 것 같았다. 30분 가까이 지난 뒤에야 나왔는데 다 만들어 가지고 나왔다. 21랜드. 돈을 아끼려다가 더 들어가게 되었다. 아직도 영어가 한참 멀었나 보다. 원래 목표는 기본 의사소통까지만 생각했는데 이제는 완전한 영어를 구사하고 싶다는 생각이 들었다.

흑백분리정책 철폐로 지금은 같이 학교를 다니는 아이들

아이들이 졸졸 따라다니는데, 태권도를 아주 좋아하였다

2. 즉석에서 팀을 꾸려 드라이브 하기로

1995. 11. 30.

9시경 숙소에서 체격이 제법 뚱뚱한 영국인 남자(36세, 제임스)와 단정한 단발형 머리에 머리가 조금 희끗한 백인 아주머니(50대 초반)를 만나게 된다.

"오늘 뭐 할 거야?"

"야외로 나가볼까 해."

"혼자인가?"

"그렇다."

잘됐다 싶어

"그럼 나도 혼자인데 같이 갈래?"

"좋지."

이 친구도 혼자 심심하던 차였는데 낯선 동양인이 제의를 해오니 잘됐다 싶은 눈치였다.

나갈 준비를 하고 있는데 엊저녁 휴게실에서 만나 잠깐 이야기를 나누었던 아주머니 한 분이 오시더니,

"당신도 같이 갈 건가요?"

"…?"

"바깥에 있는 남자하고(영국인 친구) 같이 가기로 했는데 지금 차 앞에서 기다리고 있어요."

차? 나는 버스나 같이 타고 다닐 생각이었는데 차를 한 대 빌려놓았다는 것이었다. 오히려 잘되었다 싶었다.

"알았어요, 금방 나갈게요."

뜻하지 않게 편안한 드라이브를 하게 되었다. 렌트비를 내가 내는 것도 아니고…

그렇게 일행들과 같이 승용차를 타고 해변도로를 따라 돌아다니다가 경치가 좋은 적당한 장소에 차를 세운다. 케이프타운의 전경이 한눈에 들어오는, 아주 전망이 좋은 곳이었는데 앞에 있는 레스토랑에서 다과와 함께 차를 한잔 하기로 했다. 안으로 들어가지 않고 경치도 감상할 겸 바깥 테이블에 앉는다.

그리고 한참 같이 이야기를 나누는데 도중에 이야기가 막히게 된다. 어려운 영어를 쓰니 알아들을 수가 없었던 것이다. 영어가 아직까지 서툰 내가 못 알아듣는 말들을 나누니 벙어리가 될 수밖에 없었다.

"리는 왜 이야기를 안 해? 이야기를 해야 재미있지."

아주머니가 말했다.

누군 하기 싫어 안 하나, 내가 따라갈 수 없는 어려운 말들을 사용하는데… 무슨 말인지 알아들어야 대화를 나누지. 그때처럼 영어를 능숙하게 구사하지 못해 답답한 적도 없었다.

이곳에서 바라보는 케이프타운은 시내 전역이 온통 바위산과 깎아지른 듯한 절벽들로 이루어져 풍치가 아주 아름다웠다. 지난 6년간 세계 각국을 돌아다니면서 본 큰 도시들 중에서도 아주 으뜸가는 풍광이었다. 케이프타운은 과연 여행객들이 침이 마르도록 칭찬할 만한 도시였다. 식사 후 차를 타고 시내를 벗어나는데 부근 일대도 온통 바위들로 이루어져 있었다. 어느 절벽 밑 도로에 이르러 하차한 다음 영국인 친구와 아주머니는 뭔가를 찾는지 주위를 두리번거렸다. 영국인 친구 제임스에게 물어본다.

"제임스, 뭘 찾는데?"

"이 부근에 곰이 있다고 해, 그러니 미스터 리도 잘 보라구, 혹시 곰을 볼지 모르니…"

나도 같이 부근을 두리번거리며 찾아보지만 곰은 코빼기도 안 보였다.

시내 윗부분 정상 부분들만 그런 줄 알았는데, 몇 시간 거리에 있는 이 부근 일대도 온통 수직에 가까운 바위 절벽 봉우리들의 연속이었다. 같이 동행한 아주머니는 이곳 케이프타운에서 3년째 사신다는데, 너무 좋은 곳이라고 입에 침이 마르도록 자랑하셨다. 내가 경치가 정말 좋다고

입을 뗌과 동시에

"뷰티풀!"

"러블리!"

하며 연방 자랑이다(같은 외국인인데). 부근 일대를 돌아다니다가 다시 승용차에서 내려 한 고급 레스토랑에서 점심식사를 하게 된다. 식사는 아주 먹음직스러워 좋았는데 좀 비쌌다. 더치페이를 하는데 일인당 15,000원 정도가 나왔다(2017년 기준 7만 원). 그 돈이면 최소 세끼는 먹을 수 있는 돈인데, 생각하니 좀 아까웠다. 식사 후 다시 일대를 돌아다니는데 꽤나 멀리까지 나간다. 숙소로 다시 돌아오는 데까지 네 시간이나 걸렸다.

오늘은 구름 한 점 없는 맑은 날씨. 메인로드를 따라 걸어가는데 얼마 가지 않아 '고려정'이란 한국 식당이 보였다. 나중에 저녁이나 먹으러 와야지 하고는 그냥 지나친다. 해양박물관을 구경하고 해변 쪽으로 가니 해수욕장이 보였는데 모래사장 위에는 백인들과 흑인들이 뒤섞여 있었다. 일부 백인 여성들은 유럽 여성들처럼 상의를 풀어헤치고 일광욕을 즐기고 있었다. 여기 아프리카 맞는 거야? 하긴 흑인 여성들이 많은 걸 보니 내가 아프리카에 와 있는 게 맞긴 맞나 보았다. 해수욕장 뒤쪽으로 보이는 바위산들이 아주 멋있는 풍광을 연출하고 있었다.

1시경 영국인 친구와 차를 타고 펭귄들이 모인다는 해변 쪽으로 향한다. 펭귄 하면 추운 지역에나 있을 법한데 이런 아프리카에 웬 펭귄이람? 잠시 후 한 해변에 도착하니 어떻게 된 건지 펭귄들이 보이지를 않았다. 사람들에게 물어보니 지금은 바닷가에서 멀리 나갔는데 좀 있어야 돌아온다고 하였다. 평소 백여 마리 이상은 된다고 하는데 지금은 달랑 한 마리만 따로 떨어져 바위틈에 누워 쉬고 있는 것이었다.

"다 어디로 간 거야?"

제임스가 답했다.

"다 수영하러 가서 아직 안 왔지 뭐."

사람이 다가가도 홀로 남은 펭귄은 피할 생각도 않는다. 그동안 사람들과 많이 접촉해서 그런지 무덤덤하게 맞아줄 뿐이었다.

해안을 끼고 도는 지대는 온통 낮은 수목들로 뒤덮여 있었다. 불그스름한 꽃들이 제주도의 유채꽃처럼 넓게 펼쳐져 있는 게 아주 시원하고 보기에 좋았다.

산을 깎아 만든 도로를 지나는데 한 무리의 원숭이들이 나타났다. 처음에는 차들이 갑자기 정차해 무슨 일이 일어났나 했는데 원숭이들이 도로를 점령한 채 유유자적하고 있는 게 아닌가. 앞으로 다가가 차문을 열고 한 놈에게 카메라를 들이대니 그중 한 마리가 내 쪽으로 다가왔다. 야생 원숭이라 괜히 불상사가 일어날까 염려해 차문을 내리니 멈춰 서서 나를 빤히 쳐다보는데 사람이 동물 구경을 하는 건지 동물들이 사람을 구경하는지 헷갈린다. 오히려 사람들이 동물원 원숭이 신세가 된 것이다. 도로는 원숭이들에게 완전 점령당한 것이다.

나도 같은 길거리 장사꾼인데 같이 좀 장사를…

"장사 좀 쉬고 한국의 사물놀이 감상하세요"

8. 희망봉 등대에는 나라 망신시키는 가장 큰 한글 낙서가

　잠시 후 그곳을 벗어나 5분쯤 달리니 멀리 등대가 있는 봉우리가 보였다. 아래쪽 입구에는 많은 차량들이 줄을 잇고 있었다. 입구에서 봉우리를 향해 오르는데 주변 경치가 탁 트인 게 아주 시원하였다. 특히 오른쪽 아래의 해안이 너무나 푸르고 투명한 게 좋았다. 다시 20분쯤 올라가니 등대 바로 밑이었는데 여느 등대와 별로 다를 게 없었다. 등대 벽에는 돌아가며 영어, 스페인어, 아랍어, 중국어, 일본어, 한국어 등 각국의 낙서들로 온통 빼곡히 채워져 있었다. 그중에서도 가장 큰 글씨는 한글이었다. 누가 썼는지는 모르지만 한국사람 망신시키는 것만 같아 보기에도 민망하였다.

　정상에 올라서 바라보니 대서양의 푸른 물결이 시원하게 시야에 들어온다. 오른쪽 멀리에는 봉우리들이 아주 시원하게 솟아 있는 게 보였다. 케이프타운에 희망봉이 있다고 들었는데 혹시 여기가 아닐까 하는 생각이 들었다. 다른 곳보다 사람들도 많이 몰리고, 오래 머물며 감상하는 걸로 봐선 아무래도 이곳이 그 장소 같았다. 희망봉이라면 적당한 크기의 바위 표식이라도 있을 텐데 어떻게 된 건지 보이지를 않았다. 유럽의 탐험가들이 이곳에 왔다면 아름다운 풍치에 반했을 서라는 생각이 들었다.

희망봉 등대에는 한글 낙서가 아주 크게

희망봉 풍경

9. 수산업을 하다가 망해 식당 차렸다는 한국인 아저씨

숙소에서 좀 쉬다가 6시경 한국 식당에서 저녁을 먹고 아이맥스 영화를 보러 갈 참으로 길을 나선다. 시내버스를 타고 10여 분 가서 내린다. 식당은 버스정류장 바로 앞이었다. 2층으로 올라가니 현지인 남녀 종업원 둘이서 맞아주었다.

"몇 사람인가요?"

"혼잔데요."

안으로 안내되어 들어가 테이블에 앉아 있으니 한국인 남자 주인이 나왔다.

"조금 전에 전화하신 분?"

"예, 그렇습니다."

"혼자 오셨습니까?"

"예."

"무슨 일로?"

"그냥 놀러왔습니다."

"사업상 오신 게 아니고요?"

"그냥 구경 왔습니다."

식사는 된장찌개로 주문한다(25랜드).

식당 주인은 외국생활 11년째(유럽에서 시작)라고 하였다. 수산업을 주로 해왔는데, 작년에 배가 전복하는 바람에 사업에 실패하였다고 하였다. 어쩔 수 없이 처갓집 집 팔고(1994년 당시 1억 5천만 원짜리) 몇 군데서 빚을 내서 했는데 몽땅 다 날렸다고 한다. 그 전에 보험을 들었는데 70% 정도만 받아서 일꾼들(외국인들) 월급 주고 나머지는 생계를 유지하기 위해서 6개월 전 이곳에 식당을 내게 됐다고 한다. 그리고 내년쯤 다시 시작할 계획이라고 한다. 지난번에 배만 좌초되지 않았어도 몇 억은 만졌을 텐데 하며 미련을 버리지 못하고 있었다. 보험도 좋지만 자기 자본이 아닌 남의 자본으로 무리해가며 투기(?)를 한다니 보기가 좀 뭐하였다.

"이곳에서 볼만한 곳은 어디인가요?"

"희망봉, 타운 위의 케이블카 다니는 정상, 물개섬 등이…."

"희망봉이 대체 어디에 있습니까?"

"아직 안 가봤습니까?"

"예, 어디 있는지를 몰라서요… 혹시 아까 등대 있던 곳이 혹시 희망봉 아닌지요?"

"어떻게 생겼던가요? 혹시 우리 식당 이름 크게 써 있고 전화번호도 쓰고…."

"맞습니다. 거기다 광주 무등일보 지사장님인가 하시는 분들이 크게 쓴 것도 보였고, 그 외에도 제일 많이 크게 써놓았던데요."

"예, 거기가 희망봉입니다."

역시 생각대로였다.

"그런데 거기에 보니까 등대 건물에 외국 관광객들이 써놓은 글들, 방문 일자, 이름 등이 빼곡히 써 있었지만 유독 한국사람들 이름들이 크게 써 있던데요… 그래도 괜찮은 건지…."

"그러게 말입니다. 그 사람들 누가 그렇게 쓰라고 했는지… 나 원 참."

"다른 나라 사람들 알아보면 곤란할 텐데요."

"그러게 말입니다."

주인과 이야길 하다보니 시간이 늦어 아이맥스 영화 상영관에는 가지 못했다. 밤 12시 가까이까지 이야기를 나누다가 돌아오는데 멀지 않은 곳이라며 직접 승용차로 데려다 주었다.

1995. 12. 2.

다음 날 요하네스버그행 비행기표를 여행사에 부탁해 구입한다(655랜드). 요하네스버그의 공항에 내려 차를 타고 며칠 전 묵었던 숙소로 다시 돌아온다.

"하이 리!"

"미스터 리!"

외국인 여행자들이 아는 체하였다. 성만 외우면 되니 기억하기에 아주 편리한 모양이었다.

오후 3시경 요하네스버그에서 유일한 곳이라는 프리마켓에 갔다. 시장 거리는 많은 사람들로 붐볐는데 흑인, 백인 등 상인들이 호객행위에 여념이 없었다. 특히 목공에 제품들이 많이 보였는데, 물어보니 상당수가 짐바브웨, 스와질랜드, 보츠와나, 앙골라 등지에서 온 것들이라고 귀띔해주었다. 관광객들이 많이 와서 그런지 가격은 한국에서 사는 것이나 별반 차이가 없었다. 지나가다 터키식 케밥 같은 걸 하나 사먹고 대충 둘러보고는 숙소 쪽으로 돌아온다.

어딜 가나 어린이들은 잘 따랐다

누군가 록키거리로 가면 오늘은 주말이라 재밌는 일들이 있을 것이라고 하였다. 그래서 그쪽으로 걸어가고 있는데 동양인이 귀해서 그런지

"헬로!"

"하아유!"

"하아유 두잉!"

인사말을 해온다. 내가 살짝 미소라도 지어주면 큰 입술을 벌리며 웃는데, 치아가 완전 민주주의로 생겼다. 이 사람들도 이집션들처럼 속이 빈(?) 사람들로 보일 정도로 친절하고 순박한 사람들이었다. 노인, 애들 할 것 없이 외국인과 대화를 나누는 걸 좋아하였다.

버스를 타고 요하네스버그 시내를 벗어나 얼마쯤 달리니 소웨토(Soweto)란 푯말이 보였다. 이곳은 대표적인 빈민가로 거리에는 남루한 옷차림의 사람들이 많이 보였다. 거리의 주택들은 우리나라의 6·25 전쟁 시절 피난지 부산의 허름한 단층 판자촌을 연상시켰는데 요하네스버그의 그것들과는 아주 대조가 되었다. 그리고 이 지역은 흑인들만 거주하는 대표적인 슬럼 지역이라고 하였다.

소웨토(Soweto)를 관광한 후, 만델라의 집으로 간다. 이 나라 민주화의 상징이자 국민들의 영웅인 만델라의 집은 한적한 주택가에 위치해 있었다. 외관도 여느 일반 주택과 별 차이가 없었다. 나무숲만 좀 무성하게 있을 뿐, 추장의 아들로 태어난 왕자의 집치고는 너무나도 서민적이었다. 이곳은 매일 전 세계에서 그를 보러 오는 관광객들의 순례지(?) 같은 곳이었다. 만델라가 자주 갔었다는 근처 언덕에 가보니 나들이 나온 어린이와 그 뒤를 따라오는 젊은 어머니가 보였다. 밝은 표정의 꼬마에게

"너 만델라 좋아해?"

하고 질문을 던지니 이 꼬마, 갑자기 잔뜩 찌푸린 표정을 짓고는 아무 대답을 하지 않았다. 이거 어찌 된 일인가? 당연히 자랑스럽게 그렇다고 답변할 줄 알았는데…. 내가 영문을 몰라 꼬마의 어머니 쪽을 바라보니 바로 옆에 가까이 다가와서는 미소를 지으며

"이 애는 줄루족이라서…"

하고 말끝을 흐리는 게 아닌가? 남아공의 다수족은 줄루족이고, 만델라는 그 다음인 코사족이었다. 그러니까 같은 흑인이라고 해서 다 만델라를 좋아하는 것은 아니었던 것이다.

넬슨 만델라의 평범한 집, 세계 각국에서 매일 사람들이 몰려온다

숙소에서 가까운 록키거리 부근을 걸어가는데, 사람들이 많이 모여 있는 한 바(Bar)가 보였다. 안쪽을 바라보니 플로어에서는 사람들이 춤들을 신나게 추고 있었는데, 특히 흑인 여성들이 아주 재미있게 추고 있었다. 들어가지 않고 바깥에서 구경만 하고 있는데, 왼쪽에 있던 20대 초반의 흑인 여성들 중 한 명이

"안 들어가고 왜 그냥 있어요?"

하는 게 아닌가.

"글쎄… 이따 들어갈 거야."

하고는 몇 마디 이야기를 나누고 있는데 같이 온 일행인지 플로어에서 춤추고 있던 팔등신 몸매의 한 흑인 장신 여성(180㎝, 짧은 머리형, 완전 까만 피부는 아님)이 나를 향해 손짓을 하며 춤을 추는데 엉덩이를 앞뒤로 튕기면서 보란 듯이 추었다. 그리고는 곧 입으로 표현 못 할 선정적인 동작을 취해가면서 요란하게 추어대니 그 여성과 같이 온 친구들, 그리고 구경하던 손님들이 깔깔대며 재밌다고 웃는다. 혼자 온 동양인 하나 갖고 노는 게 뭐가 그리 재밌는지? 입장료 7랜드(1,500원)를 내고 들어가 맥주 한 잔을 시키는데 이곳에서 내가 묵고 있던 숙소에서 일하던 한 친구를 만난다. 동양인이 나 하나밖에 없어선지 사람들은 아는 체하며 친절히들 대해주었다. 잠깐 같이 어울리다가 내일 사파리 여행을 떠나려면 일찍 자야 하기 때문에 일찍 그곳에서 나온다.

1995. 12. 5.

다음 날 새벽 일찍 5시에 알람시계 소리에 깨어난다. 세수를 하고 준비를 한다. 같이 갈 일행들을 태우고 6시 20분에 출발을 한다. 봉고차 두대였는데, 내 차에는 미국에서 온 중년 부부(60대 초반 아저씨, 30대 중반 부인), 내 옆자리엔 노르웨이인(190㎝), 뒷쪽에 스웨덴 친구(가라데 8년 수련), 영국인 두 명 등이었다. 7일 여정의 투어는 요하네스버그 출발, 크루거 국립공원, 스와질랜드, 레소토를 거쳐 남아공 더반에 도착하는 국제 관광 코스였다.

장시간 산길을 달려 도착한 곳은 소비(Sobi)란 곳이었다. 사방이 야트막한 산인 이곳에 캠프를 친다. 국방색 군용형이었는데 네 명이서 같이 치니 5분밖에 안 걸렸다. 잠시 쉬었다 일행을 태운 봉고차가 10여 분 달려간 뒤, 도로에서 내려 숲길을 따라 5분쯤 내려가니 높은 폭포가 나왔다. 병풍으로 두른 듯한 계곡도 아름다웠지만 폭포의 수량이 많아 아주 장쾌하기 그지없었다. 설악산의 대승폭포가 연상되었다.

1995. 12. 6.

투어 3일째, 드디어 본격적인 사파리 관광에 나선다. 이른 새벽인 3시 50분부터 가이드가 일행들을 깨웠다. 대충 고양이 세수들을 하고는 봉고차에 올라탄다. 어떤 친구들은 정신이 아직 몽롱한지 졸린 표정을 지었다. 새벽의 상큼한 공기를 가르며 도로를 따라 달린다. 주위에는 높은 나무는 거의 안 보이고 낮은 수목들만 보인다. 공기가 좋아서 그런지 기분은 상쾌하였다.

차가 달리는데 길 양쪽에 공작 비슷한 새들이(큰 부채꼴 꼬리) 앉아 있다가 차량 소리에 놀라 푸드득 하며 날아간다. 앞으로 다시 20여 분쯤 달려 도착한 곳은 조그만 늪지대였다. 무슨 동물이 있는 것 같은데… 아마도 하마나 악어가 있겠지 하고 생각해본다. 15분 넘게 기다려도 동물의 그림자는 고사하고 코빼기도 안 보인다. 실망하고 다시 차를 달린다.

5시 25분, 아침 해가 붉게 떠오르고 있었다. 머나먼 아프리카 밀림에서 맞이하는 일출은 좀 특별하다는 느낌이 들었다. 일대의 수목들이 그리 높지 않고 낮아서 동물들이 사람들 눈에 금방 노출될 텐데, 이런 환경에 조그만 동물들은 몰라도 큰 동물들은 보일 것 같지 않았다. 흡사 한국 야산의 들판 같은 분위기였다. 사람들은 긴장 속에 숲속을 뚫어지게 응시하지만 동물들은 금방 나타나지를 않았다.

내 앞자리의 미국인 아저씨가

"아! 잠깐… 방금 지나온 곳에 뭐가 있는 것 같다."

차를 20여 미터 후진해보니 왼쪽 숲속에 검은 물체 같은 것이 보이는데 조금씩 움직이는 게 아닌가. 자세히 보니 코끼리였다. 나무숲에 가려 큰 등만 보이는데, 머리를 숙이고 있어서 커다란 바위덩어리가 움직이는 줄 알았다. 세상에! 여긴 동물원이 아니잖는가? 야생 코끼리는 태어나서 처음 보는것이었다. 몸을 일으켜 사라져가는데 커다란 귀를 펄럭였다. 보고만 있어도 그냥 탄성이 나왔다. 다시 차를 달린다.

5시 40분. 차가 갑자기 정지하길래 뭐가 있나 하고 도로 앞쪽을 바라보더니 이내 탄성들을 질러댄다. 전방 30m 지점에 사자 네 마리가 도로를 어슬렁거리고 있는 게 아닌가. 엊저녁 야외 영화관에서 보았던 사자들이었다. 다른 동물들을 보고 나서 잘하면 나중에 주인공인 밀림의 왕자를 볼 줄 알았는데… 암놈 두 마리, 숫놈 두 마리였는데 대형이었다. 그것도 숲속이 아닌 도로 위에서 만날 줄이야.

차를 20m 앞쪽으로 전진시켰다. 일행들이 흥분 속에서 뚫어져라 보고 있는데, 사자들도 별 희한한 괴물 다 본다는 듯한 표정으로 일행들이 탄 차량을 물끄러미 보고 있었다. 5~6분쯤 보다가 5m쯤 더 접근시키니, 암놈 두 마리는 도로 옆으로 슬쩍 비켜나는데 숫놈들은 미동도 하지 않았다. 그리고 예의 우렁찬 포효도 지르지 않았다. 저쪽 사자들도 상대가 얼마나 강한 놈일까 분석하고 있는 것 같았다. 상대는 봉고차로, 높이 약 2m, 길이 4m의 통짜 괴물로 자신들보다도 덩치가 훨씬 큰 괴물, 그것도 두 마리이니 아마도 열세로 느꼈던 걸까, 감히 덤비지를 못하였다. 그렇게 대치하다가 다시 10m 앞까지 전진시키니 그제서야 숫놈들도 머리를 세우고 몸을 움직이려 하였다. 상대가 확실히 자신들보다 강하다고 느꼈던 걸까. 가이드는 거리가 가까워 위험하니 창문들을 꼭 닫으라고 당부하였다.

근접 사진들을 찍기 위해 2m쯤 더 전진하니 바로 코앞이었다. 숫놈들은 그제서야 일어서서 길 옆으로 물러난다. 자세히 보니, 숫놈들이 무성히 난 갈퀴 수염 때문인지 훨씬 위엄 있게 보였다. 정말 밀림의 왕자다운 풍채였다. 눈빛에서 금방 안광이라도 발할 것만 같았다. 이렇게 쉽게 사자들을 볼 줄이야… 그것도 이른 새벽에. 뒤에 도착한 차들이 못 참겠다는 듯 우리 차 앞을 지나치려 한다. 차량들이 앞으로 전진들을 하니 암놈들은 숲속으로 황급히 사라지고, 숫놈들은 길 옆으로 슬슬 비켜난다.

차를 2~3분쯤 달렸을까, 도로 앞쪽에 임파라(Impara, 사슴과 비슷) 떼가 보였다. 몸에 점은 없고 노루와 같은 색깔이었다. 열두어 마리 되었는데, 사자들과의 거리는 300m 남짓. 이런 가까운 곳에 사자의 먹잇감들이 유유자적하고 있을 줄이야.

6시 10분, 곧이어 도로 25m 지점에 흑멧돼지(Warthog)들 대여섯 마리가 보였다. 코에 조그만 뿔이 나온 게 이채로웠다.

6시 50분, 숲속에 뭐가 있는 것 같다 하여 차를 후진시켜보니 아무것도 안 보였다. 영국인 친구(22세, 작년에 대학 졸업)가 잘못 본 것 같다고 해 차를 다시 출발시키려는데, 이 친구가

"웨얼 이즈 댓?"

다시 소리를 질렀다. 뒷쪽을 바라보니 창문 밖 오른쪽 150m 지점에 조그만 짐승 네 마리가 보였는데, 거리가 멀어서 고양이인지, 개인지 분간이 안 갔다. 차를 빨리 후진시켜보니 늑대도 아니고 여우도 아닌 얼굴 모습이 좀 징그럽게, 방정맞게 생긴 짐승이었다. 금방 생각이 떠오르는 게 있었다. 엊저녁 영화에서 본, 바로 밀림의 청소부 하이에나들이었다. 얼굴에는 불규칙적으로 퍼져 있는 커다란 점들이 선명해 보였다. 방금 지나왔

을 때엔 분명히 못 봤는데, 하마터면 그냥 지나칠 뻔하였던 것이다. 차를 후진하며 앞으로 접근하니 천천히 뛰기 시작했다. 덩치 차이가 너무 났던 모양이었다. 영화에서는 밀림의 왕 사자들에게도 겁 안 내고 덤비더니, 차보다 조금 빨리 속력을 내며 도로 양쪽으로 몇 마리씩 뛰기 시작하였다. 좀 더 가까이에서 관찰하기 위해 후진으로 속도를 내니, 쏜살같이 달리더니 이내 숲속으로 사라져버렸다.

"아디오스 하이에나!"

사파리 안쪽 도로를 달리는 차량들은 동물들 때문에 거의 서행을 하였다. 도로를 따라 3~4분쯤 달리니 왼쪽 높은 나무 위에 원숭이 한 마리가 꼬리를 길게 늘어뜨린 채 앉아 있는 모습이 보였다. 곧이어 큰 바위가 보였는데, 가운데, 오른쪽, 왼쪽에 수십 마리씩 무리를 지어 모여 있는 게 보였다. 큰 바위 위쪽 가운데에 있는 한 마리가 빨간 열매를 먹고 있는데, 손에 들고서 사람처럼 입을 오물거리며 먹고 있는 모습이 보기만 해도 웃음이 절로 나온다. 뒤에 있는 영국인 친구가

"몽키 브렉퍼스트."

라고 하였다. 웬 아침식사를 이렇게 일찍 하나 싶었다. 일행들은 원숭이들의 아침 먹는 귀여운 모습에 계속 웃는다.

7시 10분, 100여 미터쯤 앞쪽으로 가니 임파라 몇 마리가 보였는데, 아주 귀엽고 정답게 보였다. 미국인 아주머니가 그걸 보더니

"소 프리티."

라고 하였다. 영국인 친구도

"소 프리티."

사슴같이 생긴 것들이 어찌 저렇게 귀여울까 싶었다. 다시 앞으로 잠깐 나가니 15m 전방에 한 무리가 보였는데, 40마리는 족히 되어 보였다. 몸통 높이 70㎝, 넓이 90㎝ 가량, 새끼들도 보였다. 이들은 군집생활을 하였는데, 몽골 초원의 양떼들처럼 아주 평화롭게 보였다. 주위에 있는 이름모를 새들이 지저귀면서 아침을 일깨웠다.

앞으로 5분쯤 나가니 대형 관광버스들이 서 있는 게 보였다. 뭔가 나타났구나 하고 조용히 서행을 하며 앞으로 나가보니, 바분(Baboon, 개코원숭이)들이 있었는데 버스 앞에 두 마리, 옆의 숲 쪽에 두 마리 있었다. 도로

위의 원숭이들은 차량이 다가가도 도망가지를 않고 있었다. 그중 한 마리가 우리 일행이 탄 봉고차 앞으로 다가왔다. 그리고는 도로 한쪽에 털썩 주저앉았다. 꼭 사진이라도 찍으라는 표정 같았다. 야생이라지만 관광객들을 자주 만나 먹을 걸 가끔 얻어먹다보니 사람만 보면 도망보다는 먹을 것 때문에 다가오는 것 같았다. 내가 비스켓(웨하스)을 꺼내어 주려고 하니 뒷좌석의 친구들이

"미스터 리, 주면 안 돼."

하고 소리쳤다. 여느 한국사람들 같으면 귀여워서 먹을 걸 줄 것 같은데… 그게 그렇지를 않은 것 같았다. 주면 자꾸 따라붙는다는 것이었다. 작년엔가 호주 여행 갔을 때도 옆의 사람들이 야생 캥거루에게 먹을 걸 절대 주지 말라고 하였다. 캐나다 밴쿠버의 록키산에 갔을 때도 큰 사슴들(엘크?)에게 먹을 걸 주면 안 된다고 법직으로 통제한 이유는 동물들이 사람들과 친해지는 건 좋지만 자꾸 그렇게 사람들과 가까이하다보면 야생성을 잃어 혼자 생존할 수가 없다는 것이었다. 그것은 옳은 방침 같았다.

도로 위에서 나 보란 듯이 털썩 차 바로 앞에 주저앉아 물끄러미 일행들을 바라보는 큰 바분을 보며 사람들은 깔깔대며 웃었다.

7시 30분, 왼쪽에 임파라들이 보였지만 자주 봐서 그런지 사진들을 찍지 않았다. 이 일대의 숲들도 낮은 수목들로 이루어져 있었다. 가끔 듬성듬성 10m 내외의 제법 큰 나무들도 보였다. 상상했던 것과는 달리 크고 오래된 고목들은 찾기 어려웠다.

7시 30분, 가까운 캠핑장으로 가서 식사들을 한다. 좀 쉬었다가 다시 동물구경을 나서는데 잠깐 차를 달리니 꼬마 임파라가 짝도 없이 혼자 걸어가고 있었다. 위험한 맹수들이 우글거리는 이런 곳에서 겁도 없나 생각했다. 차 앞칸의 한 가이드 친구가 그걸 보고선

"웨얼 이즈 유얼 파덜?"

하니까, 일행들이 웃었다.

그나저나 임파라는 이제 호기심에서 제외된 듯 사진을 찍을 생각들도 않는다. 또 임파라야 하는 표정들이었다. 왼쪽 도로변 나무 그늘 속에도

수십 마리가 보였다.

9시 30분, 이번에는 조그만 강(시냇물?)이 나오는데 철교가 놓여져 있었다. 일행들 중 일부는 벌써 졸음들이다. 4시가 채 못 되어 일어났으니… 코뿔소나 표범이 나타나는 것도 아니고, 이제 나도 졸리기 시작했다.

10시 10분, 바분 한 무리가 양쪽 도로 위를 지나간다. 무슨 행진이라도 하는 것 같았다. 가이드가 문단속 잘 하라고 하였다. 아차하면 바분들이 차 안으로 뛰어든다면서… 사진을 찍느라 오른쪽의 바분들에게 정신이 팔려 있는 사이, 어느 틈엔가 왼쪽 방향에서 새끼를 배에 매단 덩치 큰 바분 어미가 차 옆으로 오더니 갑자기 창문 쪽으로 뛰어오르는 게 아닌가.

"헤이, 헤이, 바분, 캄인!"

하니까 노련한 가이드는 곧장 앞쪽으로 차를 전진시킨다. 그제서야 바분은 새끼를 매단 채 뛰어내린다. 이런 상황에서 차 안으로 개코원숭이가 뛰어들면 어떻게 될까? 아마도 한바탕 소동이 일어났을 것이다.

사자, 하이에나도 이 괴물 봉고차를 피했는데 요놈의 겁대가리 없는 잔나비들 같으니라구… 왕초인 듯, 덩치가 꽤 큰 바분 한 마리가 도로가에 털썩 주저앉아서 소시지를 벗겨먹고 있었다. 사람들이 그 모습에 또 한바탕 웃는다. 누가 저 소시지를 주었을까? 주면 안 된다는데… 일대에 바분들이 많이 모여 차량들이 뒤엉켜 길이 막혔다. 한가해야 할 도로에서….

10시 30분, 앞으로 나가는데,

"아! 아! 엘레판트!"

하고 미국인 아주머니가 소리를 질렀다. 나무에 가려 하마터면 못 볼 뻔했던 것이다. 큰 귀를 펄럭이며 뭔가를 열심히 먹고 있었다. 키 약 2.5m, 폭 3m가 넘는 대형 코끼리였다. 동물원에서 보다가 이런 자연의 숲속에서 보니 참으로 아름답게 느껴졌다. 사진들을 찍고 막 출발하려는데, 금방 또 코끼리들이 나타났다. 왼쪽 길가 쪽, 도로 중앙 쪽에 출몰하는데 어떤 코끼리는 자기 집 안마당인 듯 도로 위에서 유유자적하는데 정말 장관이라는 생각이 들었다. 또 다른 한 떼의 코끼리 무리들이 나타났다.

"뿌우, 뿌우."

차량과 사방에서 나타나는 코끼리 떼, 개코원숭이, 임파라 등으로 도로 일대가 차량과 동물들이 뒤엉켜 금방 혼잡하여진다.

"히얼, 엘레판트 에어리어!"

하고 미국인 아주머니가 다시 소리쳤다. 그러고 보니 많은 동물들이 부근 일대에 몰려 있는 걸 보니, 동물의 세계에도 영토(영역) 같은 것이 있는 것 같았다. 이 일대는 특히 코끼리 영토였던 셈이다. 그러니 이렇게 많은 코끼리들이 사방에 모여 있지. 차가 달리는 도로 부근에 동물들이 많이 출현하는 것을 보면 이 부근은 물론 전 지역에 걸쳐 동물들이 많이 있다는 것을 짐작할 수 있었다.

11시, 휴게소에 들렀다가 아침식사들을 하고 난 후 옆에 보이는 조그만 강가에서 바라보고 있는데 가이드가 이곳에는 악어의 일종인 크로커다일이 있다고 하였다. 아메리카에 있는 악어는 엘리게이트라고 부른다는데 뭐가 다른지 좀 헷갈렸다. 비슷하지만 다르다고 하였다. 지나가는 차량의 관광객들에게 물어보니 아직 사자를 보지 못하였다고들 하였다. 우린 행운이었다. 차로 10분쯤 달린 곳에 늪지대가 보였는데 앞에 승용차 두 대가 있었다. 뭔가 있구나 싶었다. 차가 서 있다는 것은 그쪽에 뭔가가 있다는 것이다. 더군다나 여기는 동물의 왕국 아프리카의 밀림지대가 아닌가. 물속을 바라보니 하마들이 코만 내놓고 있는 놈, 등만 살짝 내놓고 있는 놈 등 수십 마리가 보였다. 한참을 기다려도 물 밖으로 나오는 놈은 없고 한 놈이 커다란 입을 쩍 벌리고 하품만 하였다. 차를 돌려 가는데 곳곳에 임파라 떼가 보였다. 너무 많다는 생각이 들었다. 저것들이 다 사자와 표범 등의 먹잇감이라니… 다시는 사자와 하이에나의 모습은 안 보였다. 그나마 새벽 일찍 나서서 망정이지 아주 못 볼 뻔했을지도 모를 일이었다.

캠프로 돌아오는 차 안에서도 처음 보았던 사자와 하이에나의 모습들이 자꾸 떠올랐다. 가이드의 말에 의하면 작년 이맘때 홍콩에서 온 남자 관광객이 이곳에서 사자에게 물려 죽은 사고가 있었단다. 원주민들이야 가끔 그런 사고를 당한다지만, 관광객이 그렇게 되는 경우는 드문 일이라고 하였다. 아침에 사파리 관광을 나선 관광객들이 사자들이 많이 출몰하는 지역을 지나다 한 관광객이 좀 더 가까이에서 사자들을 찍으려고 차 문을 열고 나왔는데, 가이드가 위험하다고 빨리 들어가라고 소리쳤지만 용기가 있었던(?) 그 사람은 가이드의 말을 듣지 않았던 것이다. 사자와의 거리는 불과 30여 미터, 관광객은 이 정도 거리면 괜찮을 거라고 생각하였을지도 모른다. 사진을 찍고 빨리 돌아서 가려는데 어느새 사자들 중 한 마리가 차량 쪽으로 달려와서는 손쓸 새도 없이 사정없이 물었던 것이다. 사자가 봤을 땐 움직이는 동물이라면 그들의 눈에는 먹잇감으로밖에 안 보였을 텐데, 그 홍콩 관광객은 돌아오는 도중에 출혈이 심해 죽었다고 한다. 왜 돌출행동을 해서 죽음을 자초했는지… 여기는 동물원이 아니라 야생 동물들의 안방인 아프리카이다.

새벽 4시도 채 못 된 이른 새벽에 나선 덕분에 사자들을 볼 수 있는 행운(?)을 누렸지만 아직 코뿔소, 기린, 얼룩말들은 보지도 못했다. 6시경 저녁식사를 하고 있는데 가이드 친구가 "미스터 리, 야간 관광 안 갈 거야?" 하고 물어왔다. 오늘 관광은 끝난 줄 알았는데, 그리고 야간에 무슨 볼 게 있다고? 예정에 없던 일정이었지만 나도 신청을 한다. 50랜드(11,000원, 2014년 기준 약 45,000원), 식사가 끝난 후 같이 식기들을 닦고 야간 투어에 따라나선다. 사파리 관광을 위한 대형 트럭이 준비되어 있었는데, 지붕이 없는 오픈형이었다. 위쪽에는 각국에서 온 관광객 이십여 명이 앉아 있었다.

역시 동양인은 나밖에 없었다. 그리고 흑인 관광객들도 안 보였다. 안전철망이나 유리창도 없는데 위험하지 않을까 하는 생각이 들었다. 앞쪽의 운전석을 바라보니 건장한 체격의 남자 가이드(183㎝)가 앉아 있었는데 운전까지 손수 하였다. 운전대 앞에는 길다란 비상용 장총이 꽂혀 있었다. 나는 맨 앞줄에 앉았고, 뒤로 네 줄이 더 있었다(옆으로 좌석 배치).

캠프를 떠나 맨 처음 간 곳은 새벽에 갔던 그 늪지대였는데, 기다려도 하마가 안 나와 다른 길로 접어든다.

15분쯤 달렸을까, 주위는 조용한 초목지대였다. 석양이 넘어가려 하는데 반대쪽엔 달이 중천에 걸려 있었다. 평탄한 길을 한참 가다가 차를 멈추었는데, 50m 전방 왼쪽 습지 쪽에 코뿔소가 보였다. 혼자 있는 게 초원의 무법자 같았다. 오늘은 못 볼 줄 알았는데… 사람들은 환성을 지른다. 육중한 몸체에 저녁놀을 배경으로 서 있는 모습이 주위의 분위기와 어울려 아주 환상적이었다. 작년(2014년)에 한 신문을 보니 남아공에서 작년 한 해에만 밀렵꾼들에 의해 약 600마리 이상의 코뿔소들이 죽었다고 한다. 이곳은 아프리카에서도 코뿔소 서식 밀도가 가장 높은 곳이라고 하였다. 늪지대의 코뿔소는 초원을 전세낸 듯해 보였다.

네팔의 국립공원 치토완에 갔을 때이다. 가이드의 말에 의하면 호랑이나 표범보다도 코뿔소가 훨씬 위험하다고 하였다. 저 앞에 나온 뿔에 받혀, 한 해에 최소 십여 명이 희생된다고 하였다. 호랑이보다 두 배 이상 위험하다고 하였다. 설마하니 자신보다 훨씬 덩치가 큰 대형 트럭한테야 미련하게 안 덤비겠지? 그리고 그 가이드는 만약에 돌아다니다 코뿔소와 마주치면 절대 도망치지 말라고 하였다. 사람이 가만 있으면 시력이 아주 약한 코뿔소는 냄새와 청력으로만 판단해 공격하는데, 한번 공격하기 시작하면 탱크같이 육중한 몸이 지칠 줄 모르고 계속 달리며 공격하므로 만약에 어쩔 수 없이 도망가더라도 갈짓자로 도망가라는 것이었다. 일자로 곧장 도망치면 들이받기 딱 좋으니 왼쪽, 오른쪽을 오가며 혼란을 주라는 것이었다. 그러면 무거운 몸체가 탱크처럼 돌진해오다가 갑자기 멈출 때 스스로 그 무게를 감당하지 못해 넘어지곤 하기 때문에 그때 빨리 도망치면 된다는 것이었다.

날은 곧 어두워졌다. 일행을 태운 차는 서치라이트를 켜고 앞으로 계속 나간다. 양쪽 차 위쪽에 접시형 대형 서치라이트를 켜고 사방을 비추며 달리는데 차가 달리는 부근은 환하였다. 임파라 몇 마리가 귀를 쫑긋 세우더니 달아나는 게 보였다. 자주 보았지만 그래도 눈을 말똥말똥하는 것이 아주 깜찍하고 귀여웠다. 앞으로 나가는데 이번에 아주 많은 임파라 떼가 모여 있는 게 보였다. 어둠 속에 불빛을 받아서 그런지 안광들이 빛나고 있었다. 엊저녁 영화에서 본 사자나 하이에나들처럼 눈에 불을 켠 모습들이었다. 처음 차를 탔을 때는 앞자리가 전망도 좋고 시원하고 좋았는데, 어느새 하체 쪽이 서늘할 정도로 찬 기운이 돌았다. 주위는 온통 고요한데 달리는 트럭만이 고요를 일깨우는 것 같았다. 하늘을 바라보니 만월의 달은 구름과 어우러져 맑게 그 자태를 최대한 뻐기고 있는 것만 같았다. 한참 달리다 갑자기 차가 섰다. 운전하는 가이드가 숲속 오른쪽을 보라고 하였다. 50m 전방에 육중한 검은 물체가 귀를 펄럭이고 있는데 코끼리였다. 모두 "야!" 하고 탄성들을 질렀다. 밝은 달빛 아래 서 있는 코끼리를 향해 서치라이트와 각자 갖고 온 전등들을 일제히 그쪽을 향해 비추니 환상의 장면이 연출되었다. 나도 오늘 본 것들 중 이렇게 크게 탄성을 지른 적이 없었다. 조용한 숲속에 혼자 서성이고 있는데 휴식을 취하고 있는지 모르겠지만 꼭 사색에 잠긴 시인처럼 다가왔다. 세상에, 자연과 동물과 달빛이 하모니가 되어 이렇게 멋있게 어울릴줄이야. 너무나도 환상적이었다. 사람들의 시선이 떨어질 줄 몰랐다. 계속 탄성들이다. 이윽고 몸을 굽히고 쉬는 동작에 들어가자 그제서야 그 자리를 떠난다.

관광객들은 코끼리를 향해 "안녕" 하며 인사들을 건네었다. 이십여 명의 눈들이 있었지만 가이드 한 사람 못 따라가는 것 같았다. 거의 다 가이드 아저씨가 찾아낸다. 앞으로 가다 길가를 기어가는 스콜피온, 뱀 등도….

18. 재롱둥이 아프리카 부엉이

앞으로 20분쯤 달렸을 때였다. 차가 멈추길래 도로 앞쪽을 바라보니 이번에는 좀 특이한 게 보였다. 조그만 동물인 줄 알았는데 그게 아니었다. 높이는 30㎝ 정도, 날개를 접고 장승처럼 부동자세를 취하고 있었는데, 커다란 눈을 촐망촐망하고 있는 게, 바로 부엉이였다. 태어나서 처음 보는 것이었다. 그것도 아프리카 정글에서 볼 줄은 생각도 못 했다. 불빛을 비추어도 발끝만 조금 움직일 뿐 꼼짝 않고 있었다. 자기 눈보다 훨씬 큰, 커다란 불빛들을 눈을 깜박이며 호기심 어린 눈으로 바라볼 뿐이었다. 세상에 부엉이가 저렇게 귀여울 수가… 다시 한번 모두들 탄성을 지른다. 꼭 관중 앞에 선 무대 위 연극배우 같았다. 3m, 2m까지 서서히 접근하니 날개를 접었다, 폈다, 어찌할 줄을 모른다. 눈을 더 촐망촐망, 또랑또랑, 감았다, 떴다 하는 재롱에 사람들은 폭소를 터뜨렸다. 자신보다 너무나도 큰 침입자를 저게 뭘까 하고 바라보는 표정이 너무 재미있게 보이는 것이었다. 대형 트럭이 바짝 코 앞까지 다가가니 그제서야 날개를 푸드덕거리며 숲속으로 날아간다. 사람들은

"땡큐."

"땡큐 베리 마치."

하며 감사의 인사를 보내었다. 부엉이를 향해 전등불을 다시 일제히 비추니 몇 번인가 돌아보더니 이내 완전히 숲속으로 사라졌다. 차가 앞으로 계속 달리는데 사람들은 뭔가를 발견하려고 앞쪽만 응시한 채, 숨소리도 내지를 않았다. 소근거림도 없으니 적막감만 감돌 정도였다.

8시 30분, 가이드 아저씨가 오른쪽 숲 쪽을 바라보라고 하였다. 불빛 비추는 쪽을 바라보니 달빛 아래 높은 거목 조각 같은 것이 보였는데, 바로 기린이었다. 고요한 숲속에 머리를 높이 쳐들고 서 있는 모습이, 강한

전등불의 효과에다 만월의 달빛이 어우러져 한 폭의 그림을 연출하였다. 다시 경탄들을 쏟아낸다.

"베리 뷰리풀."

"오! 갓…."

"어떻게 저렇게 멋있을 수가."

하고 머리를 좌우로 흔드는 사람까지, 그 아름다운 자태에 다들 넋을 잃었다. 나도 세상에, 대낮도 아닌 밤중에 이렇게 아름다운 세계가 있을 줄이야 하고 혼자 뇌까렸다. 저것은 동물이 아니라 바로 신선(神仙)의 모습이었다. 오늘 야간 관광을 따라 나서지 않았더라면 평생을 두고두고 후회할 뻔하였다. 이곳 아프리카를 떠나면 다시는 이런 환상적인 정경을 볼 수 없을 것이다. 고요한 정글의 밤세계와 동물들이 펼치는 이런 자연의 오케스트라 연주는 이번 여행의 하이라이트가 될 것이다. 사라지는 기린에게 사람들은 다시 감사의 인사를 보내었다.

숙소로 돌아오니 오늘밤은 특별한 파티를 한다고 하였다.

1995. 12. 8.

오후 5시, Hlalanatal 캠프에 도착했다. 멀리 바라보이는 산은 엠피티에 탈(Amphitheatre)산으로 3,000m 높이라고 하였다. 여기서 바라보니 풍광이 아주 아름다운 산이었다. 정상 부근은 길게 평평한 모습으로 거대한 바위산이었다. 오른쪽 끝 한 부분만 꺼졌다가 솟아오른 형상이었다. 산 바로 너머가 아프리카에서 가장 작은 나라인 레소토라고 한다.

이 일대를 돌아다니다 캠프로 돌아온다(1,500m 지점). 텐트로 돌아와 보니 비가 들어와 엉망이었다. 양쪽 커텐을 올려놓은 채로 놔두었으니… 그래도 희미하게 안이 보여 어두운 가운데서도 한참 물을 퍼낸다. 잠을 자는데 슬리핑백까지 젖어 다리 부분이 다 젖는다. 그렇다고 안 잘 수도 없고… 결국 잠 한숨 제대로 못 잔 채로 새벽을 맞는다.

1995. 12. 9.

캠프에서 멀리 바라다보이는 엠피티엔탈 산(3,000m)으로 가기 위해 간단한 준비들을 하고 떠나는데, 오늘따라 샌드위치들을 은박지 포장지에 싸는 사람들이 보인다. 좀 있다보니 모두들 다 그렇게 하였다. 처음에는 그동안 제시간에 식사들을 못 해서 미리 대비하는 줄 알았는데, 점심으로 싸 간다는 것이었다. 나도 샌드위치 두 조각에다 카메라만 가지고 가벼운 차림으로 나섰다. 큰 배낭은 캠프에 놔둔 채….

어저께 밤과 달리 오늘은 날씨가 아주 쾌청하였다. 모두들 소풍 가는 기분으로 차를 탄다. 계곡 입구 못 가서 휴게소가 나왔다. 여기서 서울에 있는 조카들 줄 선물을 몇 개 산다. 엠피티엔탈 산 입구에 도착하니 11시경 되었다. 계곡을 따라 올라가는데 처음엔 완만한 경사라 힘들지 않게 걸어 올라간다. 40여 분쯤 걸었을까, 가이드가 '부시맨 페인팅' 보러 간다고 말하였다. 산길을 다시 40여 분쯤 따라 올라가니 큰 바위가 보였다. 반대쪽에도 산봉우리들이 보이는데 그리 가파른 지형은 아니었다. 그림이 바위굴 안에 있을줄 알았는데, 이번에는 외부에 돌출된 상태였다. 기역자로 이루어진 큰 바위 밑 중간 상단에 벽화 같은 게 그려져 있었다. 밑에도 그려져 있었는데 선명하지를 않아 잘 알아볼 수가 없었다. 수만 년은 됐음직한 그림이었다. 부시맨에 대해선 언젠가 부시맨들을 배경으로 다룬, 프랑스 코미디 영화에서 보았을 뿐 아는 게 전혀 없었다. 아시아나 유럽에선 수천 년 단위의 그림도 보기 힘든데 이곳 아프리카에서는 수만 년 된 그림을 보다니, 역시 인류 문화의 발상지답다는 생각이 들었다.

바위굴속 천장엔 부시맨의 수만 년 전 벽화가

　주위의 경관은 암벽으로 이루어진 산세였는데, 한 시간쯤 올라가 자세히 보니 그게 아니었다. 그랜드캐년을 닮은 윗쪽의 정상 부분은 그저 평퍼짐하게 펼쳐져 있었는데, 윗부분들이 묘하게 나무 하나 안 보이는 절벽으로 이루어져 특이한 형상을 이루고 있었다. 이러한 형태의 봉우리들이 연이어 펼쳐져 있었다. 이곳은 아프리카가 틀림없는데 어쩐지 아프리카 같지 않다는 생각이 들었다. 벌써 등반을 끝내고 내려오는 사람들도 보였다. 다시 두 시간쯤 올라가니 지나온 지형과는 완전 판이하게 다른 모습이었다. 온통 기암괴석으로 이루어진 대협곡이었다. 나중에 알았지만 이곳은 3,000m나 되는 높은 산이었다. 아마 이 협곡도 최소 2,000m 이상은 될 것 같았다. 백두산 높이에 이런 아름다운 곳이 있을 줄이야. 이곳에도 여러 폭포들이 보였는데, 계곡 사이의 절벽들이 가관이었다. 멀리 산 정상 부분이 보이는데, 윗부분은 거의 일직선형으로 병풍처럼 세워져 있었다. 조각을 한 듯 어떻게 저렇게 생길 수 있나 하는 생각이 들었다. 다들 탄복을 한다. 다시 자세히 보니 가운데는 바둑판처럼 평평하고, 양쪽은 설악산 비선대나 토왕성 계곡의 기암들처럼 깎아지른 형세였다. 그동안 캐나다 록키산, 네팔의 안나푸르나, 중국 광동성에 있는 계림(桂林) 등을 가보았지만 이곳의 산세도 결코 뒤떨어지지 않을 것이라는 생각이 들었다. 아니 어쩌면 더 나은 것 같았다.
　이곳까지 올라오기 전 비가 왔는데 절벽 밑에 비를 피할 자리가 있는데도 비를 맞고 그냥 행군들을 하는데 이해가 안 갔다. 옆 사람에게 왜 비를 맞으며 올라가야 되느냐고 물으니 자기도 모르겠단다. 피할 수 있는 비를 흠뻑 맞으며 계속 오르는데 기분이 썩 좋지를 않았다. 남의 의견도 물어보지 않고 왜 나까지 비를 맞으며 올라가게 하는지? 좀 쉬었다가 일부는 다시 산으로 오른다. 바로 건너편에 높은 절벽이 보이는데 거의 155도의 깎아지른 바위 절벽이었다. 이때까지는 그래도 쉽게 오를 만했었는데, 올라갈까 말까 망설이다 계속 같이 오른다.

이때까지는 오를 만했었는데, 이제부터는 아주 난코스였다. 미국인 아저씨 등 몇 사람은 포기하고 가이드와 함께 이곳에서 쉬기로 한다. 나까지 다섯 명이 나선다. 미국인 젊은 아줌마도 함께 따라나선다(아저씨는 뒤에 놔둔 채로). 바위 절벽 위에 쇠말뚝을 박은 줄이 있어 거기에 의지해 오르는데 아주 스릴만점이었다. 웬만한 주부들 같으

면 생각도 못했을 텐데, 이 미국인 아줌마(30대 중반)는 나도 질까보냐 하고 올라오는 표정이었다. 가파른 계곡길을 어느 정도 오르니 아주 힘들어 하였다. 먼저 올라가 기다려준다.

"땡큐, 웨이팅 포 미, 미스터 리."

하고 인사를 잊지 않는다. 몇 번 위험한 절벽들을 오르니까

"아임 노 영 걸."

하는 게 아닌가. 내가 힘내라고

"베리 영 걸."

응원해주니까

"노, 노."

이제 더 이상 못 오르겠다는 표정이었다.

그렇게 해서 먼저 올라간 일행들과 겨우 만난다. 이곳에 있다는 큰 폭포를 찾아나서는데, 몇 번 길을 헤매다 내가 먼저 산 중턱에 걸쳐 있는 폭포들을 발견하게 된다.

높은 산 정상 아래에서 폭포가 떨어지고 있는

게 보였는데, 이곳에서는 산등성이 너머로 보였다. 폭포가 잘 보이는 지점에 이르러 자세히 보니, 이곳 주위는 사방이 가파른 협곡으로 이루어져 있었다. 한마디로 절경이었다. 폭포는 2단으로 이루어져 있었는데 설악산 토왕성 폭포가 생각났다. 상단의 폭포는 어림짐작으로 80~100m, 하단 폭포는 아랫부분이 가려 잘 안 보였으나 60m쯤 되어 보였다. 정상 위의 큰 절벽들과 어우러져 환상의 세계로 끌어들이는 듯하였다.

가져온 샌드위치로 이곳에서 점심을 때운 후 충분히 감상을 하고 일행들이 있는 곳으로 내려온다. 내려오는 길에 다른 폭포수를 발견하고는 스테판등 몇 사람은 폭포수에 등을 대고 시원한 물줄기를 맞다가 물이 너무 찬지 금방 나온다.

"야~ 아!"

하고 기합도 지른다. 곧 히산을 하는데 이 친구들 심심하면

"미스터 리, 미스터 리."

하고 괜히 나를 부른다. 동양인이 나 혼자뿐이라고, 다른 사람들 이름도 많은데… 하필 나만 부를 건 뭐람.

하산길에 미국인 아줌마가 남편과 같이 내려오는데

"미스터 리, 마이 굿 파트너."

라고 하였다. 몇 번 손 잡아주고 기다려준 것밖에 없는데….

6시 30분경 숙소로 돌아와 쉰다. 오늘은 투어의 마지막 밤이라서 그런지 평소보다 음식을 푸짐하게 차렸다. 술도 충분히 나왔다. 모두 허기가 졌던 차에 아주 맛있게들 먹는다. 이탈리아에서 온 한 커플의 생일 파티도 겸하였다. 호주에서 온 커플은(남자 21세, 여자 20세) 심심하면 키스를 하며 애정을 표시하곤 한다(혼자 온 사람들도 좀 생각하지).

개고기가 화제로 올라왔다. 한국사람들은 개고기를 먹는 게 틀림없지만 딱 한 종류(똥개)만 먹는다고 강조했다. 그리고 보신 문화는 수천 년의 역사를 가지고 있는 전통 음식으로서, 특히 몸이 허약한 체질의 사람들이 건강식으로 많이 애용한다고 역설하니 그제서야 머리를 끄덕이며 수긍한다는 표정들을 지었다.

21. 아프리카 여행지에서의 개고기 논쟁

이제 내 이야기가 재밌는지

"스피츠도 먹나?"

"세퍼드는?"

"고양이는 안 먹는가?"

야단법석들이었다.

"미스터 리."

"미스터 리는 역시…"

뭐가 역시란 말인가? 자기들은 말고기, 캥거루 고기 안 먹나. 저녁 만찬에 참석한 사람은 이탈리아인 5명, 호주인 6명, 미국인 부부, 나, 가이드 네 명 등 18명이었다.

"미스터 리, 그동안 몇 나라나 가봤나?"

질문을 나에게로 던졌다.

"42개국 정도."

라고 답변하니 다들 놀라는 표정들을 짓더니

"야! 정말?"

"몇 년째 다녔는데?"

"현재 6년째."

"정말?"

"야, 정말 미스터 리는 정말 행운아야."

"정말이야."

"그럼, 한국에는 그동안 한 번도 안 돌아갔나?"

"가끔 돌아갔다, 또 나오고 그래."

모두들 부러워하였다.

"원래 직업이 뭔데?"

"나는, 직업이 몇 가지인데… 음악도 하고, 한국 전통무용도 하고, 가끔 비즈니스도 해."

"여행 경비는 어떻게 마련해?"

대화가 끝도 없는데, 생일 맞은 사람은 왜 놔두고 나 위주로만 진행되나, 같이 놀아야지. 내 리사이틀도 아니고….

"놀랄 것도 없어. 내가 아는 사람들 중에는 10년째 외국여행만 돌아다니는 사람(페루인, 홍콩에서 길거리 장사 하다 만난 빡빡머리 친구)도 있어."

"그래도 미스터 리는 행운아야, 정말 행운아야."

하긴 세상에 여행 싫어하는 사람 있을까마는 대부분 여건이 안 되어 못하는 게 현실이다. 단 내가 그걸 그렇게 느끼질 못하고 있었을 뿐이었다.

"앞으로 4년만 더 다닐 생각이야(실제로는 15년은 더 다니게 된다)."

"…!"

"휴…!"

"놀라긴 뭘 놀래, 하고 싶으면 하는 거지. 10년 정도면 족할 것 같애."

"미스터 리."

"야~ 미스터 리."

이거 뭐 내 자랑하는 시간이야, 뭐야?

"그럼, 아프리카는 몇 번째야?"

"이제 다섯 번째야."

"이야! 정말."

"아메리카는?"

"어느 아메리카 말이야?"

"음… 남미."

"가봤지. 남미 페루는 작년 말에 갔다 오고, 북미의 캐나다, 중미의 멕시코는 올 초에 갔다 왔어."

"중국은?"

"3번 갔다 왔어."

중국은 그 후로도 20여 회 더 다녀오게 된다.

"이야!"

"일본은?"

"일본…? 일본은 20번도 더 갔다 왔어."

"이야!"

"인도는?"

"3번,"

"태국은?"

"태국도 10번 이상은 될 걸."

"그럼, 현재까지 몇 개국이나 다녔나?"

"말했잖아, 현재 42개국 돌았다고."

"그럼 다 가봤겠네."

"어떻게 다 가봐, 200개국이 넘는데…"

"그래도 정말 대단한데… 리는 정말 부자야."

부자는 또 웬 부자야. 남는 게 시간밖에 없는 사람인데.

22. 도둑이 가장 많은 대표적인 세 나라

"어디가 좋던가?"

"음… 그건 취향에 따라서 다를 텐데, 내 기준에서는 유럽 쪽은 역사, 문화가 비슷해 큰 재미가 없어. 편안하긴 하지만… 그런데 여행의 목적은 편안한 데만 있는 게 아니잖아. 재미가 있어야지. 아시아, 아프리카, 남미 등이 그래도 재미있는 지역 같아. 왜냐하면 인종, 종교, 복장, 건물 등이 아주 다양하니까… 혹시 도둑이 가장 많은 세 나라를 꼽으라면 어딘 줄 알아?"

이번엔 내가 한 친구에게 질문을 한다.

"어딘데?"

"알아맞춰봐."

"제일 많은 나라는 이태리일 것이고… 그 다음에는 스페인, 그리고 요즘에는 루마니아, 유고도…"

"맞아, 내 경험상 가장 많은 나라는 이태리 로마이고, 두 번째 세 번째는 스페인, 프랑스인데 2, 3위 순위는 가끔 바뀌는 것 같애. 어쨌든 1위는 이태리야."

그 순간 나도 모르게 왼쪽에 있는 호주 친구에게 한 친구를 가리키며 물어본다.

"저 친구 어디서 왔대?"

"이태리!"

이거 솔직하게 대화한다는 게… 바로 질문을 던졌으니… 이거 아무래도 실수한 것 같았다.

그렇다고 주워담을 수도 없어,

"이태리에서 왔나?"

"그렇다."

거기서 그만 끝내면 될 것을 나도 모르게 계속 말이 나온다. 솔직한(?) 대화를 해야 하니까. 에이 모르겠다.

"이태리에는 왜 그렇게 도둑이 많나?"

직설적으로 질문을 던졌다. 어떤 답변이 나올지 궁금했는데, 이 친구 짜증을 내기는커녕 천연덕스럽게 답변한다.

"이태리에는 일하기 싫어하는 사람들이 많아서…."

"그렇다고 도둑질을 해?"

"그걸 내가 어떻게 알아."

이건 잘못돼도 한참 잘못된 질문과 답변이었다. 누굴 공박하는 것도 아니고, 더구나 아무 죄도 없는 사람에게 단지 이태리 사람이란 이유만으로… 사람들은 배꼽을 잡고 웃는다. 무슨 이런 논쟁(?)이 있나 싶었다. 하긴 이태리에서는 양복을 잘 차려입고 점잖게 보이는 신사들도 지하철이나 버스 등 공공장소에서 솜씨를 심심치 않게 뽐내는 건(?) 특별한 화제도 못 될 정도로 흔한 이야기였다. 한 영국인 친구가,

"한국사람들은 영국사람을 뭐라고 부르나?"

"영국인."

"녕쿡인?"

"아니, 영국인."

"영~ 쿡~ 인."

"맞아."

호주인도 재밌는지 물어온다.

"오스트레일리아인은 뭐라고 불러?"

"호주."

"코쥬?"

"아니, 호, 주."

"호, 주."

"맞아."

이태리인 친구도 안 빠진다.

"이탈리아는?"

"이탈리아."

"야! 역시…"

좋아한다. 어깨까지 으쓱한다. 명칭 하나 가지고….

투어 중 일행들과… 엠피티엔탈 산 너머에는 아프리카 최소국인 레소토가 있다

내가 호주 친구에게 화제를 바꾸어 질문을 던진다.

"호주는 실업률이 얼마나 되나?"

"8~9%쯤 될 걸."

"이탈리아는?"

"12~15%."

"영국은?"

"약 10~12%."

"한국은 얼마나 돼?"

"한국? 글쎄… 많아야 2% 정도(당시)."

"한국은 일자리 걱정은 없겠네?"

"본인만 원하면 대부분 가능하지… 호주의 작년 경제성장률은 얼마나 돼?"

"글쎄… 올해는 좀 발전할 거야."

"얼마나?"

"0.5~1.5% 정도."

"그럼 작년에는?"

답변 대신 한손을 치켜들더니 엄지손가락으로 아래를 가리킨다. 그리고는,

"다운!"

하고 씩씩하게 답변한다.

"영국은?"

"우리도 별로야. 올해 잘해야 1%, 작년은 아마도 마이너스일 걸."

"이탈리아는?"

"우리도 별 차이 없어."

한때 잘나갔던 나라들, 호주 같은 데서는 백인 우월주의 사상인 백호주의란 게 생겨날 정도로 세계사는 백인들 위주로 운영되며, 동양인을 얕잡아보았는데, 이제 그 경제의 축이 급속히 아시아로 이동하고 있으며 십 년만 지나도 동아시아가 그 경제의 한 축을 담당하게 될 것이다. 아무리 봐도 미국, 유럽도 이제 코 납작해질 날만 기다려야 할 처지인 것이다. 오죽하면 영국인 자신들도 영국은 장래가 안 보인다고 할까. 자신들의 식민지인 홍콩으로 일자리 구하러 가서 험한 일도 마다않는 걸 보고 홍콩인들도 신기해할 정도라고 신문에 났을까. 작년엔가 태국 갔을 때 호주 친구를 만나 물어본 적이 있었다. 앞으로 호주의 경제력이 어떨 것 같으냐고 물으니, 지체 없이,

"나우, 퀵컬리 다운."

하는 답변이 돌아왔다. 그 답변에 속으로 웃음이 나오는 걸 참느라고 혼난 적이 있었다.

27. 미국, 유럽인들 일본에서 대우 못 받아

일본에 있을 때의 일이다. 나는 동경 신주쿠, 시부야 등지에서 길거리 장사를 하고 있었는데, 이스라엘인 등 같이 장사하는 사람들에게 물어보니 미국인, 유럽인들도 여기 오면 거지라고 말들을 하였다. 오히려 한국인, 홍콩인, 대만인 등 아시아에서 온 사람들이 돈을 훨씬 더 잘 쓴다고 하였다. 동양인들도 이제 기를 펼 때가 온 것이다. 20년 전만 해도 한국이라면 모르는 사람이 많았다는데, 지금은 모르는 사람이 없는 것 같다. 하여튼 나라가 못살면 어딜 가도 환영을 못 받는 게 현실이다. 일본인이라면 어딜 가도 환영을 받는 것은 그만큼 잘산다는 반증인 것이다. 홍콩도 한때 일본에게 많은 수모를 겪었지만 시내에 나가보면 '일본인 대환영'이라고 입구에 크게 써붙여놓고 호객하는 걸 보면 역시 나라는 잘살고 봐야할 것 같았다. 우리나라가 앞으로 큰 문제 없이 20년만 이대로 고속성장해주면 분명히 선진국에 진입할 것이다(물론 그렇게 되지만). 내 개인적으로는 정치인들끼리 이전투구를 하더라도 경제발전의 발목만 안 잡았으면 하고 바랄 뿐이다.

1995. 12. 10.

7시 기상, 8시 출발. 일행을 태운 차는 더반(Durban)으로 향한다. 차 안에서 노르웨이인 넬과 미국인 부부 등은 종이들을 한 장씩 돌리며 전화번호, 주소 등을 부지런히 주고받는다.

더반에 도착하니 12시 30분이었다. 더반은 남아프리카공화국에서 두 번째로 큰 도시라고 한다. 차에서 내려 일단 요하네스버그로 빨리 가기 위해 서둘러 차 시간을 알아본다.

미국인 부부 중 아저씨는 오늘 요하네스버그로 갔다가 내일 뉴욕으로 가고, 부인은 혼자 남아 케이프타운으로 다시 간다고 하였다. 그래도 부부 사인데 한국인 같으면 좀 이해가 안 갈 수 있지만 이들의 사고방식은 그렇지가 않은가 보았다. 네 명은 더반에서 그냥 체류하겠다고 하였다. 그리고 서로 인사들을 나누고는 헤어진다. 맥스(영국인)가

"리는 어떻게 할 거야?"

하고 물어왔다.

"나는 지금 기차역이나 버스터미널로 갔다가 좌석이 있으면 오늘밤 바로 떠나고, 좌석이 없으면 이 숙소에서 잘 거야."

"그래, 그럼 우린 수영하러 갈 거니까 돌아오게 되면 보자구."

"그래, 그럼 나중에 봐."

그리고는 다들 해변으로 간다. 오늘은 일요일이라 좌석이 거의 어려울 거라고들 하였다.

택시를 타고 기차역으로 향한다. 어떻게 된 건지 역이 3시에 문을 연다고 해 시간도 못 알아보고, 바로 옆에 있는 버스터미널로 간다. 그레이하운드 버스가 두 시에 있는데 마침 좌석이 있었다. 낮 시간에는 더반 시내를 구경하고 밤 기차로 요하네스버그로 떠날 생각이었는데 마음대로 안 되었다. 이것마저 놓치면 안 될 것 같아 그냥 타고 가기로 한다. 8시간 소요, 130랜드.

버스가 시내를 벗어나니 조용한 들판을 배경으로 산들이 보이는데 이곳도 케이프타운에 있는 테이블마운틴처럼 산봉우리 정상이 평평한 모양이었다. 이 나라에는 바둑판처럼 생긴 산들이 희귀하게 있는 게 아니고 남아공 전역에 걸쳐 있는 모양이었다. 7시경 해가 막 넘어가는데 아프리카에서는 4년 전 이집트에서 본 뒤 처음 보는 석양이었다. 달빛, 석양 등은 한국이나 다를 바 없었지만 아프리카에서 보니 기분은 달랐다.

요하네스버그에 도착하니 9시 반이 다 되었다. 한국 식당에 전화하니 너무 늦어 곤란하다고 하였다. 김치찌개라도 한 끼 먹으면 좋겠건만 마음대로 안 되었다. 할 수 없이 일전에 묵었던 '백패커스 호스텔'로 전화를 하였더니 차를 가지고 데리러 왔다. 숙소에서 라면을 끓여 먹으니 속이 그

래도 많이 나아졌다. 특히 국물이 아주 좋았는데 꼭 약을 먹는 기분이었다. 자, 오늘은 푹 자두고 내일 홍콩으로 가서 김치찌개나 실컷 먹어야지. 오늘이 이번 아프리카에서의 마지막 밤이다. 아쉽지만 미련을 두지 말자. 다시 또 오면 되니까. 자유직업인인 내가 뭘 미련을 둘 게 있나. 이번 여정에 짐바브웨에 있는 빅토리아 폭포를 못 보고 가는 게 그나마 제일 유감이었다. 빨리 자자.

1995. 12. 11.

다음 날 Bruma Lake의 프리마켓에 가서 간단한 쇼핑을 한다. 그나저
나 남아공 물가가 경제력에 비해 너무 비싼 것 같았다. 30분 거리의 공항
까지 택시로 80랜드(18,000원, 2017년 기준 약 9만 원) 나왔는데 한국 택시요
금의 두 배가 넘는 요금인 것이다. 프리마켓에서 숙소까지 10분 거리였는
데 28랜드(2017년 기준 약 3만 원). 태국이나 말레이시아에 경제력이 못 미치
는데도 택시요금은 훨씬 비쌌다. 숙소에서 민닌 독일인 아가씨(작년에 내학
교 졸업)는 숙소에서 일을 한다고 하는데 무보수로 한다고 하였다. 그 대신
잠자리, 식사 등은 모두 무료라고 하였다. 참 여유 있는 친구였다. 나도 저
나이 같으면 아무 걱정 없이 돈 안 들이고 얼마든지 돌아다닐 수 있을 텐
데… 나이를 하나둘 먹다보니 이제 장래를 걱정해야 되는 신세라 그저 부
러워 보였다. 와이셔츠나 티셔츠를 며칠씩 안 빨고 그냥 입고 다녀도 옷
칼라에 때가 안 묻을 정도였는데 도쿄보다 더 나은 것 같았다. 다른 나라
에 비해 치안이 안 좋다는 것 제외하고는 사람들도 대부분 친절하고 한없
이 좋은 인상들인 게 이방인이 여행하기에는 딱 좋은 곳이었다.

1시 45분발 홍콩행 비행기에 오른다.

잘 있거라, 남아프리카공화국!

2부

타이완

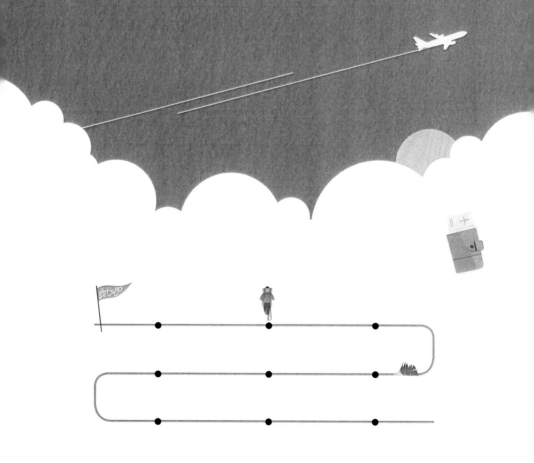

1. 국내에는 머물 곳이 없는 신세라 빨리 출국하는 게 상책

　3개월의 호주 여행을 마치고, 남태평양의 미국령 섬인 괌으로 가서 며칠 있다가, 다시 사이판으로, 그리고 한국으로 귀국한다. 4년째 세계여행 다니느라 얼마 안 되는 재산을 다 처분하였기 때문에 서울에 들어와도 머물 곳이 없는 신세였다. 현재 상황은 국내에 정착해 살 것이 아니라면 하루라도 빨리 출국하는 게 좋았다. 그렇게 서울에 며칠 있다가 다시 내가 길거리 장사를 하던 홍콩으로 갔다가 까오룽 쪽 침사추이에 있는 숙소 부근에서 일주일 동안 장사하며 지내다가, 다음 목적지인 자유중국(현재 타이완)으로 가기위해 아침 일찍 청킹맨션을 나선다.

　공항버스를 타고 도착해 출국 수속을 밟는데 담당 직원이 수화물이 초과됐다며 추가요금을 요구해왔다. 20kg 한도인데, 계기에 나타난 걸 보니까 44kg이었다. 그렇다고 추가 요금을 낼 수는 없었다. 그동안 어떻게 고생하며 번 여행 경비인데….

　큰 짐에서 무거운 걸 빼내 내 작은 가방(핸드캐리용)에 넣어도 29kg이었다. 이제 더 담을 데도 없었다. 한참 끙끙대는데 다행히 담당 여직원이 보기 애처로웠는지 그냥 통과시켜주었다. 대기실에 들어와 쉬는데 이제 이곳도 눈에 많이 익숙해져 있었다. 홍콩은 그동안 10여 차례 들어온 것 같았다. 대만은 두 번이나 갈 기회가 있었는데 이제 처음 가게 되는 것이다. 삼사 년 전 첫 외국여행 떠날 적에(1989년) 경유지가 서울→방콕→타이페이→서울 티켓이었는데 태국, 싱가폴, 말레이시아 등 동남아 여행을 3개월 하다보니 시간적 여유가 없어 못 들어갔고, 두 번째는 6개월 전 서울→방콕→홍콩→타이페이→서울 코스였는데 한국과 중국과의 국교 수교로 인해 자유중국과 불편한 관계가 되어 대만의 한국 무역제재와 동시에 기존의 항로도 변경이 되어 못 들어갔던 것이었다. 대만과는 인연이 없는

가 보다 했는데 이제 들어가게 되니 다시 대만에 대한 관심이 새로워졌다.

내가 아는 대만에 대한 지식이라야 옛날 중원 제국에 대항하는 무리들이 권토중래를 위해 항전을 다지는 반 중원의 본거지였다는 것, 근대에 들어와 모택동의 공산군에 패퇴한 장개석의 국민당군이 대륙 수복의 기회를 다시 잡기 위해 임시 거점으로 삼은 것을 계기로 대만에 정착한 후 우수한 대륙 출신 인재들을 중심으로 오늘날 신진 경제 강국으로 발전했다는 정도밖에 아는 것이 없었다.

비행기 옆자리의 중년 아주머니가 대만 현지인이어서 그동안 배운 몇 마디 안 되는 중국어로 더듬더듬 대화를 나눈다. 내가 중국어(만달린어)를 처음 배운 곳은 마닐라에 있는 필리핀 국립대학(UP)에 다닐 적에 본토에서 온 중국인 여자 유학생(슈샤이메이)에게서 한 달간 배우고, 얼마 후 국교 수교 전 중공에 들어갔을 적에 북경대학 기숙사에 있으면서 조선족 학생들에게서 보름간 배운 게 다였다. 아주 짧은 회화였지만 그래도 가끔 유용하게 쓸 수 있었다. 지금은 중국에 혼자 들어가도 여행하는 데는 큰 불편함은 없을 정도는 된다. 가끔 농담도 즐기면서….

국립 고궁 박물원, 국민당 정부가 대륙에서 가져온 문화재들이 현란할 정도이다

타이페이 공항에 도착해 입국심사를 위해 줄을 선다. 이제 통관 문제가 기다리고 있는 것이다. 왜냐하면 내 배낭 속에는 이곳에서 장사를 하기 위한 물건이 잔뜩 있기 때문에 분명히 걸릴 것이다. 그래서 궁리 끝에 그동안 계획해왔던 비상수단을 사용하기로 한다. 내 차례가 되었다. 담당자는 다른 승객들처럼 짐을 열어보라고 하였다. 배낭 제일 위쪽에 있는 것부터 내어놓아야 한다. 처음 내어놓은 보따리는 이때를 대비해 홍콩에 있는 동안 빨래를 하지 않고 모아둔, 땀에 절고 꼬랑내가 진동하는 옷가지들이었다. 바지, 셔츠, 양말, 팬티까지… 봉투에 담은 것을 푸니까 바로 효과가 왔다.

"엌! 휴우…."

담당 직원이 못 맡을 것을 맡았는지 코를 움켜쥐고는 또 한손으로 바삐 부채를 부치는 것이었다. 인상을 잔뜩 찌푸리면서….

'킥킥킥!' 속에서 웃음이 절로 나왔다.

두 번째 보따리도 펼쳐 보이려니까 볼 것도 없으니까 빨리 담으라며 양손으로 재촉을 하였다.

'왜 이래, 이제 시작인데….'

그리고는 손짓으로 빨리 꺼지라고 하였다.

하하하! 웃음이 절로 나오는 걸 겨우 참느라 나 자신도 혼난다.

휴! 어쨌든 무사통과였다. 엄격하기로 소문난 타이페이 공항도 꼬랑내 향기(?) 앞에서는 별수없었던 것이다. 그리고는 유유히 공항을 빠져나온다. 숙소를 잡게 되면 무엇보다 먼저 할 일이 빨래부터 하는 것일 테다. 나 자신도 꼬랑내 때문에 정말 고역이었다.

숙소는 시내 타이페이 호텔 부근에 있는 '타이페이유스호스텔'로 정하였다. 큰 도로에서 조금 골목으로 들어가 있는 곳이었는데, 5층 프론트에 도착하니 많은 외국인 여행객들이 보였다. 이곳에서 8인용 도미토리 한 곳을 배정받는다. 일단 짐을 풀고 샤워를 한 다음에 빨래부터 해결한다. 지금도 공항 검사대 직원들 표정이 생각나 웃음이 저절로 나온다. 하하하! 혼자서 실없이 웃는다.

저녁에 휴게실에서 쉬고 있는데 한 한국인 여성을 만난다. 현재 경기도 의왕시에서 살고 있다는데 대만에는 여러 번 들어왔다고 한다. 그리고 현재 이곳 타이페이 시내에서 장사를 하고 있다고 하였다. 박성숙씨라는 이 분은 그동안 동남아 여러 곳을 돌아다니다, 이곳 타이페이에 정착해 생활하고 있다고 하였다(2015년 현재 서울 인사동에서 가게를 운영하고 있음). 그런데 표정을 보니 무슨 걱정이 있는 것 같았다. 물어보니 같은 도미토리에 있는 한 이집트 남자가 자꾸 못살게 군다고 하였다. 어떻게 못살게 구느냐고 물어보니 심심하면 한국말로 욕을 막 해대는데 너무 피곤하다고 하였다.

이 사람 말로는 그 이집트 남자가 한국에 있을 때에 공장을 다녔는데, 그곳에서 욕만 배워가지고 자신에게 그대로 써먹는다고 하였다. 무슨 욕을 어떻게 하느냐고 물으니 "××년", "뭣 같은 년" 등 입에 담지도 못할 욕을 막 해댄다고 하였다. 그리고는 나보고 어떻게 좀 해줄 수 없느냐고 하였다. 이거 첫날부터 괜한 일에 말려드는 것 같아 내키지 않았지만 한국인 여성의 부탁인데 외면하기도 뭣하였다. 결국 같이 룸으로 들어가 그 이집트인을 만난다.

중산 기념관

3. 옥쟁이 이집트 남자와 우당탕 한바탕 하다

그 이집트인은 박성숙씨를 만나자마자 욕부터 해대었다.

"××년!"

"개… 년!"

'으억! 이게 웬일이야? 진짜잖아.'

내가 왜 자꾸 욕을 하며 괴롭히느냐고 하니까,

"넌 뭐야?"

반말부터 하였다. 그렇게 시작된 게 결국 우당탕 몸싸움까지 가게 된다. 외국생활을 하면서 처음 겪어보는 일이었다. 까딱하면 주먹다짐까지 할 뻔하였다. 결국 씩씩대며 제자리로 돌아간다, 별 희한한 일 다 본다 싶었다. 배울 게 따로 있지 무슨 욕을 저렇게 많이 배워가지고….

박성숙씨는 이 일이 계기가 되어 그 후로도 한국에서 가끔 만나게 된다. 칠팔 년쯤 전인가, 인사동을 지나다 만났는데 지금은 일본 오키나와에서 장사하다 만난 일본 남자와 결혼해 살고 있다고 하였다. 노처녀로 늙는 것 아닌가 걱정했었는데….

타이페이 유스호스텔에 묵고 있는 여행객들 중에는 이곳에서 길거리 장사 하는 친구들이 몇 명 있어 그들에게서 이곳에 대한 정보를 얻게 된다. 그중 한 명은 나와는 구면이었다. 미국인 친구인데 내가 홍콩 시내에서 길거리 장사를 하며 만나 알게 된 친구였다. 그의 말에 의하면 홍콩보다 대만이 장사하기에 수입 면에서 훨씬 더 낫다고 하였다. 그건 아주 반가운 소식이었다. 문제는 장소였다. 그렇게 장사를 시작하게 됐는데 주로 장사하는 곳은 중심 번화가인 시먼띵(西門) 일대였다. 하루 나가면 보통 10~20만 원(2016년 기준 40~80만 원 해당)은 벌었으니 홍콩보다 더 나았다. 돈이 어느 정도 모아지면 시먼띵 부근에서 한국인이 운영하는 식당으로 찾아가 수시로 달러로 바꾸어 모아둔다.

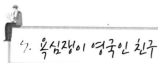

9. 욕심쟁이 영국인 친구

하루는 비가 너무 많이 내려 쉬기로 한다. 숙소 휴게실 소파에 앉아 쉬고 있는데 한 미국인 친구가 나를 불렀다. 이 친구는 현지 영어학원의 강사로 일하고 있었는데 오늘은 쉬는 날이라고 하였다. 옥상 바로 아래 층에 있는 조그만 공간에 같이 올라가니 그곳에는 언제 사왔는지 맥주를 두 박스 준비해놓고는 아는 친구들만 만나면 한 캔씩 돌렸다. 여러 사람들이 모여앉아 담소를 나누고 있었는데 한 영국인 친구가 자기가 지금 사는 곳이 서울이라고 하였다. 하는 일은 학원강사라고 하였다. 학원에서 받는 월급이 한국사람들보다도 더 많았지만, 주 수입원은 부업으로 개인지도를 해서 버는 수입이었는데 일반 말단 공무원 평균 월급에 비해 6배나 많은 수입을 올리고 있었다. 자기 나라 영국에 돌아가봐야 한국에서 버는 수입의 사분지 일도 안 된다며 한국생활에 아주 만족해 하고 있었다. 그러면서 이건 비밀이니까 아무한테나 이야기하지 말아달라고 부탁을 하였다. 경쟁자가 생기면 안 된다는 것이었다. 욕심은 많아가지고…

대만은 그 당시만 해도 일 인당 GNP는 한국보다 높았는데, 물가는 오히려 한국보다 전체적으로 쌌다. 공사 중인 시내의 도로들에는 먼지가 풀풀 났는데 거리는 오토바이의 물결로 넘쳐났다. 당시 수교 전 광주, 북경 등 중국의 거리에는 자전거가 물결을 이루고 있었는데 온 시내에는 자전거의 파도가 밀려왔다가 밀려가는 일대 장관을 이루고 있었다. 현재의 중국은 한국이나 별반 다름없지만 당시로서는 아주 진풍경이었다.

한번은 자유중국 제2의 도시 까오슝에서 장사하고 돌아오는 길, 타이페이로 돌아오기 위해 버스를 탔는데 유명한 화리엔 협곡을 통과하게 되었다. 기형적으로 생긴 험난한 협곡 사이를 달리는데 이제까지 보지 못한 대 장관을 보게 되었다. 전부터 대만을 가게 되면 화리엔을 꼭 둘러보라고들 하였는데 상상 이상이었다. 말로 표현하기도 난해한 지형을 버스는 곡예운전을 하듯이 달리는데 과연 명불허전이란 생각이 들었다. 이곳을 구경 못 하고 한국으로 돌아간다는 건 상상할 수 없을 정도로 자연의 경이 그 자체였다.

5. 길거리 장사하다 단속경찰에 잡혀 감옥으로 직행

대만에 네 번째 갔을 때쯤의 일이다. 지금 생각해보니 나도 유치장 경력이 꽤나 되었다. 몇년 전 극단생활을 할 적에 종로에선가 길거리 전봇대에 공연 포스터를 붙이다가 경찰에게 걸려 바로 즉심에 넘어갔는데, 유치장에서 하룻밤 자고 다음 날 간이 법정에 나가 변호인도 없는 상태에서 경범죄로 벌금 2만 원인가 낸 적이 있었고, 국내 무전여행 하다가 강릉경찰서에서 하룻밤 신세 지고, 홍콩에서 장사하다가 역시 단속에 걸려 유치장에서 있다가 다음 날 침사추이의 재판정에까지 가서 피고인 신분으로 선적이 있었다. 그리고 시먼띵(西門) 쪽에서 대만 현지 대학생들 너댓 명과 어울려 길거리에서 장사를 하다가 합동 단속 나온 경찰들한테 걸려서 경찰서로 끌려가 3박 4일 일정(?)으로 유치장에 갇히는 신세가 되기도 했다.

그곳 감옥에는 마약사범과 흉악범, 그리고 필리핀, 태국 등에서 온 밀입국자들도 있었다. 지저분한 유치장에서 그렇게 죄수들과 며칠 동안을 보내게 된다.

하루는 감옥 안에 같이 수용돼 있는 감방동료(?)들과 한참 이야기를 나누고 있는데 누군가 와서 누가 날 보잔다고 하였다.

'누가 날 보자고 하지? 아는 사람도 없는 이런 곳에서…'

따라서 밖으로 나오니 날 이곳으로 연행해왔던 그 경찰관이 보였다.

'아니, 저 경찰관이 갑자기 왜 나를?'

중범죄자도 아닌 날 다른 데로 이감이라도 시키려고 그러시나…

"어때, 지낼 만해요?"

미소를 짓는 걸 보니 나쁜 소식이 있을 것 같지는 않은데…

"지낼 만한데 화장실이 좀…"

화장실이 유치장 안에 있어 보통 불편한 게 아니었다.

"그럴 겁니다. 불편하더라도 조금만 참아요. 빨리 조치해줄 테니까…."

그래서 이 경찰관과 이 얘기, 저 얘기를 나누게 된다.

"전에 한국에 있을 때 무슨 일을 했습니까?"

외국인 신분인 나를 이곳으로 데려온 게 미안했던지, 딱딱한 심문을 하는 게 아니고 그냥 부드럽고 가벼운 대화를 원하는 것 같았다.

"예능 계통에서 활동했어요."

"예능 계통?"

"예."

"구체적으로 어떤?"

예능이란 말에 호기심이 생기는 것 같았다.

"한국 전통음악과 무용을 했어요."

"오, 그래요. 음악이면 어떤?"

관심을 가져주는 게 결코 싫진 않았다.

"그러니까 서양의 플루트 같은 관악기를… 이렇게 옆으로 부는…."

"얼마나 불었는데요?"

"한 20년 불었으려나요."

"호, 오래 부셨군요. 춤도 했다고요?"

"예."

"어떤 춤을?"

"여러 가지 춤을 췄는데, 그중에서도 이렇게 가면을 얼굴에 쓰고 추는…."

"마스크댄싱?"

"그런 셈이죠."

"그건 또 얼마나 했는데요?"

"춤은 음악 활동을 하면서 같이 했는데, 15년 정도 한 것 같은데요."

"그럼 신문이나 텔레비전에도 나갔겠네요?"

"예."

"그랬었군요. 호, 이제 보니 대단한 분이네요."

"대단하긴요, 그냥 직업일 뿐인데요."

"그래도… 수입은 어느 정도나 됐는데요?"

당시 세계여행을 떠나기 전 나의 월평균 수입은 일반 공무원들의 대여섯 배 정도의 수입을 올리고 있었다. 적지 않은 수입이었다. 인기 연예인과는 비교가 안 되겠지만 웬만한 연예인은 부럽지 않을 정도의 수입이었다. 이렇게 외국에 나오지 않고 그냥 국내에 머물며 계속 활동을 했으면 대접도 받고 좋았을 것이다. 나는 전국에 있는 YMCA, YWCA, 카톨릭문화관, 기독교단체, 전국 각지에 있는 문화원 등에서 강습활동도 하고 조직을 만들어 활동도 했었는데 나이(30대 중반)에 비해 아주 활발한 활동을 하였다.

그렇게 10여 년간 활동하는 동안 나를 거쳐간 제자들만도 전국적으로 수천 명에 달하였다.

"그렇게 대접받고 안정된 직업에 수입도 좋은데… 왜 이 먼 타이페이까지 와서 굳이 고생을?"

"이야기했다시피… 다 포기하고 나온 건 이놈의 여행 때문이죠. 안 하면 못 살겠고… 또 젊을 때 이렇게 안 해보면 언제 해보겠어요? 세월이 마냥 기다려주는 것도 아니고… 한쪽을 포기해야죠."

"아, 아, 이제 다 이해가 가네요. 배가 고프고 외롭고 고달파도 여행을
안 하면 안 된다는 것, 그렇죠?"

"맞습니다."

"정말 존경스럽고 부럽습니다."

"부럽긴요, 이렇게 낯선 나라에 와서 보다시피 이렇게 비루하게 살아가
고 있는데 뭐가 부러워요?"

"그래도 그건 자신이 일부러 원해서 하는 삶이잖아요. 그러니 어떻게
보면 그건 고생이라고 할 수 없죠. 감옥생활도 은근히 즐기시는 것 같은
데, 안 그래요?"

어찌 보면 맞는 말이었다. 나 스스로 새로운 화젯거리를 찾기 위해 자
원했던 측면이 없잖아 있었으니 말이다.

나에게는 세계여행을 떠나기 전 여러 가지 목적이 있었다. 그중에는 소
설과 희곡, 시나리오의 소재로 삼을 만한 이야깃거리들을 여행을 통해서
만들어보겠다는 엉뚱한 발상 같은 게 있었던 것이 사실이었다. 나 스스
로 주연, 연출, 각본까지 맡은 셈이랄까.

"하하! 그렇게 되나요."

"나 같은 사람은 누가 많은 돈을 거저 준다 해도 도무지 할 수가… 아
니, 현실적인 문제로 당장 직장과 가정 때문에 상상도 못 해요."

"하하! 그건 모두 마음먹기에 달린 거죠. 한번 해보지도 않고…."

"아, 아닙니다. 주제를 파악해야죠."

"…."

"수고스럽더라도 조금만 참아요, 최대한 빨리 빼내줄 테니까."

말이라도 너무 고마웠다. 고생을 시킨 게 미안했던지 다음에 대만에 오

면 꼭 자기를 찾으라고 하였다. 그리고는 명함도 주었다. 그리고 친구나 가족들과 같이 오게 되면 자기가 책임지고 데리고 다니면서 관광을 시켜 주겠다고 하였다. 그리고는 앞으로 서로 친구로 지내기로 했는데 다음에 대만에 와서 또 장사하고 싶으면 먼저 자기에게 알려만 달라고 하였다. 뒷처리는 자기가 다 책임진다면서… 유치장 덕분에 든든한 후원자 한 사람이 생긴 것이다.

3부

이탈리아, 오스트리아

세 번째 이태리 입국 때이다. 공항에서 나와 시내까지 지하철을 타고 간다. 숙소를 구하기 위해 지하철역을 빠져나오니 도로에는 약간의 차량들이 다닐 뿐 한가하였다. 앞쪽에는 공중전화 박스가 몇 개 보였다. 유스 호스텔로 전화해 예약을 한 후 그곳에 가기로 한다. 마침 앞에 젊은 사람(20대 후반 남자)이 보여 배낭을 내려놓고 가이드 책을 보여주며 물어보니 모른다고 하였다. 길 저쪽 20m 거리에 또 한 사람이 보였다. 배낭이 무거워(약 50㎏) 잠시 내려놓고는 그곳으로 간다.

이곳에서 그럴 리 없겠지만 이 친구가 배낭을 들고 튀려면 탁 트인 길 쪽으로 뛸 수는 없을 테고, 갈 데라곤 지나온 지하철로 내려가는 것뿐인데, 그곳까지는 20여m 거리, 이 무거운 배낭을 들려면 부스럭 소리가 날 것이고 내 밝은 귀는 그것을 놓칠 리가… 그것도 불과 몇 초 사이일 뿐인데, 스스로 자신을 믿고 그쪽으로 발길을 옮긴다. 머리가 좀 덥수룩한 젊은 사람에게 가이드 책을 보이며 물어보니까 잘 모르겠다며 책을 자세히 보자고 하였다. 대화 시간은 불과 10초도 채 안 되는 짧은 순간, 잠시 순간적으로 무엇에 홀린 것 같았다. 이 친구가 내가 지나온 쪽에 시선을 잠

시 주었다가 책을 다시 보잔다. 그 순간 아차! 여기는 여느 나라가 아닌 소문난(?) 이태리 아닌가. 황급히 뒤쪽을 돌아보니 배낭이 안 보였다. 그곳에 있던 사람과 함께. 정신이 아찔하였다.

분명 부스럭 소리도 안 들렸는데… 순간적으로 당황하게 된다. 앞에 있는 사람에게 어떻게 된 거냐? 너도 같은 한패지? 하니까 모르겠다는 동작만 취했다. 이 사람과 이럴 시간이 없었다. 상황판단이 안 선다. 일단 후딱 왼쪽 길로 향해 뛰니 지나가는 행인 몇 사람 보일 뿐, 다시 지하철 쪽으로 뛰어 내려간다. 불과 몇 초 사이에 그 무거운 걸 들고 튄 것이다.

당황스러워지며 다리가 풀렸다. 조금 전 만났던 사람 쪽을 바라보니 그쪽도 이미 사라진 뒤였다. 이것들이 짠 것 같았다. 이미 상황 종료였다.

재수가 없으려니 평소 몸속에 차고 다니던 복대까지 그날따라 배낭 속에 넣어두는 바람에 비상금 1,500달러(2015년 기준 650만 원 가치), 여권, 비행기 티켓, 카드까지 몽땅 털린 셈이다. 그리고 배낭 안에는 이태리에서 장사해 경비를 만든 후 유럽을 여행하기 위해 가져온 물건들(시가 2,000여만 원 상당)까지도…. 혹시나 하고 주위를 몇 번 뛰어다녀보지만 이미 돌이킬 수 없는 상황인 것이다.

2. 주머니 속에는 달랑 120달러, 맥이 풀려

손에는 달랑 가이드 책 한 권과 주머니 속에 있는 120달러가 전부였다. 맥이 탁 풀렸다. 한국으로 돌아갈 수밖에. 그것도 간단한 문제가 아니었다. 한국으로 돌아가려면 이곳에서 묵으면서 항공사에 가서 사정을 설명한 후 나를 증명해보이고, 그 다음에 티켓을 재발급받고 해야 된다. 거기다 비행기 좌석이 있다는 보장도 없고, 그러면 여기서 며칠을 대기해야 된다. 여기까지 생각하니 암담하였다.

생각 끝에 대사관에 전화를 해 그곳으로 찾아간다. 40대 초반의 영사분을 만나 자초지종을 설명하곤 협조를 부탁한다. 일단 신원 증명 조회부터 하였다. 그나마 내가 예능 계통에서 활동한다는 게 그때는 도움이 되었다. 신분 조회에서도 그렇게 나왔으니… 다른 나라 영사들은 무성의하다고 자주 들었는데, 그나마 나에게 호의적으로 대해주셨다. 차를 한잔 내주며 마음을 편하게 하라고 한다. 지금 그럴 상황이어야 말이지….

3. 한국인 관광객들 매일 소매치기 당해 대사관으로

한국에서 온 여행자들이 거의 매일 소매치기 등을 당해 이곳에 온다고
하였다. 어제, 오늘만도 너댓 명 된다고 하였다. 일단 임시여권을 만들기
로 한다. 같이 앉아서 서울에서의 예능활동에 대해 이야기를 나누다가,
며칠을 대기해야 할지 모르니 500달러(2014년 기준 400만 원 가치)만 일단
빌려달라고 요청한다. 일반인 같으면 적지 않은 돈이라 그렇게까지는 안
해주지만 특별히 그렇게 해 주겠다고 하였다. 그리고 이왕 이곳에 왔으니
300달러를 더 빌려줄 테니 천천히 구경하고 가라고 하였다. 말씀은 고맙
지만 지금 그럴 기분이 아니라 내일이라도 빨리 한국으로 돌아가고 싶다
고 하였다.

그리고 이왕 협조해주는 김에 중공(지금의 중국), 소련(지금의 러시아)비자
(문화교류비자)를 부탁했다. 그때만 해도 중국과 소련은 한국과 미수교 상
태였기 때문에 일반인들의 출입이 제한되어 있었다. 다음 목적지는 홍콩
이니까 그곳 대사관에서 받을 수 있도록 해달라고 부탁하니, 생각을 좀
해보더니 특별히 그렇게 해주겠다고 하셨다. 국내에서 신청하지 않고 이
곳에서 신청한 것은, 국내에서 신청하면 그 절차가 복잡하고 기간이 오래
걸리기 때문이었다. 그나마 여러모로 신경을 써주시는 게 고마웠다. 거기
다 쓸데없이 욕심을 내 이왕 협조해주시는 거 북한까지 포함시켜 달라고
부탁을 하였다. 중국, 소련도 어렵게 자신의 직권으로 해주는 건데 웬 욕
심이 그리 많으냐고 하셨다.

"왜, 제가 북한엘 들어갈 요건이 안 되나요? 제 주위의 동료들은 그곳에
가서 공연도 하고 돌아왔는데."

하고 말하니 협조해주고 싶지만 거기까지는 자신의 직권으로 허가하기
가 좀 부담이 된다고 하는 것이었다. 그러면서 중국, 소련을 일단 먼저 처
리하고 그것은 홍콩 대사관에 가서 해결해보는 것이 좋을 거라고 하였다.

7. 빈손으로 김포공항을 통과하려는데 특별히 조사를

　서울로 돌아오면서 공항을 통과하는데 다른 사람들은 다 짐들을 들고 들어오는데, 나만 손에 가이드 책 한 권 달랑 들고 빈 몸으로 입국하려 하니 더욱 의심이 가는지 따로 조사를 한다며 사무실로 특별히(?) 모셔 갔다.

　"어이구, 이 빌어먹을 이태리 놈들."

　투덜거리며 공항을 빠져나간다.

　이탈리아의 명물이자(?) 밀라노와 로마의 공통점은, 도둑과 소매치기가 진을 칠 정도로 많다는 것이다.

　이 나라에 들어오기 전에도 귀가 따갑게 들었지만 과연 소문대로였다. 여행자들은 유럽 제일가는 명성(?)에 노이로제가 걸릴 정도이다. 특히 혼자 다니는 사람이 표적이 되기 십상이다.

　여러 가지 수법이 동원되지만 그중 여행객들이 흔히 많이 당하는 것 중의 하나는 너댓 명이 조를 짜(특히 집시들) 관광객에게 접근해 골판지나 신문을 얼굴 앞에서 흔들어 주의를 끈 후 주머니나 지갑을 터는 수법이다. 이런 일은 이태리 여러 대도시에서 자주 일어난다.

밀라노의 대성당 앞

5. 집시들, 관광객들 혼을 빼놓아

한번은 로마 베네치아 광장을 지날 때 10대 중반의 집시들 대여섯 명이 내 앞에 오더니 알아듣지도 못하는 이탈리아어로 쫑알대면서 예의 라면 박스 같은 것에 뭐라고 적어놓았는데 보라고 하고는 혼란스럽게 흔들어대었다. 침착하게 저리 가라고 했지만 가지 않고 계속 성가시게 하였다. 몇 번을 계속 하길래 내가 화가 나 들고 있는 골판지 같은 것을 발로 걷어차고는 주먹을 쥐고 때릴 것처럼 인상을 쓰니까 그제서야 물러난다.

지나던 경찰관이 이 광경을 보고는 "머니 케어풀" 하였다. 집시들을 잡으러 갈 생각도 하지 않았다. 너무 흔히 일어나는 일이기 때문일 것이다. 그들이 노리는 건 돈밖에 없으니까.

'내가 여자라면 어떻게 될까⋯?'

지나가던 몇 사람도

"헤이, 조심해!"

하고 한마디씩 한다. 지하철이나 버스 등에서 말끔한 옷차림의 젊은 신사들이 소매치기하는 건 이곳 로마나 밀라노에서는 너무 흔한 일이라고 한다.

음악의 나라라는 오스트리아 비엔나 시내에서 길거리 연주를 하고 있었다.

아리랑, 도라지, 노들강변, 정선아리랑, 탑돌이, 한오백년 그리고 외국곡인 서머타임, 베사메무초 등을 접속곡으로 불었다. 얼마 안 불었는데 신호가 바로 왔다.

"딸랑!"

"쩔컹!"

현지 화폐 외에도 달러 지폐를 주고 가는 사람들도 있었다.

무슨 말인지는 못 알아들었지만 한마디씩 하고는 동냥을 해주었다. 음악의 나라라 그런지 심심치 않게 수입이 들어왔다. 좀 쉬기 위해 악기를 내려놓고 있는데 젊은 남녀가 내 앞으로 다가왔다. 남자는 오스트리아 현지인이고, 여자는 20대 중반의 일본인이었다.

"실례합니다."

"…"

"어디서 왔나요?"

"한국이요."

"아, 한국분이시군요. 저는 일본사람예요."

"곤니찌와(안녕하세요)!"

"어! 일본말 할 줄 아세요?"

"몇 마디 인사말 정도만요."

"그렇군요. 그런데 어떻게 이 먼 곳 비엔나까지?"

"돌아다니다보니 이곳까지 오게 됐습니다."

"무전여행중예요?"

"예, 보시다시피."

"그런데 이건 무슨 악기인가요?"

"이거요? 대금이라고 한국 전통악기예요."

"정말 소리가 좋군요. 아주 환상적이에요."

"감사합니다."

"혼자입니까?"

이번엔 남자가 나섰다.

"그럼 여기 나 말고 또 누가 있나요?"

"그렇군요. 그럼 오스트리아만 다니는 게 아니고 다른 나라들도 많이 가봤겠네요?"

"독일, 프랑스, 벨기에, 스페인, 이태리 등 유럽 일주를 하고 있어요."

"아주 훌륭합니다."

길거리 연주 바구니가 없어 임시로 점퍼를 바닥에 깔고 동냥을 한다

"그런데 혼자 다니면 좀 심심하지 않아요?" 여자가 말했다.

"그런 면이 없잖아 있지만 그래도 자유로워서 좋아요."

"앞으로 얼마나 더 다닐 계획인데요?"

"이제 한 달 정도 지났는데… 두 달은 더 다니려고요."

"터키도 가봤나요?"

모차르트 동상

"터키는 마지막에 들어갈 생각예요. 터키 가봤어요?"

"아직 못 가봤지만 언젠가 꼭 가보려고요."

"저기 괜찮다면 저희들 있는 곳으로 초대하고 싶은데…."

남자 친구가 말하였다.

"초대? 나를요?"

성슈테판 거리

"예, 괜찮겠어요?"

"아… 초대해준다면 기꺼이 가야죠."

"정말에요?" 여자 친구가 말했다.

"물론이죠."

"야! 정말 잘됐네요. 궁금한 것도 많은데."

"지금 갈 수 있나요?" 남자가 말한다.

"그럽시다. 잠깐 이 짐들 좀 정리하고요."

일단 짐을 정리한다. 조금 전 길을 지나다 연주하는 나를 발견하고는 옆자리에서 구경하던 30대 초반의 한국 여자분과 어머니 되시는 분도 몇 가지 물어보신다. 그리고는,

"비엔나 거리에서 이렇게 한국 음악을 들을 줄은 상상도 못 했는데, 정말 반갑고 너무 좋아요. 어머니께서 너무 좋아하세요."

"네…."

"저희 어머니께서 멀리 한국에서 온 분이라며, 저희 집으로 초대해 식사라도 대접하고 싶다고 하시는데 괜찮으실지요?"

"아이구, 이거 말씀이라도 정말 고맙지만… 어떡하죠, 이 두 분이 먼저 집으로 초대를 해서 지금 그쪽으로 가려고 하는데…."

"아 그래요. 그럼 할 수 없죠. 인기가 참 좋으시네요."

"인기는요, 그냥 떠돌이 악사일 뿐인데요."

"다음에라도 언제 비엔나에 또 오시게 되면 한번 모시고 싶은데 괜찮으시겠어요?"

"꼭 온다고 약속은 못 드리지만 기회가 된다면요."

그래서 연락처를 일단 받아놓고 두 분과는 그렇게 헤어진다.

"아는 분들예요?" 커플 중 여자가 말했다.

"아뇨, 방금 여기서 처음 만났어요."

"같이 가길 원하는 것 같은데, 우리 때문에…."

"아니, 괜찮아요. 다음 기회에 만나면 돼요. 그럼 갑시다."

커플들이 다정히 연주를 감상한다

"그럴까요."

"정말 바쁘네요."

조금 전 공원 숲속에서 악기를 연습하다 우연히 만나 같이 동행해 사진을 찍어주던 한국인(파리 거주 유학생)이 말하였다.

"바쁘긴요."

"잡지는 못하겠네요. 언제 여행 끝나고 한국에 돌아오시면 연락이나 한번 주세요. 술이나 한잔 나누게요."

"그럽시다. 오늘 정말 반갑고 고마웠어요."

"고맙긴요, 도와준 것도 없는데…"

"자, 그럼 또 봅시다. 여행 잘 하시고요."

"즐거운 여행 되세요."

"그쪽도요."

학생을 보내고 난 후 두 사람과 같이 집으로 간다.

'오늘따라 웬 인연들이 이렇게 많이…'

숙소는 택시로 10여 분 거리에 있는, 그리 멀지 않은 곳이었다. 집은 정원이 딸린 단독주택 2층집이었는데 아주 단아한 분위기였다. 집 안으로 들어서니 입구 쪽 바로 앞에는 2층으로 오르는 계단이 보였다.

미카엘이라는 이 남자 친구는 세계 각지를 돌아다니며 일종의 무역업을 하고 있었다. 가이드일도 겸하고 있다 하는데 6개 국어를 구사하였다. 일본 여성과는 이곳 비엔나에서 만났다고 한다. 정식 부부는 아니고 그냥 친구로 지낸다고 하였는데, 벌써 서너 달째 같은 집에서 생활하고 있다고 하였다. 집 한쪽에는 각종 장신구를 비롯하여 외국여행을 돌아다니며 모은 여러 기념품들이 있는 진열장이 있었다. 족히 15개국 이상의 기념품들을 수집해놓은 것 같았다. 특히 아프리카에서 가져온 북들이 눈길을 끌었다.

미카엘은 의상 모으는 게 취미인지 거울 앞에서 옷을 갈아입는데 자그마치 열두 번이나 갈아입었다. 별 희한한 취미도 다 보는 것 같았다.

이곳에서 식사를 마친 후 시내 성슈테판 사원 쪽으로 가서 구경을 하는데 이 교회는 오스트리아에서 가장 유명한 곳이라고 하였다. 외관도 여느 유럽의 교회들과는 확실히 다른 독특한 양식이었다. 시내의 한 한적한 공원을 돌아다니는데 그곳에는 아담하게 꾸며진 모차르트의 동상도 있었다.

그렇게 오후 늦게까지 이곳저곳을 돌아다니다 집으로 돌아온다. 그리고 오랜만에 술도 한잔하며 밤늦게까지 그동안 있었던 일들을 이야기하며 시간을 보낸다.

현지인 미카엘과 일본인 여자 친구 와카바

하여튼 이 친구들 덕분에 비엔나에 체류하는 동안 그들의 집에서 편하게 지내게 된다. 체코슬로바키아(현재 체코) 프라하로 떠날 때까지 계속 머물렀는데 돈을 쓸 일이 없었다. 특히 일본인 친구가 해주는 일본식 음식들이 입맛에 맞아 아주 좋았다. 일본에도 약밥이 있었는지 우리나라의 약밥과 똑같았는데 외국여행 다니면서 그런 것을 먹어 보기는 처음이었다.

4부

홍콩

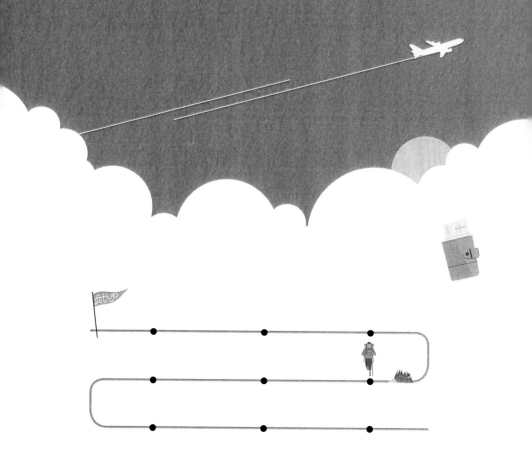

1. 졸단 거리 한국 식당에서의 한담(閑談)

홍콩에서 길거리 장사를 하고 있을 때였다. 매일 현지 음식만 먹다가 한번은 한국 음식을 먹고 싶어 숙소에서 가까운 졸단로드에 있는 한 한국 음식점으로 간다. 전에도 몇 번 와본 곳이어서 주인과도 안면이 있었다. 마침 손님이 뜸한 때라 식당 종업원들과 같이 한담을 나누고 있었다. 주방일을 보는 남자(30대 후반)는 전라도 광주가 고향이라고 하였다. 그 옆에는 단골인 듯한 여성(30대 초반)도 자리를 같이하고 있었다.

구룡반도 카메룬로드

"어때, 장사 살돼요?"

주방장 김씨가 나에게 물어보았다.

"괜찮아요, 큰돈은 못 벌지만."

"언제까지 홍콩에 머물 건가요?"

"열흘만 더 하고 태국 방콕으로 갈 생각예요."

"그러세요. 나도 두어 달만 더 일하고 방콕으로 가려고 그러는데."

"방콕에는 누가 있습니까?"

"여기서 계속 있을 수는 없잖아요. 그래서 떠나려고요."

"…"

이번엔 옆자리의 여성이 나선다.

"아저씨 방콕에 가서 뭐 하시게요?"

"방콕에 가면 아는 사람이 있는데, 그분이 지방에서 새우 양식장을 하고 있는데 태국에 오게 되면 자기 일 좀 도와달라고 해서요. 홍콩에 온지 벌써 2년이 다 되었는데, 이제 떠날 때도 된 것 같아서… 그쪽은 앞으로 어떻게 할 거예요?"

"저도 이 생활을 오랫동안 할 순 없잖아요. 그래서 몇 달만 더 하다가 다른 나라로 가보려고요."

여자분은 서울 사람인데 현재 졸단 거리에 있는 한 가라오케 바에서 관광객들을 상대로 일을 하고 있다고 하였다.

"어때, 일은 할 만해요?"

"할 만한 게 뭐예요, 일본놈들 때문에…"

술기운이 올라오는지 얼굴이 붉어지며 발음도 좀 헝클어졌다.

"우리 할아버지는 독립투사였다구요. 그런데 내가 돈 몇 푼 벌기 위해 그런 일본놈들 비위 맞춰가며 일하려니까… 꺼억! …씨팔, 돈이 뭔지."

"그럼 그만두면 되잖아요."

"그럼 어떡해요? 당장 먹고살아야 하는데… 꺼억!"

"그래도…."

"뭐가 그래도예요. 먹고살려면 자존심 팽개치고 그냥 참아야죠. 안 그래요?"

"그런데 왜 일본사람들 욕을?"

"그러게요, 손님인데… 그래도 괘씸하잖아요. 일제 삼십육 년간 우리 민족이 그 새끼들 때문에 얼마나 고생을…."

"…."

일본놈들은 싫고 돈은 벌어야겠다는데 달리 할 말이 없었다.

2. 뇌물(?) 요구하는 영국인 경찰관들

점심식사 후 청킹맨션을 나서 도로 앞 대형 도시바 입간판 맞은편에 라면박스를 아래에 두고 위에는 미술가방처럼 생긴 장사 가방을 펼친다. 오늘따라 지나는 행인들이 그리 많지를 않았다. 10여 분쯤 지났을까, 졸단로드 쪽에서 경찰관 둘이 걸어오는 게 보였다. 단속하러 나온 경찰관들 같지를 않아 그대로 장사를 한다. 곧 내 앞으로 왔는데 홍콩인이 아닌 젊은 영국인 경찰관들이었다.

"하이!"

내가 먼저 알은체를 하였다.

"여기서 뭐하는 거요?"

"보다시피… 심심해서 장사 좀 하려고요."

"여기서 장사하면 안 되는데…."

말끝을 흐리는 게 장사하지 말라는 것은 아니었다.

"이거 멋있는걸, 여자 친구에게 선물하면 좋아하겠는데."

팔고 있는 목걸이를 만지작거렸다.

'경찰관이 물건을 사려고 그러나? 그냥 지나가줬으면 좋겠는데.'

그런데 그게 아니었다. 갑자기,

"이거, 두 개 선물로 주면 안 돼?"

아직 하나도 못 팔았는데, 웬 뇌물이람? 그것도 영국인이…. 그렇다면 나도 연기를 할 수밖에.

"무슨 말인지 못 알아듣겠다."

방금 짧게나마 영어로 대화를 나누었는데, 그렇지만 할 수 없었다.

"기브 미 투, 내 친구한테 주려고 그래."

"왓?"

"두 개만 달란 말이야."

"유 원 바이 투? 20달러야."

"아니, 선물로 달란 말이야."

"왓?"

"당신, 영어 못 알아들어? 조금 전엔 했잖아."

"왓? 아임 베리 리틀 잉글리쉬."

"정말, 이럴 거야? 자꾸 이러면 경찰서로 데려간다."

'이 자식들 봐라, 그래 끝까지 가보자.'

"왓?"

"유 스피킹 잉글리쉬!"

손가락질하며 언성을 올렸다. 나도 괜히 열이 올랐다. 마수도 아직 못 했는데, 뭐 이딴 것들이 있나 싶었다.

"왓!"

나도 소리를 같이 지른다.

"우리가 경찰인 거 몰라!"

"아이 캔 낫 잉글리쉬, 에브리띵."

경찰관도 열을 받았는지 눈을 부라렸다.

"유 스피킹 잉글리쉬!"

"아이돈 노! 에브리띵 아이돈 노!"

계속 동문서답을 해대니까 옆의 동료 경찰관이,

"그만해, 가자구. 말도 못한다잖아. 말이 통해야 뭘 어떻게 하든지 해볼 거 아냐."

"이 자식 영어 할 줄 안단 말이야. 조금 전에 못 봤어? 앞으로 이곳에서 장사 못 하게 할 거야. 알았어!"

"아이 캔 낫 스피킹 잉글리쉬."

열이 제대로 뻗쳐서 그런지 씩씩대었다. 다투는 걸 보고선 사람들이 하나둘 모이기 시작하니까,

"너 기억해두겠다."

그제야 단념을 하고 돌아서 간다.

"나쁜 놈들 같으니, 영국 경찰이면 다야."

"왜 장사하는 홍콩사람을 괴롭혀? 여기가 영국인 줄 아나…"

그 당시만 해도 홍콩이 중국 귀속 전이라 영국인 경찰들이 제법 보였다.

"저런 놈들은 혼을 내주어야 돼."

나를 홍콩인으로 보았는지 주위 사람들이 한마디씩 하였다.

정말 희한한 일 다 겪어보겠네. 장사하는 것도 힘들어 죽겠는데 저 자식들까지… 차라리 벼룩의 간을 빼먹지….

그렇게 그 자리서 장사를 계속 하고 있는데 같은 숙소에 묵고 있는 영국인 친구가 걸어오는 게 보였다.

"하이, 미스터 리! 장사 잘돼?"

"이제 겨우 몇 개 팔았어. 그쪽은 많이 팔았어?"

"응, 오늘은 장사가 아주 잘됐어. 불과 두 시간 남짓 하고 오십만 원 벌었어."

"와! 아주 좋았네. 이왕 장사 잘되는데 좀 더 하지 그랬어?"

"아니야, 이 정도면 충분해. 돈도 벌었겠다, 어디 가서 술이나 한잔 하려고 해. 같이 갈래?"

이 친구도 여느 유럽 친구들처럼 돈을 악착같이 벌려고 하지를 않았다. 그때그때 쓸 만큼만 벌면 되는 것이었다. 이 친구는 인도네시아, 태국 등지에서 떼 온 은제품들을 주로 취급하였는데 홍콩에서 돈을 벌면 물가가 싼 나라에 가서 놀다오는 것이 주 목적이었다.

안개 낀 홍콩섬과 마천루들.
내가 서 있는 곳은 구룡반도 쪽이다

"어디로 갈 건데?"

"들어가 좀 쉬었다가 몽콕 쪽으로 가서 한잔 하려고 해. 거기 여자들이 서비스가 좋대."

"그래? 그럼 잘 놀다와, 나중에 숙소에서 보자구."

"그럼 수고하라구."

다음 날 장사를 하기 위해 숙소를 나선다. 낮에는 주로 스타페리 부두 쪽에서 장사를 하고, 저녁에는 주로 졸단로드 쪽에서 장사를 했는데 많은 외국인 장사꾼(?)들 중에서 나 말고도 한국인 젊은 친구(30대 초반) 둘이 더 있었다. 오늘도 졸단로드는 세계 각국에서 온 사람들이 각국에서 수집해온 물건들을 다양하게 팔고 있었는데 문전성시를 이뤄 좁은 길에 발 디딜 틈이 없을 정도였다.

이곳에서 장사를 하다보면 가끔 한국인 관광객도 보이곤 하였다. 두 한국 친구들이 장사하는 곳으로 가서 물어본다.

"조금 전에 여자 손님들 한국인들 같던데?"

"예, 맞아요."

"그렇죠, 한국사람들 좀 사가요?"

"어쩌다 한번씩 사요."

내가 파는 물건들은 일부 남대문에서 떼 온 것도 있었지만, 주로는 동남아 각지에서 구한 것들이었다. 이 친구들은 백 프로 남대문에서 떼 온 것들이었다.

"남대문시장에 가서 사면 될 텐데 구태여 왜 비싸게 여기서 사요?"

"그 사람들 한국산인지 홍콩산인지 어떻게 알겠어요?"

"그럼 한국사람이란 걸 알면서도 사요?"

"그런 걸 왜 밝혀요. 전에도 몇 번 솔직하게 말했다가 안 사가길래 그 뒤로는 아예 말 안 해요."

"지금은요?"

"가끔 한국사람이냐고 물어오는 경우도 있는데, 그땐 홍콩사람이라고 둘러대요. 양심껏 말했다간 하나도 못 팔아요."

"그럼 사가요?"

"그럼요, 홍콩제인 줄 알고 기념으로 몇 개씩 사가요."

"하하하!"

"킥킥킥!"

"하하!"

"그럼 한국말 하면 안 되겠네요?"

"절대 안 되죠. 그러니까 한국말 하시면 안 돼요. 우리까지 지장을 받으니까요. 알았죠?"

"알았어요."

이 두 사람은 대학을 졸업하고 국내에서 취직이 안 되어 홍콩으로 나왔는데, 이곳 길거리에서 장사하는 게 그래도 웬만한 국내 월급쟁이들 수입의 두어 배는 된다고 하였다. 그리고는 당분간 한국으로 안 돌아가고 이곳 홍콩에서 몇 년간은 눌러앉을 거라고 하였다.

잠시 후 내 자리로 돌아와 장사를 하고 있는데 한국 여성(20대 중반) 둘이 내 장사 박스 앞에 멈춰섰다.

"어머! 애, 이거 이쁘지 않니?"

기다란 목걸이를 만지작거렸다.

"응, 아주 이쁘다."

"하우 마치 디스?"

"20달러."

"애, 이거 좀 비싼 것 같지 않니?"

"조금… 그런데 이분 어쩐지 한국분 같지 않니?"

"글쎄, 그런 것 같기도 한데… 두유 스픽 코리언?"

한국사람에게 한국말 할 줄 아느냐고 묻는데 어떻게 답변해야 되나? 우선 물건을 파는 게 먼저다.

"쏘리, 아임 노 스피킹 코리안"

"애, 정말 홍콩사람인가 봐."

"그래, 홍콩에 왔으니까 메이드인 홍콩 것 기념으로 하나 사자."

"그래, 좀 싸게 안 돼요?"

"쏘리."

"두 개 살 텐데, 그래도 안 돼요?"

"죄송합니다. 정찰가라서…"

엿장수 마음대로 정찰가이다.

"오, 오케이. 두 개 줘요."

그렇게 해서 20달러짜리 두 개를 팔게 된다. 한국인 아가씨들이 돌아가며 한마디 한다.

"아무리 봐도 한국사람 같은데…"

"속은 것 아냐?"

다음 날 졸단로드 도로 건너편 공원이 있는 이슬람사원 계단 아래에서 혼자서 장사를 할 때였다. 오늘은 오전에 침사추이 경찰서 지나 있는 옥기(玉器)시장으로 가서 옥제품, 팔찌, 반지 등과 함께 마노석 등 자연석에다 조각한 돌 조각품들(중국 광주에서 제작)을 도매로 구입해 사원 앞 계단 아래에 돗자리 같은 걸 펼쳐놓고 좌판을 벌인다. 장사를 시작한 지 10분이나 지났을까, 40대 중반쯤으로 보이는 한국인 남성 둘이 지나가다 말고 내 앞에서 걸음을 멈추었다.

"어! 이거 봐."

"뭔데?"

"이거… 돌조각 멋있지 않어?"

"멋있긴 한데… 좀 비쌀 것 같은데."

"한번 물어보자… 하우 마치?"

"100달러."

"좀 비싼 것 같다."

"아니야. 이거 인사동 가면 최소 서너 배는 더 주어야 해."

"그래?"

"응."

주먹보다 큰 돌에다 물소를 입체로 조각한 것인데, 옥기시장에서 도매로 한 점에 25달러씩 주고 샀으니 네 배의 이윤을 붙여 파는 것이었다. 그런데도 한국에서 사려면 훨씬 더 비싸게 주고 사야만 하였다. 하긴 싸니까(?) 이곳 홍콩 현지인들도 심심치 않게 사가곤 하였다. 당시 중국(중공)과는 수교 전이어서 그런지 이런 물건은 한국에서는 귀한 대접을 받을 때였다. 언젠가 국내에 돌아갔다가 길거리 장사 하다 만난 한 손님(수집가)을 따로 다방에서 만나 10여 점을 판 적도 있었다. 짧은 시간에 한 달치 월급이 뚝딱 떨어진 것이다.

"이분 한국사람 같지 않아?"

"에이 설마. 한국사람이 왜 홍콩 길거리에서 이런 장사를?"

"하긴 그래. 나도 하나 사야겠다."

그렇게 해서 불과 20분 만에 4점이나 팔게 된다(400달러). 그러니까 며칠치 일딩이 떨어진 것이다.

"이거 짭짤한걸…"

송성(宋城) 민속마을

7. 홍콩 법정에서의 코미디 쇼

한번은 홍콩이 중국에 넘어가기 전인 1992년경엔가, 홍콩섬 건너편에 있는 까오룽(九龍)쪽의 침사추이 거리에서 길거리 장사를 하게 되었다. 낮에는 홍콩섬이 바라다보이는 페리 선착장 거리에서 장사를 하고, 저녁에는 숙소가 있는 청킹맨션에서 가까운 곳으로 갔다.

이슬람사원 앞 건너편 골목 차도 졸단로드에는 전 세계에서 나같이 여행하며 장사하는 사람들로 성시(盛市)를 이루었다. 미국, 영국, 캐나다, 이탈리아, 독일, 멕시코, 페루, 볼리비아, 과테말라, 호주, 이스라엘, 네팔, 터키 등지에서 온 젊은 남녀들 오륙십 명이 한쪽 보도를 점령(?)하였다. 홍콩은 거의 매일 단속을 하는데 하루에 정기적으로 보통 너댓 차례는 불시 단속을 하곤 하였다. 그날 밤은 완전 작심을 하고 작전을 짰는지 열댓 명이 버스에서 내려 이슬람사원 맞은편 골목 쪽으로 살며시 진입해 들어왔다. 평소 같으면 "삑!" 호루라기를 불고 덮쳤을 텐데 그날은 암행 단속을 하는 바람에 옆에 다가온 줄도 모르고 있었던 것이다.

여느 날 같으면 이슬람사원이 마주 보이는 진입로 입구 쪽에 있던 네팔 친구들 두 명이 평상시처럼 "폴리스!" 하고 외치고는 그 많은 물건들을 포기한 채 먼저 냅다 튀었겠지만 워낙 가까운 거리까지 접근해 있었던 터라 둘 다 대피하지도 못하고 먼저 당했다. 나는 항상 중간쯤에서 장사를 하였다. 경찰들이 단속 나와도 중간쯤에 있으면 사람들이 왁자지껄 소동을 치를 때 좁은 뒷골목으로 유유히 사라지면 되기 때문이었다. 그런데 운이 없었는지, 그날은 어떻게 알았는지 경찰들이 그 비상통로까지 알아가지고는 그쪽에서도 나왔다. 양 입구 쪽과 중간에 있는 골목에서 동시에 나와 덮치는 바람에 비명 소리와 우당탕 소리로 길거리가 그야말로 난장판이 되었다.

한쪽에서는 물건들이 든 가방을 들고 이리저리 피해 도망다니고, 한쪽에서는 기를 쓰고 잡으려 하고, 그야말로 아수라장이었다. 나는 그때 여자 손님 두 명과 흥정하고 있었는데 돈 받는 건 고사하고 빨리 이동식 넓은 가방을 접고 튀려고 하는데 어느새 경찰이 가까이 다가왔다. 그때 조금만 침착히 대처했으면 빠져나갈 수도 있었는데 그만 당황해서 잡혔다. 한발 늦었던 것이다. 경찰관 둘이 "헉헉!" 숨을 몰아쉬며 내 팔을 순식간에 잡았다.

"이거 당신 거야?"

이때 한발 뒤로 물러서며 침착하게 "노" 하면 될 것을, 경찰관들이 봐줄 것도 아닌데 그만 그 박스 안에 든 장사 물건이 아까워(대략 200만 원 정도) 나도 모르게 "예스" 하고 답했던 것이다. 서양 친구들은 당장 표가 난다지만 나야 뒤로 한 발짝 물러나 시치미 뚝 떼고 있으면 홍콩사람인지, 한국사람인지 어떻게 알 수 있겠는가. 순간적으로 잘못 판단해 경찰차에 태워져 침사추이 경찰서로 가게 되었다. 나 말고도 그 차에만 7~8명 잡혀서 실려 있었는데 거의 얼굴을 아는 사이들이었다. 물론 물건들은 다 압수당했다.

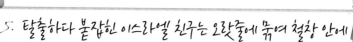
하룻밤을 경찰서 유치장에서 보내고, 다음 날 오전 10시경 침사추이 법정에 끌려나갔는데, 전날 나와 같이 신분증 확인을 위해 숙소(청킹맨션)에 경찰 두 사람과 같이 가는 도중에 탈출을 시도하다 붙잡혔던 이스라엘 친구는 오랏줄에 특별히(?) 혼자 묶인 채 법정 왼쪽 철창에 갇혀 있는 것이 보였다.

피고인을 한 명씩 불러내어 죄명을 낭독한 다음 몇 마디 소명할 기회를 주고는, 마지막에 재판장이 형량을 내리곤 하는 것이 재판 절차였다. 매도 이왕이면 먼저 맞는 게 낫다고 했는데, 운이 없었는지(?) 나는 맨 마지막에 호명되었다.

방청석 사람들은 거의 빠져나가고 법정 사람들과 판사인지 검사인지 모르겠지만 영국인인 듯한 사람이 제일 높은 곳에 앉아 있었는데, 머리에는 가발을 기다랗게 늘어뜨리고 있었다.

영화에서나 보았던 그런 차림이었다. 지금은 중국에 홍콩이 반환되어 그런 장면을 볼 수 없겠지만 그 당시는 그랬었다. 그때만 해도 나는 영어회화 실력이 너무 짧아서 장사할 때 쓰는 용어 몇 마디 제외하고는 거의 모르는 상태의 수준이었다. 방청석의 사람들이 다 나가고 없어서 그런지, 아니면 마지막이니까 서둘러 빨리 끝내려고 한 건지는 몰라도, 서기들로 보이는 분들이 재판정 맨 꼭대기 장발 가발을 쓴 사람의 지시로 나란히 피고인들을 세우던 자리가 아니고 특별히 심사대 가까이로 오라고 하였다.

괜히 불안하였다. 나한테 특별히 벌을 많이 주려고 저러나 싶었다. 가뜩이나 나 혼자 남았는데….

드디어 내 이름을 호명하길래,

"예스."

"옛설"이라 대답해야 하는데 습관이 안 되어 그렇게 답변한 것이었다.

뭐라고 묻는데 무슨 말인지 알아들을 수가 없었다.

"웨아유 프롬?"

그건 알아듣는 말이라 답변한다.

"아임 프롬 코리아."

하고 모기만한 소리로 대답하였다. 영어를 너무 못할 때라 쪽팔리고 창피하였다. 얼굴이 빨개졌다.

그리고 몇 마디 더 물어봤는데 역시 먹통이었다. 다른 죄수들은 다들 영어로 답변을 곧잘 하곤 했는데….

답답했던지 제일 높으신 영국 나리분이 인자하게 미소를 지으며(?) 손짓을 하며 자신이 서 있는 자리에서 불과 4m 지점 앞까지 오게 하고는 직접 심문을 하였다.

"Do you speak English(영어 할 줄 아느냐)?"

"I'm very little(아주 조금밖에 못합니다)."

하고 쫄린 상태에서 머리를 조아린 채 모기만 한 목소리로 대답하니 그 모습이 기가 차고 재밌었는지 주위에 있는 법정 직원들이 일제히

"하하하!"

"와하하!"

하고 웃었다.

엄숙해야할 법정이 나 때문에 웃음바다가 되었다. 근엄해야 할 법관 나리들도 웃음을 참지 못하고 크게 소리내어 웃었다. 그리고는 또 법관 되시는 분이 직접 물어왔는데 알아들어야 답변을 하지.

"…"

무응답인 채로 미안하고 송구스러워 머리를 푹 숙인 채 쑥스러운 표정을 지으며 오른손으로 머리를 긁적였더니,

"하하하!"

"으하하!"

또 한바탕들 웃는다. 어떤 서기들은 법관 눈치를 보는지 웃음이 나오는

걸 참느라고 애를 쓰는 모습이 역력하였다. 그러다가 결국 못 참고

"피식!"

하고 웃으니 법정은 다시 웃음판이 되었다. 그럴수록 나는 더 불안하고
죄송했다.

6. 신성한 법정을 난장판으로 만드는 한국인 고문관

괜히들 나 때문에 모양새가 엉망들이 됐기 때문이다. 그래서 나도 모르게,

"킥킥!"

나 자신이 멋쩍어서 그랬던지 입을 가리고 그만 웃고 말았다. 그랬더니 그나마 나오는 웃음을 겨우 참고 피식거리기만 하던 나머지 사람들까지 더는 못 참았는지,

"아하하!"

"어흐흐… 킥킥!"

"어, 어… 으하하!"

여자분들도 얼굴을 숙이고 손으로 입을 막고는 서로 킥킥대며 웃었다.

이렇게 되니 이건 심문을 주고받는 것인지, 코미디들을 부리는 것인지 헷갈릴 지경이었다.

보기가 제일 안쓰러웠던 것은 법관님이었다. 나 때문에 무게 잡고 근엄한 표정을 지어야 할 분이 그야말로 스타일 다 구겨버린 것이다. 한참 웃다가는 좀 진정된 다음에 법관이 또 물어왔다.

조금 전 다른 피고인들에게는 아래에 있는 서기인 듯한 분들이 피고인들에게 질문을 하고 법관에게 보고를 하고 지시를 받곤 했었는데 어떻게 된 건지 법관이 나에게는 직접 질문하였다.

"…understand(…이해가는가)?"

들리는 건 언더스탠밖에 안 들렸다.

"I don't understand. I'm sorry(이해를 못 하겠습니다. 죄송합니다)" 하고 역시 머리를 약간 숙이며 킥킥대며 답변하니까 다들 다시 킥킥대며 웃는다.

그나마 다행인 것은 제일 높은 곳에 앉아 계시는 영국 법관이 화를 안

내시고 자상하게 미소를 지으며 묻는다는 것이었다. 아까 피고인들에게는 근엄하기만 하셨던 분이 말이다.

"…you have money?"

뒷부분에 돈이 있으냐 묻길래, 벌금 낼 돈이 있느냐고 묻는 것 같아

"I'm very sorry, I need money, because I will go to China traveling. please help me(정말 죄송합니다, 저는 돈이 필요합니다, 왜냐하면 중국에 여행을 가야 하기 때문입니다, 좀 도와주십시오)."

콩글리쉬식으로 답변하였다. 이렇게 답변하면 문장이 맞는지 안 맞는지는 모르겠지만 의사 전달은 되었을 것이라 여겼던 것이다. 역시 모기 소리로…

"킥킥킥!"

"으하하!"

다시 한 번 웃음 소동이 일었다.

"험!"

영국인 법관이 짧게 헛기침을 한 번 하고는 정색을 한 다음 잘 못 알아들었는지, 재미있어 그랬는지 모르겠지만 다시 물었다.

"…again…."

들리는 건 다시 한 번이란 말밖에 안 들렸다. 본인도 했던 말을 반복해서 다시 말하였다. 그리고는 뒤에 하나 덧붙였다.

"I'm very poor(저는 아주 가난합니다)."

라고 하니,

"아하하!"

"킥킥!"

"어허허!"

"호호호!"

웃느라 야단들이었다.

어떤 분들은 상관 앞에서 고개를 젖히며 웃었다. 고문관이 따로 없었다. 이러다가 미움을 사서 벌금이 더 많이 나오지 않을까 불안해졌다.

"I don't want live Hong Kong, I will go to China travel."

내가 전달하려 했던 것은 나는 홍콩에서 살 생각까지는 없다, 그냥 중국 여행을 위해 돈을 좀 벌어야만 하기 때문이다, 대충 그런 뜻이었다.

"킥킥킥!"

"하하하!"

문법도 맞지 않았지만 일단 의사전달은 해야 할 필요성이 있었기 때문에 나오는 대로 씨부렁거렸던 것이다.

한참 또 웃고는 법관이 손짓으로 좀 더 앞으로 다가오라고 해서 갔다. 재판석과는 불과 2m도 안 되는 거리였다. 높은 분이 예의 자상하게 미소 짓고는

"…2,000홍콩달러. OK?" 하였다.

그러니까 앞 말은 못 알아듣겠고 이전 홍콩달러 벌금 정도면 되겠느냐 하고 묻는 것이었다. 체면이고 뭐고 없었다. 그 돈이면 당시 환율이 잘 기억은 안 나지만 대략 20~30만 원쯤 된 것 같다.

길거리 장사, 호주 시드니 거리에서. "이 옥반지 5달러만 깎아주면 안 돼?" "그 대신 조건이 있어" "뭔데? 말해봐" "내 뺨에 키스해주면 해줄게" "피…! 순 엉터리야… 아 알았어, 그냥 줘" "진작 그럴 것이지… (후후!)"

7. 짧은 영어로 영국인 재판장과 벌금 흥정을

다른 사람들에 비해 적게 나와 그 정도 벌금은 낼 수 있었지만 몇 푼이라도 더 아끼기 위해,

"I'm very sorry, I have money not enough… please, discount."

역시 문장은 정확하지 않았지만 대략 '정말 죄송합니다, 돈이 충분히 없습니다, 그러니 좀 깎아주십시오' 그런 뜻이었다.

"아하하!"

"어허허!"

"호호호!"

"All right, how much do you want(좋아, 얼마면 되겠나)?"

세상에, 높은 법관 나으리 양반과 벌금 흥정이라니? 기가 찰 일이었다. 그나마 장사할 적에 자주 쓰던 회화라 그건 잘 들렸다.

그렇지만 처분만 바라야 할 놈이 무례할 것 같아 직접 요구를 못 하고 그냥 서 있기만 하니까,

"…tell me(말해 봐)."

"…"

그래도 뜸 들이며 답변을 안 하니까,

"1,500 HK. OK?"

그나마 오백 달러가 내려갔다. 잠시 생각하다가,

"If possible, 500 HK(가능하시면, 오백 달러면)…"

말하고는 나 자신이 생각해도 미안하고 멋쩍어서 입을 가리고 킥킥대니까, 다시 한 번 박장대소(拍掌大笑)들을 한다.

"…OK?"

"Yes, thank you very much(예, 정말 고맙습니다)."

이날의 대화 내용들은 벌써 오랜 세월이 흘렀지만 지금도 그 홍콩 법정에서 한바탕 소동을 벌인 것이 어제 일처럼 생생하다. 신성한 법정을 코미디 쇼로 만든 고문관이 나라니…. 어쨌거나 파격적으로 봐주신 그 영국 법관님께 지금도 감사한다.

그런데 그 당시 내가 영어를 유창하게 구사했으면 일반 죄수들처럼 같은 금액의 벌금을 내어야 했을 것이다. 옛말에 모르는 게 약이라고 했던가, 결론은 영어를 못한 덕(?)을 제대로 본 셈이었다.

5부

러시아

1. 7년 전 세계여행 떠날 때 재산 탈탈 털어 떠나

이번 러시아 여행을 오래전(소련 해체 전)부터 추진해왔다. 당시 소련은 적성국가에 해당되어 일반인들이 쉽게 들락날락할 수가 없었다. 국내에서 비자 받을 때 절차가 복잡하고 까탈스러워, 다음 여행 갈 때 제3국에서 해결하기로 하였다. 그러던 차에 유럽 일주 여행 중 사건이 생겨 이탈리아 대사관에 가게 됐는데 그곳에서 만난 담당 영사분에게 특별히 공식 협조를 요청했는데 다음에 내가 홍콩 갈 때 비자를 받을 수 있게 조치해 주셨다. 그렇게 비자(당시 8만 원)를 받은 지도 벌써 몇 년이 흘렀다.

드넓은 시베리아를 마음껏 빨리 돌아다녀보고 싶었지만 여건이 마음대로 안 되었다. 시간도 중요하지만 무엇보다 여행 자금 마련하는 게 문제였다. 그러다 작년까지 일본 도쿄에 머무르면서 장사를 했었는데 그동안 모은 돈이면 이제 러시아가 문제가 아니고, 전 세계를 몇 년간 다닐 수 있을 만큼은 되었다. 이 돈이면 서울 시내 적당한 곳에 괜찮은 아파트 한 채는 살 수 있었다. 7년 전 세계여행을 떠날 때, 가진 재산을 다 처분해 떠났기 때문에 서울에는 내 몸을 뉘일 만한 고정된 보금자리가 없었다. 그래서 예능활동을 다시 재개할까? 아니면 좀 쉬었다가 다시 세계 일주 여행을 떠날까? 그것은 오로지 내 선택에 달린 것이었다. 여러 가지로 고민한 끝에 공연예술기획 사무실(을지로5가 계림극장 맞은편)을 일단 열기로 한 것이다. 내가 1989년 처음 세계여행을 시작하기 전까지만 해도 국악, 춤, 연극 등 예능활동을 하였기 때문에 그나마 가장 손쉽게 접근할 수 있었고 적성에도 맞았기 때문이다.

사무실을 직원들에게 맡긴 후 그동안 미루어왔던 러시아 여행을 마침내 떠나게 되는 것이다. 이번에는 여행 경비도 충분히 준비해 떠나서 그러는지 마음이 한결 가벼웠다. 처음엔 모스크바를 비롯한 동유럽 쪽으로 갈까, 아니면 바이칼호수 일대에 갈까 하다가, 까레이스키(고려인)들이 많이 살고 있는 극동 쪽으로 최종 방향을 잡은 것이다. 러시아와는 수교 전이라 비자 문제가 까다로웠지만 이때를 대비해 오래전에 홍콩에서 중국(수교 전) 비자를 받을 때 함께 해결(문화교류 명분)했었기 때문에 앞을 가로막는 것은 없었다. 이제 그냥 가기만 하면 되는 것이다. 이번 여행길에는 또 어떤 인연이 기다리고 있을지 기대해본다.

서울은 8월 중순이라 한증막처럼 더웠지만 소련은 북쪽이기 때문에 그곳에 당도할 때쯤이면 선선할 것 같다는 생각을 하였다. 불과 열흘 전 내몽골 여행 갔다 왔을 때만 해도 선선해 아주 괜찮았는데….

비행기는 주 1회만 운행하는 아에로플로트 항공을 이용한다. 방문 비자에는 사할린, 하바롭스크, 블라디보스톡, 모스크바가 기재되어 있었는데 그 외의 다른 곳은 갈 수가 없었다.

사할린으로 가는 비행기 안에서 부산 출신 사업가 김씨(40대 초반)를 만나게 된다.

"사할린에는 여행 가십니꺼?"

"예."

"혼자서예?"

"예."

"거기 누구 아는 사람 있습니꺼?"

"아니요, 없는데요."

"그런데 어찌…"

"왜, 아는 사람 없으면 못 가나요?"

"꼭 그런 건 아니지만도… 혼자서 무슨 재미로 여행을?"

"괜찮아요. 혼자 다니는 게 습관이 되어서요. 그런데 그쪽은 무슨 일로 소련엘?"

"아, 지는 그곳에서 살고 있습니다. 사업 관계로."

"아, 예. 혹시 무슨 사업을 하시는데요?"

"목재업을 하고 있심더."

"목재업을요? 구체적으로 어떻게…"

"그러니까 사할린에 있다가 한국에서 주문이 들어오면 시베리아의 목재들을 벌목해서 한국으로 보내주는 일을 합니다."

"직접 벌목을 하시나요?"

"제가 직접 그 일을 하는 게 아이고 사람들을 고용해서 시키면 됩니더."

"일하는 사람들은 러시아 사람들인가요?"

"일부 러시아 사람들도 있지만 북한 노동자들을 많이 씁니더."

"북한사람들을요? 그래도 괜찮아요?"

"괜않심더. 돈만 많이 주면 서로 오려고 하는데에."

"그렇군요. 그럼 돈을 주면 그 돈은 다 노동자들이 갖고 가나요?"

"간혹 그런 경우도 있지만 보통은 이런저런 명목으로 다 북한 위쪽 간부들이 다 거둬가고 일부만 노동자들이 가져갑니더."

"정말 안됐네요, 벼룩 피 빨아먹는 것도 아니고, 먼 이국땅에서 고생하는 사람들을 도와주지는 못할망정."

"어쩌겠습니꺼, 그것이 현실인데에."

"노동자들 잠은 어디서 자는데요?"

"자기들끼리 자는 데가 있어에."

"어때… 자유는 있는가요?"

"자유는 무슨 자유에, 가들 자유롭게 어딜 다니지도 못해에."

"왜요?"

"위에서 막으니까 그렇지에."

"누가 막는데요?"

"누가 막겠습니꺼, 북한 아들이지에."

"마음대로 외출도 못하겠네요?"

"가들은 항상 감시망 속에 살아에."

"대화도 마음대로 못 하나요?"

"서로들 눈치 보며 하지요. 어느 누가 *끄나풀*인지를 모르니까에."

"잘못돼서 끌려간 경우도 있겠네요?"

"전에 몇 번 봤어에."

"그래서 어떻게 했어요?"

"어떻게 하긴에… 가들 일에 내가 끼어들 순 없잖겠어에."

"그렇게 고생하며 일해서 모은 돈을 다 뺏어가버리고 나면, 얼마 안 되는 돈으로 뭘 할 수 있겠습니까?"

"그래도 그 얼마 안 되는 돈이라도 북한에 갖고 들어가면 큰돈이라에."

"불쌍하지 않습니까?"

"어쩔 수 없지예, 다 타고난 운명인데에."

"우리가 남한에 태어난 게 정말 큰 복이네요."

"그렇다고 할 수 있지예. 그런데도 사람들은 그걸 의식 못 해예."

가뜩이나 비행기 안에서 심심했을 텐데 이분 덕분에 시간을 잘 보내게 된다.

"사할린 가면 어디 묵을 데는 있어예?"

"아직 없습니다. 그곳에 도착하면 찾아보아야죠."

"그럼 아직 정해진 곳은 없겠네예?"

"예, 아직은."

"그라모 나 있는 곳에서 지내지예. 안 그래도 나 혼자서 심심했었는데."

"초면인데 어찌 그런 신세를…."

"아, 괜않심더. 좀 누추하긴 해도 잠깐 지내는 데에는 지장 없을 낍니더."

"아, 정말 그래도 되겠습니까?"

길에서 만난 경우라면 몰라도 비행기 안에서 만나서 그런지 괜찮겠다는 생각이 들었다.

그 외에도 김씨는 여러 분야의 무역을 하고 있었는데 일 년에 11개월 이상은 러시아에 머무른다고 하였다.

"아무 부담 가질 필요 없심더. 그렇게 하이소. 숙소 구하는 문제도 쉽지 않을 낀데."

"알겠습니다. 그럼 신세 좀 지도록 하겠습니다. 정말 고맙습니다."

"고맙긴예."

"그런데 집에는 누가 안 오나요?"

"손님예? 어, 어쩌다가 한번씩 놀러오는 고려인 가시나가 하나 있긴 한데."

"그럼…."

"신경 쓸 것 없어예. 내가 말해놓으면 됩니더."

"어떻게 알게 된 사인데요?"

"사할린에서 친구들 소개로 만났습니더."

"친구들이요?"

"예, 친구들이 머스마가 혼자 지내면 안 된다고 하면서 소개해주데예."

"그럼 결혼은?"

"했지예."

"그런데 어떻게 부인을 놔두고…"

"아 그야… 마누라는 마누라고, 혼자서 지내려면 좀 외롭기도 해서…"

물어본 내가 잘못한 것 같았다.

"여자는 결혼을 안 했는가요?"

"저거 남편하고는 작년부터 별거 중이라예."

"…"

"둘 다 서로가 필요에 의해서… 마 기렇게 됐심더."

김씨라는 이분은 성격이 거침없이 솔직한 스타일이었다.

"러시아에는 아는 사람들이 많겠군요."

"아는 사람들은 많심더. 이곳에서 사업을 할라모 경제계는 물론이고 정치인들, 경찰, 공무원, 심지어 마피아까지 친분을 터놓아야 나중에 무슨 일이라도 생기면 일들을 매끄럽게 처리할 수 있어예."

"러시아에 들어간 지는 얼마나 됐는데요?"

"이제 십 년 됐을 낍니더."

"오래됐네요, 그럼 자제들은 어떡하시고…"

"아들은 저거 엄마가 다 책임집니더."

"뭐라고 안 하나요?"

"돈만 많이 잘 보내주면 일없어예."

"만약에 돈을 많이 못 보내주면요?"

"그라모 가마이 안 있겠지예."

"하하하!"

"허허허!"

"다른 여자들 만나는 거 부인은 모릅니까?"

"알면 안 되지에."

"솔직하신 분 같은데…."

"그런 것까지 어떻게 솔직하게 할 수 있겠습니꺼. 마누라도 짐작은 하고 있을 낍니더."

"돈을 많이 벌어야겠네요."

"맞심더. 마누라가 제일 좋아하는 게 돈 아닙니꺼."

"그래도 양심에 가책은 좀 갈 것 아닙니까?"

"하지만 우짜능교, 내가 고자도 아이고."

현지에 도착하니 공항 밖에 승용차가 미리 대기하고 있었다. 그렇게 차를 달려 사할린 시내로 진입하였는데 시내 풍광이 어쩐지 칙칙해 보였다. 전에 독일 갔을 때 동베를린을 방문한 적이 있었는데 어딘가 을씨년스럽고 칙칙한 것이 그곳과 아주 많이 닮아 있었다.

그렇게 사할린에 도착해서 김씨가 살고 있다는 아파트에다 일단 여장을 푼다. 좀 쉬었다가 김씨의 친한 친구가 있는데 그의 집에 놀러가자고 하였다. 고려인 동포로 작년까지만 해도 이곳 사할린 주지사를 지낸 친구인데 아주 친한 사이라고 하였다. 현재 두 번째 결혼한 여자와 살고 있는데 러시아 백인 여자라고 하였다.

택시를 타고 집에 찾아가니 러시아인 부인만 있었다. 남편은 며칠 전 곰 사냥을 하러 북쪽 지방으로 갔는데 오늘 오후 도착한다는 연락을 받고 자기도 기다리는 중이라고 하였다. 그래서 올 때까지 같이 기다리기로 하였다.

거실 옆 식당 천장에는 뭔가 대롱대롱 달려 있는 게 보였는데 물어보니 곰 쓸개라고 하였다. 남편이 매일 아침저녁으로 그것을 맛본다고 하였다. 같이 온 사업가 김씨가 짓궂게 물어본다. 신랑이 정력이 좀 넘치지 않느냐고, 부인은 힘이 너무 세 피곤해 죽겠다고 천연덕스럽게 대답하였다.

잠시 후 남편 되는 사람이 돌아왔다. 키는 그리 크지 않았지만 웅담을 많이 먹어서 그런지 기름기가 자르르 흐르는 건장한 체격이었다. 김씨가 나를 소개했다. 인사를 나눈 후 식사도 함께한다.

까레이스키 2세 친구(하바롭스크 대학)

3. 곰 사냥, 헬리콥터에 군용 총까지 대동

같이 저녁식사를 하면서 사냥 갔던 이야기를 들어본다. 곰 사냥을 어떻게 하느냐고 물어보니, 이곳 사할린에서 서너 명이 헬기를 빌려 북쪽 지역으로 멀리 올라가야 하는데, 사냥총이 아닌 군용 총을 몇 자루 가지고 간다고 하였다. 현지에 도착하면 텐트를 치고 곰이 자주 다니는 길목에서 며칠을 기다려 사냥을 하는데 운이 좋으면 이삼 일 만에, 어떨 땐 일주일이나 열흘 이상 걸릴 때도 있다고 하였다. 이번엔 일주일이나 대기하였지만 한 마리도 잡지 못하고 돌아왔다면서 두덜대었다. 시간이 되면 더 있으려고 했는데, 모스크바 국회(두마) 출마 문제로 곰 사냥을 다음으로 미루기로 하였단다.

곰을 잡을 땐 확인사살하는 게 중요하다고 한다. 왜냐하면 죽은 줄 알고 있던 곰이 갑자기 일어나 공격해 사람이 죽는 경우도 있다고 하였다. 미련둥이 곰이 아니라 아주 날쌘돌이란다.

이 사람들 나에게 겁을 주는 것만 같았다. 이곳에는 곰이 많아서 운동장까지 내려올 때도 있다면서 조심하라고 하였다. 작년엔가 캐나다 갔을 때도 같은 이야기를 들었는데, 곰 많다고 자랑하는 거야 뭐야? 하긴 곰이 가장 많은 나라가 러시아이고, 다음이 캐나다라고 하니….

"따르릉!"

그때 전화가 걸려왔다. 부인이 받아서 러시아어로 통화를 했다.

"잠깐만."

"어딘데?"

"모스크바."

"그긴 또 와?"

"어, 두마(국회) 문제 때문에."

그리고는 통화를 하는데 한국어와 러시아어를 섞어서 사용하였다.

"어, 그러니까, 내가 두마에 안 나가줄 수도 있어. 그 대신 돈이나 많이 내어놓으라고 해… 그렇지… 두마보다야 돈 많은 게 훨씬 낫지. 안 그런가? 어… 어… 그러니까 내가 원하는 대로 해주면 야당으로 출마 안 할 수 있다고 해… 알았어, 그리고 나한테 빨리 연락해. 오케이!"

그리고는 전화를 끊었다.

"와, 한번 나가보지 그라노?"

"나가면야 당연히 내가 되지."

"그런데 와 안 나가는 긴데?"

"여기서 모스크바까지 가서 활동하려면 보통 일이 아니잖아. 그리고 어머니도 여기 계시고."

"흠…."

"여기서 부족한 게 없는데 그 먼 곳까지 뭐하러."

"대통령은 한번 안 해보고 싶나?"

"대통령은 무슨… 내가 가면 김사장 니는 심심해서 어떡하고?"

"언제부터 그렇게 내 생각 해줬노?"

사할린 운동장. 가끔 운동장까지 야생 곰들이 내려온다고 한다

7. 그놈의 보드카가 원흉?

1995. 8. 17.

세계에서 러시아사람들처럼 술을 많이 마시는 나라도 없을 것이다. 술 중독자가 너무 많은 탓이다. 오죽했으면 보리스 옐친 대통령이 생전에 독일을 국빈 방문했을 때 술에 고주망태가 되어 오케스트라 연습장에 찾아가 예정에 없던 지휘를 자신이 직접 해보겠다며 추태를 부렸을까…. 여기 러시아에 체류하는 동안 보고 들은 건데, 확실히 그런 것 같았다.

한번은 시골의 인심을 알아보기 위해 버스를 타고 1시간 20분을 달려, 사할린 외곽 이름도 모르는 곳에 내려 가까운 바닷가 쪽으로 갔다. 휴일이라 그런지 바닷가 좁은 모래사장에 사람들이 모여 쉬고 있었다. 그중 몇은 고려인들이었다.

"하이!"

"하이!"

"한국분이세요?"

"예."

같은 동양인 얼굴을 한 남자(김소진씨, 39세)가 반겨준다.

"이쪽으로 와서 좀 앉으시오."

"예, 고맙습니다."

"자, 일단 이거나 한잔 드시오."

보자마자 보드카를 권하였다.

"저는 술을 못합니다."

"그럼, 음료수라도… 어이, 수봉이, 음료수 남은 거 있지?"

"어, 잠깐만…."

이곳에는 김소진씨와 수봉씨, 그리고 수영복 차림을 한 러시아 백인 부부 두 쌍 등 러시아 사람들이 있었다. 멀리서 이 촌구석까지 찾아왔다며 환대해주었다. 같이 이야기하며 술을 마시는데 밝은 대낮에도 보드카, 포도주, 맥주를 물 마시듯 마셔대었다. 그리고 술이 떨어질 만하면 승용차를 타고 가서 또 술을 잔뜩 사왔다.

바닷가 앞쪽에는 폐선들만 정박해 있었다. 여기서 간단하게 식사도 한다.

"오늘은 여기서 같이 지내고 내일 좋은 데로 구경갑시다."

말이라도 고마웠다. 잠시 후 술이 적당히 올라온 수봉씨가,

"저기 이럴 게 아니고 우리 집으로 갑시다."

"예? 아니 어떻게…."

"괜찮아요… 딸꾹!"

얼굴이 붉은 게 취기도 좀 올라와 있었다.

"여기는 야외라 뭐 준비된 게 있어야 대접을 하지요. 멀리서 온 귀한 손님이니까 꼭 한번 모시고 싶습니다."

모처럼 만나는 동포분이라 그냥 보낼 수 없다는 것이었다. 그렇게 해서 둘이는 먼저 일어나 그의 집으로 같이 가게 되었다. 집은 버스로 20여 분 거리에 있었다. 연립주택 같은 집에 도착하니 같은 고려인 부인이 불청객을 맞아주었다. 자리에 앉자마자 부인에게 보드카를 내오라고 하였다.

아까 해변에서 술을 많이 마신 것 같은데 또 보드카라니?

"괜찮겠어요?"

"걱정 말아요."

하고 답하였다. 잠시 후 부인이 술을 내어왔다.

"나는 술이 약해 더 못 하겠어요."

라고 하니 혼자서 자작하며 벌컥벌컥 마셔댄다. 그런 걸 부인도 걱정스런 눈빛으로 바리보았다.

부인한테 저녁 준비를 시키고는 잠시만 쉬겠다며 큰대자로 뻗어 눕는데 그것으로 끝이었다.

몇 시간을 기다려도 일어날 줄을 몰랐다. 늦은 시간에 참으로 난처하게 되었다. 할 수 없이 오도가도 못한 채 이곳에 붙잡혀(?) 하룻밤을 지낸다. 보드카가 엉망진창으로 만든다더니… 나 원 참.

1995. 8. 18.

아침 8시가 좀 지나 수봉씨가 어디 좀 가자고하였다. 따라간 곳은 같은 고려인 집이었다. 같이 이야기를 좀 나누다가 어디 좀 다녀올 테니 기다리라고 하였다. 두 시경에 온다고 하는데 그때까지 또 뭘 한담. 그래서 가까운 부둣가로 나와 바다를 감상하면서 서성이고 있는데 덩치가 좋은 백인 중년 아저씨가 자꾸 말을 걸어오는데 말이 통해야 해먹지. 그래서 내가,

"스탈린…?"

그러니까 내 말인즉 스탈린 지지하냐고 물어본 것이었다.

"스탈린?"

알아들은 건 그 한마디였다.

내가 곡괭이로 스탈린을 찍어대는 모습을 취하니까,

"노! 노!"

라고 잘라 말하였다. 그리고는 그것 가지고는 성에 안 차는지 한술 더 뜨는 것이었다.

"휙!"

하며 아예 삽으로 쓰레기 같은 시체를 떠서 앞에 보이는 바다를 향해 던져버리는 액션을 취하는 것이었다.

"하하하!"

내가 소리 내어 웃으니까

"허허허!"

그제서야 만족한지 어깨를 으쓱대고는 엄지 척을 하였다.

한때 우상으로 숭배받으며 무소불위의 권력을 행사하였었는데 지금은 천대받는 정도가 아니라 쓰레기만도 못한 취급을 받는 역사의 아이러니에 쓴 웃음만 나왔다.

그렇게 돌아다니다가 사할린 시내 숙소로 돌아오니 마침 김씨가 집에 있었다.

"대체 어떻게 된 일입니꺼?"

나 때문에 무슨 사고라도 났나 하며 많이 걱정하였다는 김씨 말에 몸 둘 바를 몰랐다. 그래서 지난 일들을 설명해주었다.

"무사히 돌아와서 다행이지만 아직도 치안이 안 좋은 이곳인데, 그래도 좀 조심하는 게…."

"죄송합니다."

"아이라예, 그래도 좋은 경험했네에."

김씨와 사할린 시내를 돌아다니다 한 고려인 여자분(50대 초반)을 만나서 이야기를 나누게 된다. 이분의 말에 의하면 전에는 러시아도 살기 좋았다고 하였다. 수입은 얼마 안 됐지만 아껴 쓰면 자동차, 텔레비전, 냉장고, 선풍기, 라디오 등을 어렵지 않게 장만할 수 있었는데 지금은 너무 어렵다고 한숨을 쉬었다. 세상이 어떻게 돌아가는 줄도 모르고 은행에 돈을 잔뜩 예금해놓았다가 환율 폭락으로 전부 휴지가 되어버렸다고 하였다. 다른 건 몰라도 치안만은 안전한 나라였는데 지금은 온통 마피아들에 의해 너무 위험한 나라가 되었다고 하였다. 한집 건너 강도, 도둑을 맞는 세상이 되었다며 세상에 이런 세상이 어디 있느냐고 하시는데 참으로 보기가 딱하였다. 잘못 신고했다간 보복당하기 때문에 아예 포기한다고 하였다. 한국에도 도둑, 강도가 있다지만 차라리 천국 같다는 생각이 들었다.

1995. 8. 19.

다음 날 김씨와 작별인사를 나눈 후 사할린을 떠난다. 비행기를 타고 하바롭스크에 도착하여 시내 중앙에 있는 센트랄 호텔에다 여장을 푼다 (156,000루블, 약 3만 원). 이곳에는 한국인을 비롯해 많은 외국인들이 묵고 있었다.

호텔 앞에서는 매일 아침 일찍부터 군사 퍼레이드 예행연습을 하였는데 꼭 영화 속의 한 장면을 보는 것 같았다.

사할린 해변에서 만난 사람들, 고려인들도 보인다

1995. 8. 20.

저렴한 숙소를 찾아보기 위해 하바롭스크 시내에 있는 공업대학으로 찾아간다. 그곳에서 한국에서 어학연수차 나온 대학생 김병국씨와 한국인 사업가 최지호씨를 만났다. 그들에게 사정 이야기를 하고 숙소 문제를 부탁한다. 두 사람의 도움으로 공업대학 기숙사에 머무르게 된다.

오후에는 두 사람과 같이 아무르강으로 가서 배 유람을 하게 되었다. 그다지 크지 않은 배의 선내 1층 대합실에서는 마침 무도파티가 열리고 있었다. 석양을 바라보며 맥주까지 한잔하니 기분들이 좋았다. 남들 의식 않고 춤들을 추는 게 아주 자연스럽고 보기에도 좋았다.

'춤이라면 나도 댄스스포츠 한 가락 하는데…'

선상 유람이 끝난 후 사업가 최지호씨 집으로 가서 오랜만에 오이, 된장찌개에 밥을 아주 맛있게 먹는다. 그리고 그곳에서 늦은 새벽까지 이야기를 나누다 헤어져 숙소로 돌아온다.

6. 러시아 미녀 친구를 만나다

1995. 8. 21.

다음 날 공업대학의 기숙사에서 나와 혼자서 할 일 없이 시내를 돌아다닌다. 평양 식당 부근을 지나는데 한 미인을 우연히 만나게 된다(이름은 엘레나, 하바롭스크 대학 1학년 재학 중). 러시아 들어와서 처음 만나보는 미녀 친구였다. 그녀의 말에 의하면 자기 엄마도 나와 같은 코리안(고려인, 까레이스끼)이라고 하였다.

"마이 마덜 코리안."

"…? 정말?"

"예스."

이 친구는 생긴 게 완전 유럽사람인데, 어떻게?

"농담 아니야?"

"아니, 진짜야."

이거 믿을 수도, 안 믿을 수도 없고… 나 원 참.

이 얘기 저 얘기 나누다,

"나 지금 엄마 만나러 가는 길인데 괜찮으면 같이 가."

어이쿠! 이거 뭐야, 내가 먼저 한 대 얻어맞는 거잖아. 아무리 그래도 그렇지 오늘 처음 만났는데… 하여튼 이 친구 성미도 급하다. 아니면 철딱서니가 없는 건지… 이제 만난 지 20분이나 채 지났을까? 내가 외국인이니까 그렇지, 한국 같으면 상상도 못 할 일이었다.

"…"

내가 좀 당황해 어찌할 줄 몰라 하고 있으니,

"괜찮아, 같이 가. 우리 엄마 소개해줄게."

어린 미녀 친구가 어찌 이렇게 당돌한지 알 수가 없었다. 그렇지만 결코 싫지는 않았다.

그렇게 해서 어머니가 계신 곳으로 같이 가게 되었다. 도깨비에게 홀린 것도 아니고, 이거 뭐 어떻게 되는 상황인지….

어머니는 멀지 않은 곳에 있는 한 병원의 의사였다(치과). 본의아니게 철 딱서니 없는 친구에게 끌려(?) 이곳까지 오다시피 했는데, 직접 만나보니 정말 나와 같은 한국인 모습이었다. 처음엔 농담인 줄 알았는데….

'어떻게 이럴 수가?'

두 모녀가 러시아어로 대화를 나누는데 알아들을 수가 없었다.

"웰컴."

어머니께서는 반갑게 맞아주셨다.

공원에서 나이롱 데이트를

어머니는 한국말은 전혀 못하셨다. 그래도 영어를 곧잘 구사하셔서 대화하는 데는 지장이 없었다. 커피도 주고, 과일과 햄버거도 먹으라고 내주셨다. 아주 자상하게 대해주시는 게 마치 예비 사위 대하듯이 해주셨다.

어머니와 같이 이야길 나누다가 엘레나가 내가 목에 차고 있는 목걸이에 관심이 있는 것 같아 선물로 주니 극구 사양하였다. 자기는 줄 것이 없다고….

환자들이 계속 들어오는데도 그녀의 어머니는 나에게 신경을 쓰셨다. 딸애가 아직 철부지라나, 하긴 19세 햇병아리 철부지니까 나를 이곳까지 끌고 왔지….

어머니께서 내일 쉬는 날인데 시간이 괜찮으면 아무르강에 같이 놀러 가잔다. 도무지 뭐가 뭔지 모르겠다. 그 어머니에 그 딸인가? 나도 성격이 급한 편이지만, 나보다 더하였다.

병원에서 나와 엘레나와 가까운 공원으로 가서 나이롱 데이트를 하게 된다. 처음 본 이방인한테 너무 잘 대해주었다. 제 눈에 안경이라고, 어쨌든 나로서는 고마웠다.

정답게 팔짱을 끼고 포옹도 하고 중형 카메라로 다양하게 찍는다. 내가 여러 가지로 포즈를 요청하니 능숙하게 진짜 모델처럼 포즈를 잘 취해주었다. 나중에 안 일이지만 이 친구는 현재 대학에서 모델학과에 재학 중인데 가끔 아르바이트로 사진 모델 일도 한다고 하였다. 어쩐지….

이 친구 덕분에 러시아 들어와 가장 즐거운 하루를 보내는 것 같았다.

1995. 8. 22.

다음 날 엘레나와 어머니, 그리고 나는 같이 아무르강변으로 놀러간다. 비가 살짝 뿌리는 궂은 날씨였다. 일대를 돌아다니다 적당한 장소에서 같이 사진을 찍는데 어저께만 해도 아주 부드럽게, 다정하게, 적극적으로 내가 원하던 대로 포즈를 잘 취해주던 이 친구가 어머니 앞이라 그런지 갑자기 새침한 표정을 짓는 게 아닌가. 애먹는 건 어머니였다. 그렇게 새침하고 도도하게 나올 줄은 생각도 못 하였다. 어머니는 엘레나에게 더 다정한 포즈를 주문하였지만 이 친구는 계속 새침떼기 표정을 지었다.

'이거 완전 엉큼이 가시내 아닌가?'

아무르강변. 오른쪽으로 계속 거슬러 올라가면 중국의 흑룡강성과 맞닿는다. 아주 아름답고 장쾌한 풍광이다

엘레나, 어머니와 함께 갤러리관을 관람한 후, 1층에 있는 기념품점으로 갔다. 어머니께서는 하바롭스크에 관한 비디오테이프를 기념으로 사주셨다. 새침떼기 이 친구보다는 어머니께서 더 적극적으로 친절하게 대해주셨다. 너무 잘해주시니까 약간 부담도 되었다. 6시경 그곳에서 나와 내일 다시 병원에서 같이 만나기로 하고는 모녀와 헤어진다.

1995. 8. 23.
다음 날 2시, 어머니가 근무하는 병원엘 찾아간다.
"안녕하세요, 어머니."
"어서 와요."
어머니께서 반갑게 맞아주셨다. 마침 그곳에는 엘레나의 결혼한 언니가 아기와 함께 와 있었다. 언니는 엘레나와 같은 학교에 다니고 있다고 하였다(하바롭스크 대학 3학년).
언니도 아주 친절하게 잘 대해주었다.
"엘레나가 참 이뻐요."
"아이가 덩치만 컸지 아직 철이 없어. 그러니 잘 보살펴줘."
"그럴게요."
그때 마침 엘레나가 들어왔다.
"하이!"
"이제 오는 거야?"
"응, 언제 왔어?"
"나도 조금 전에 도착했어."
"엄마와 내 얘기 했지?"

"그래, 네가 정말 이쁘다고 했어."

"피! 거짓말두."

"아니야, 정말이야. 어머니에게 직접 물어봐."

"엘레나야, 정말이란다. 내 친구가 네가 정말 이쁘다는구나."

"흥!"

이 친구는 아직 어려서(?) 그런지(19세) 뭐든지 바로 곱게 받아주지를 않았다. 어머니만 중간에서 애를 먹는다.

그곳에서 같이 이야기를 좀 나누다 블라디보스토크로 가는 어머니의 친척 마중 때문에 오늘 나와 시간을 같이 할 수 없어 미안하다고들 하였다. 병원 밖으로 나와서 나만 돌아서 가는데 어머니께서 혼자 보내는 게 마음에 걸렸는지 자동차 있는 데로 오라고 손짓을 하였다. 차를 탔는데 안에는 처음 보는 중년 남자분이 운전석에 앉아 있었는데 언니에게 물어보니 어머니의 보이프랜드라고 하며 나에게 소개해주었다. 어머니는 남편과 사별한 지 제법 되었단다. 하기야 내가 봐도 사귀는 게 좋을 것 같았다. 아직 젊으신데…. 남자 친구분은 나에게 반갑다고 하며 악수를 청하고는 러시아어로 뭐라 하는데 알아들을 수가 없었다.

그렇게 가족들과 함께 차를 타고 가는데 교차로 지점에서 "휘익!" 하는 소리가 들렸다. 무슨 소린가 하고 시선을 돌려보니 한 경찰관이 다가오는 게 보였다.

"촐트!"

그때 엘레나가 한마디 하였다. 가만, 이게 무슨 뜻이지? 이 상황에서 떠오르는 건 "제기랄!"밖에 없었다.

옆자리에서 아기를 안고 있는 언니에게 물어본다.

"언니, 엘레나가 촐트라고 하는데 무슨 뜻이죠?"

언니가 미소를 지으며 답한다.

"음, 그러니까… 그건 잉글리쉬로 shit이란 뜻이에요."

"아, 그렇군요. 그럼 나도 촐트!"

"하하하!"

"허허!"

"호호!"

"까르르!"

어른들이 웃으니까 아기도 덩달아 재밌는지 까르르대었다.

"언니, 나 잘했어요?"

"네, 아주 잘했어요."

"아기가 너무 이뻐요."

"땡큐."

교통경찰은 신분증을 보더니 몇 자 적고는 그냥 돌아간다. 그리고 차는 바로 출발했다.

"엘레나, 네 언니 아직 학생인데(3학년) 뭐가 급해서 이렇게 빨리 결혼했어?"

"몰라, 언니에게 직접 물어봐."

"언니, 나는 어때요?"

엘레나 쪽을 힐끗 보고 물었다.

"그건 그쪽이 남자니까 엘레나에게 직접 물어봐야죠."

"너도 빨리 하고 싶어?"

"흥! 내가 왜?"

"왜? 내가 싫어?"

"몰라, 그런 게 어딨어."

토라져 입을 삐죽이며 대답하였다.

"호호호!"

"하하하!"

둘이 다투는 게 재밌는지 일행들은 웃었다.

어머니께서 엘레나에게 뭐라고 말하였다. 러시아어라 무슨 말인지는 못 알아듣지만 이런 분위기에서 대충 짐작하면 "너도 빨리 결혼해, 네 언니처럼 예쁘고 귀여운 아이를 가지면 되잖아"라고 하는 것 같았다.

이 친구가 뾰루퉁한 표정이 되어 반대편 창밖을 내다보는데 그 모습이

나름 아름다워보였다.

잠시 후 내일 저녁 7시에 다시 만나기로 하고 센트럴스퀘어에서 차를 내린다.

"어머니, 그럼 내일 뵐게요."

"그래, 내일 기다릴 테니 꼭 와."

그런 나를 어머니께서 안쓰러운 표정으로 바라보신다. 친구보다 어머님이 더 신경을 써주시는 것 같아 고마웠다.

그러니까 엘레나의 가족들은 다 만나본 셈이다. 언니의 귀여운 한 살배기 딸애까지….

빈 투어리스트 호텔 내에 있는 아에로플로트 사무실로 가서 출국 날짜를 며칠 연기한다.

숙소(공업대학교)에 도착하니 전날 만난 샤샤가 기다리고 있었다. 샤샤는 까레이스끼(고려인)인데 내가 숙소에 머무는 동안 러시아어를 가르쳐주기로 한 친구였다. 물론 한국어도 유창하였다. 나와 단둘이 어젯밤 새벽 5시까지 술도 마시고 이야기를 나누었다.

샤샤가 같이 갈 데가 있다고 하며 따라오라고 하였다. 같이 간 곳은 고려인 가정이었다. 샤샤의 친척집이었는데 자기 사촌 여동생을 소개해주겠다고 하였다. 그렇게 뜻하지 않게 고려인 여성을 만나게 되었는데 이름은 이(李)리나, 올해 18세. 그런데 한국말을 전혀 못하였다.

시내 숙소 앞 광장에서는 군사 퍼레이드 훈련을 매일 하였다. 영화 속 한 장면 같아 웃음이 나왔다

영어도 못하고, 내가 러시아어를 못하는데 무슨 대화를 나누란 말인
가? 차를 한잔하더니 이 친구 뭔가 작심한 듯 다른 데로 가자고 하였다.
따라가보니 이번에도 같은 고려인 가정이었다. 여기서는 식사를 대접받는
데 반 서양식에다 통닭도 나오고 한국식 음식도 같이 나왔다. 아주 푸짐
한 저녁식사 자리였다. 식사 후 정식으로 샤샤의 6촌 여동생을 소개해준
다. 타슈겐트에서 살다 이곳에 온 지 5년쯤 되었단다. 이 친구 내가 숙소
에서 대화를 나누다 여자 친구를 소개해 줄 수 있느냐고 한 적이 있었는
데 그것을 농담으로 여기지 않고 기억하고 있었던 모양이다. 지금은 상황
이 좀 바뀌었는데…

까레이스키 2세 친구(하바롭스크 대학 재학 중). 모델로도 활동하고
있는데 어머니는 완전 한국사람 모습인데 한국말은 전혀 못 한다

까레이스키(고려인) 2세 친구와…

하바롭스크 시내를 혼자 돌아다니다 한국인 대학생을 만난다.

"익스큐즈미!"

"…?"

"한국분?"

"예, 맞아요."

"아이구, 반갑습니다. 이런 곳에서 한국분을 만나게 될 줄은…."

"예, 어디… 여행 왔어요?"

"예."

이 친구는 전라도 광주 모 대학교에 재학 중인(27세) 학생이었다. 둘이는 걸어가며 이야기를 나눈다. 이 친구는 여행 경력이 얼마 안 되었는데도 스포츠서울, 광주신문에 여행기를 기고하기로 하고 후원금도 받아가지고 나왔단다. 재주는 있었다. 아직 여행 초보자인데….

말하는 폼이 좀 껄렁대는 스타일이었다. 거기다 이야기하며 걸어가다가도 심심하면 한쪽 코를 틀어막고는 코를 아무데나 풀어젖히는데 지나가는 사람들이 쳐다보거나 말거나 아랑곳하질 않았다.

'…?'

같이 시내를 돌아다니다가 내가 재미삼아 장사를 하려고 서울에서 소량 가져온 물건을 팔기 위해 자리를 펴니까 자기도 도와주겠단다. 할 역할이 별로 없는데…. 팔찌, 귀걸이 등 악세사리 종류, 스타킹, 그리고 실로 디자인해 짠 태국산 팔찌 등을 팔았는데 사람들의 반응이 좀 별로였다. 그래도 일부는 동양인이 길거리 장사 하는 게 신기한지 시선을 주고 간다.

"자, 구경하세요! 아주 싸게 드려용. 아주 쪼아버린당께!"

"짝짝짝! 아주 끝내줘요옹!"

나는 가만히 있는데 혼자 손뼉 치며 호객행위를 하였다. 그것도 한국말로….

마수걸이로 2만 루블, 두 번째 1만 루블, 세 번째 손님 5천 루블, 그리고 나서는 한 시간이 넘도록 팔지를 못하였다. 이번엔 지나가던 젊고 늘씬한 아가씨와 어머니인 듯한 분이 우리 좌판을 재미있다는 듯이 바라보았다. 20대 초반쯤의 딸이 관심이 있는지 우리 앞에 앉았다.

"해브 룩 플리이스(구경하세요)."

"메아이 해브룩(구경해도 돼요)?"

정확한 영어 발음이었다.

"그럼요."

"어디서 왔어요?"

바로 가까이 앞에서 보니 크고 맑고 푸른 눈에 시원한 마스크, 긴 머리칼의 글래머(170㎝) 여성이었다.

'보통이 아닌걸….'

러시아 들어와 두 번째 보는 미인형 여성이었다.

"한국에서 왔어요."

"여행 왔어요?"

"예."

물건 살 생각보다는 대화를 원하는 것 같았다.

"옆의 분은 일행예요?"

"음… 여기서 만난 사람예요."

"네… 여행을 많이 다니셨나봐요."

"좀 다녔어요."

"어디를 주로 다녔나요?"

"흠… 아시아, 유럽, 아메리카, 오세아니아, 아프리카…."

"오! 대단하시네요. 러시아사람은 가고 싶어도 돈이 없어 갈 생각은 꿈도 못 꿔요."

"왜… 나 따라 갈래요?"

은근히 수작을 부려본다.

"정말 그래도 돼요?"

맑고 푸르고 큰 눈을 동그랗게 뜨는데 정말 예쁘다는 생각밖에 안 들었다.

옆에서 둘의 대화를 지켜보시던 어머니께서 자상한 미소를 지으셨다.

"어머니예요?"

"네, 그런데 이건 얼마나 가요?"

실로 짠 팔찌(태국 치앙마이산)를 하나 가리키며 물었다.

"3달러."

3달러면 홍콩에서 팔던 가격 그대로였다.

"러시아사람들 돈 없어요. 아시다시피 경제 사정이 너무 안 좋아요."

한때 미국과 경쟁을 하던 초강대국이었건만….

"저기 괜찮으면 이것과 바꿀 수 없을까요?"

직접 만든 건지 자신의 팔목에 있던 실팔찌를 가리켰다.

"원한다면 그렇게 하세요."

"정말 그래도 돼요?"

"그럼요."

"고마워요, 정말."

아주 좋아하는 표정을 지었다.

"우리 친구할까요?"

"친구? 저야 그럼 환영이죠."

"어머님이 뭐라 안 할까요?"

"괜찮아요… 호로슈어?"

그리고는 옆의 어머니에게 러시아어로 물어보는데 알아듣는 건 "좋아요?" 그것뿐이었다.

"호로슈어!"

어머니가 미소를 지으며 대답하였다.

"어머니도 좋대요."

"와우!"

그리고 바로 악수를 나눈다. 통성명도 했다. 이름은 안나(21세, 학생).

"진짜 이쁜데요. 관심 있어 하는 것 같은데 잘해보세요. 놓치지 말고."

옆의 한국인 학생이 한마디 하였다.

"인상이 너무 좋아요."

"고마워요, 그쪽도요."

어머니께서(같은 동양계 얼굴, 그러니까 이 친구는 혼혈인 셈이다) 계속 인자한 표정을 지으며 둘의 대화를 재미있다는 듯이 말없이 지켜보신다. 고개를 숙여 인사하니 환한 얼굴로 같이 응대해주셨다. 영락없는 한국인 어머니 같았다. 둘이는 그렇게 대화를 나누다가 다음 날 만나기로 약속하고 일단 헤어진다.

"야! 정말 좋은데요, 어찌 저런 친구를…"

"괜찮아요?"

"소련에 들어와서 저렇게 이쁜 여자는 오늘 처음 봤어요."

그런데 좀 신경이 쓰이는 게 있었다. 내일 오후에 엘레나와 선약이 되어 있었기 때문이다. 이 친구는 오후 7시에 만나길 원했지만 그 문제 때문에 오전 10시로 하였다. 좀 무리한 시간 약속을 하였던 것이다. 그 시간이면 아침인데….

그냥 만나서 이야기 나누는 것이야 어렵지 않은데, 엘레나를 만나고 있는데 또 다른 여자를 만난다는 게 아무래도 마음에 걸렸다. 이거 아무래도 잘못 생각한 것 아닌가? 지금 와서 취소할 수도 없고….

'내일 고민은 내일 하자.'

나의 일방적인 편의를 위해 좀 무리한 시간대에 약속을 했으니 차라리 그쪽에서 바람을 맞추어 주었으면 좋을 것 같다는 생각이 들었다. 두 미녀 친구를 동시에 사귈 순 없잖은가? 이건 아무래도 지나친 욕심 같았다.

'이거 어떡한다?'

이번에는 파라과이에서 왔다는 친구(30대 중반)를 만났는데 이 친구는 인도 요가를 한다고 하였다. 옆의 한국 학생과 대화를 나누는데 학생은 다시 신이 났는지 연방 코를 "쉬! 쉬!" 막 풀어젖히기 시작하였다. 미녀 친구 앞에서는 기가 죽어(?) 조용하더니만….

　다음 날 안나란 친구와 약속한 시간에 맞추어 나가는데 그렇게 미안하고 부담스러울 수가 없었다. 이렇게 이른 아침 시간에… 깜빡하고 연락처를 안 받았는데, 가능하면 지금이라도 취소하고 싶었다. 약속 장소로 가서 그 친구를 기다렸는데 불행인지 다행인지 나오질 않았다. 진짜 나오면 어떡하나 고민을 많이 했었는데…. 바람 맞고 돌아오는데 차라리 잘되었다는 생각밖에 안 들었다.

까레이스키 2세 친구(하바롭스크 대학)

그러다 오랜만에 손님들 몇 사람이 한꺼번에 와서 한참 상담을 하고 있는데 체격이 건장하고 인상이 좀 뭣한 어깨 스타일의 젊은 사람 몇 사람이 와서는 바로 치우라고 하였다. 자기들은 마피아들인데 우리 구역인 이곳에서 장사를 하면 안 된다는 것이었다.

처음엔 무시하고 장사를 계속 하니까 좀 있다 험상궂고 덩치 큰 사람들과 떼거지로 몰려와서는 발로 툭툭 걷어차며 당장 치우란다. 여기서 다시 장사하다 걸리면 이거다 하며 칼로 찌르는 시늉을 하며 협박을 하였다. 한 사람은 총으로 쏘는 모습까지 보였다.

당시 이곳은 치안이 너무 안 좋은 상태였다. 할 수 없이 철수할 수밖에. 그런 와중에도 옆의 한국인 학생은 계속 한쪽 코를 틀어막고는 눈치도 없이 신나게(?) 코를 계속 풀어젖힌다.

"에이…!"

마피아들도 인상을 찡그리며 별 놈 다 본다는 표정을 지었다. 나까지 벙찌는 기분이었다. 짐 정리를 한 후 둘이는 걸어가며 이야기를 계속 나눈다. 이 친구는 이곳에 들어온 지 열흘도 안 되었는데 러시아 여자를 하나 사귀었다고, 묻지도 않았는데 자랑삼아 이야기하였다.

"어디서 만났는데?"

"시내에서 우연히 만났어요."

"어때, 재미있었어?"

"재미 아주 끝내주게 좋았어요."

"어떻게 재미있었는데?"

"기집애가 나한테 완전히 뿅 반해가지고 사족을 못 쓰더라고요."

아주 당당히 큰 소리로 자랑하였다. 이 친구는 키도 보통 키에 얼굴도 좀 뭐한 인상에 어딜 봐도 여자들이 따르기에는 좀 뭐할 것 같은데, 그런데 어떤 여자가 이런 껄렁하고 날나리 같은 친구에게… 참으로 알 수가 없었다.

"그래? 그래서 그 다음에는."

"그래서 돌아다니며 이야기하다가 집에 놀러가도 되느냐고 하니까…."

"그래서."

"그러자 하더라고요."

"…."

"그래서 집까지 걸어가는데(40분 거리), 걸어가면서 키스를 아주 진하게 하며 가는데 집까지 가는 동안 계속 '쭉쭉!' 소리를 내며 가는데 나한테 완전히 훅 빠져서 계속 쭉쭉이죠 뭐."

세상에 뭐 이런 자랑도 다 있나 싶었다.

"집에 갈 때까지 계속 키스를 하면서 갔단 말이야?"

"쭉쭉! 쭉쭉! 빨면서 가는데 아주 끝내주데요."

아이구, 골때리는 친구로구만. 이 친구 아직 학생 신분인데 어떻게 이런 야한 표현을 막 하나 싶었다. 아무리 같은 남자끼리 대화라지만… 그때 궁금한 게 생각나 물어본다.

"얼굴은 이뻐?"

질문을 하면서도 그 다음 어떤 대답이 돌아올지 궁금하였다.

"어디 돼지 얼굴 보고 잡아먹나요… 안 그래요?"

어이쿠! 물어본 내가 다시 뒤통수를 한 대 얻어맞는 기분이었다.

"얼굴이야 가리면 되잖아요. 흠흠!"

아주 자연스럽게 능청스럽게 대답하는데 더 이상 할 말을 잊는다. 세상에 뭐 이 따위 친구가 다 있담.

한번은 여자 친구 집엘 갔는데 할아버지(같은 한국계) 되시는 분이 자기를 싫어하는 눈치더라고 푸념하였다. 하긴 이렇게 껄렁거리는 행동을 하는데 누가 좋아하겠는가 싶었다. 이 친구 심심하면 걸어가다가도 한쪽 코를 틀어막고 시내 거리에서 코를 막 풀어젖히곤 하는데 누가 좋아하겠는

가. 나부터가 너무 불결하게 보이는데….

다음 날 오후 엘레나와 같이 찍은 사진을 찾아서 어머니가 계신 병원으로 갔다. 사진을 보여주니 잘 나왔는지 다들 아주 좋아하였다. 20년간 사진을 찍어왔는데, 그동안 사진 공부한 보람이 있었다.

거기서 한참 있다가 숙소로 돌아오니 샤샤가 보였다. 방으로 같이 들어가 이야기를 좀 나누다 엘레나와 찍은 사진들을 보여주니,

"최지호씨에게 미스터 리 사진 보여주면 죽어요."

하는 게 아닌가.

"죽다니요?"

"미스터 최는 4년 여기 있었어도 예쁜 여자 하나 못 사귀었는데, 미스터 리는 일주일도 안 돼 아주 아름다운 미인을 사귀었으니 기가 죽을 수밖에 더 있습니까?"

난 또 무슨 말이라고….

"하하하!"

웃음이 절로 나왔다. 그날 밤은 새벽 3시까지 러시아어를 공부하였다. 샤샤가 녹초가 되어 나간다.

11. 한국인 웅담(熊膽) 장사꾼의 유혹

한국인 사업가의 집에 방문했을 때이다. K씨는 하바롭스크에 10년 가까이 살고 있었다. 이분도 일종의 중개무역 같은 걸 하고 있었는데, 가끔 가이드일도 하고 있다고 하였다. 한국에서 주문을 받아 부쳐주기만 하면 되는 간단한 일이라고 하였다. 식사 후 차를 한잔 내어왔다.

"어때요, 지낼 만해요?"

"예, 괜찮아요."

"이곳에는 생산하는 게 별로 없어서 여러 가지로 불편할 텐데요."

"저야 잠깐 지나가는 사람이니까 상관없지만, 이곳에서 살려면 많이 불편하셨을 것 같은데…."

"다 감수하며 살아야죠."

"돈벌이는 어때요?"

"큰돈은 못 모아도 괜찮아요."

방 한켠에 눈에 뜨이는 게 있어 물어본다.

"저것들은 뭐예요?"

"저 조그만 거 말이죠? 동물 쓸개들입니다."

"쓸개요?"

"예, 웅담이라고 들어봤나요?"

"웅담이라면 그 비싸다는 곰의 쓸개 아닙니까?"

"맞습니다. 저기 있는 것들이 웅담입니다."

"아니, 진짜 웅담이란 말입니까?"

"예, 전부 진짜입니다."

전부터 곰의 개체수가 세계에서 가장 많은 나라가 러시아라 들었는데, 오늘 처음으로 그것들을 보게 된 것이다.

러시아 여행이 끝나고 몇 년 후 서울에서 좀 떨어진 한강변 덕소란 곳에 살고 있는 6촌 누님 집에 갔다가 자형 되는 분이 캐나다 갔을 때 가져온 진짜 웅담이라며 보여주었다. 전체 덩어리가 아니고 조금 잘라놓은 걸 맛보는데, "크!" 쓰디쓴 그 비명소리가 목구멍에서 맴돌았는데, 그 뒤로는 곰의 쓸개란 말만 들어도 알레르기 반응을 일으킬 정도였다.

"야… 이것들이 전부 웅담이란 말이지요?"

"전부는 아닙니다."

"그럼 다른 것도?"

"사향, 멧돼지, 사슴 등도 있어요."

"그래요. 그런데 제 눈에는 다 그게 그걸로 보이는데요."

"하하! 얼른 봐서는 구분이 잘 안 갈 겁니다."

내 눈엔 그저 하찮은 흔한 동물의 말린 엄동쯤으로밖엔 안 보였다.

"이 귀하고 비싼 것들을 어떻게 이렇게 많이…"

"저 안에 또 있어요."

"그럼 부자겠네요?"

"부자는요."

"이걸 다 어디다 파나요?"

"주로는 일본, 홍콩, 중국 쪽에 팔고 일부는 한국에도 팔아요."

그때 전에 강원도 산골에 살고 있는 친구들과 대화를 나눈 게 생각나 물어본다.

"그런데 이게 진짜 곰 웅담이란 걸 일반 고객들이 감정할 수 있나요?"

"그게 힘든 일이죠."

그러더니 벽면 한쪽에서 사진을 꺼내와서 보여주었다. 곰 사냥을 한 것이었는데 곰을 잡은 뒤 금방 간을 뺐는지 손에는 시뻘건 피가 흘러내리는 곰 쓸개와 죽어 널브러진 곰의 사체와 함께 찍은 사진이었다. 전문가들은 몰라도 일반인들에게는 이런 방법이 효과가 있다고 생각하는 것 같았다. 그리고는 나보고도 이런 것을 취급해볼 생각이 없느냐고 물었다. 물건은 충분히 밀어줄 수 있다고 하였다. 다른 나라는 몰라도 이곳에서는 흔한 게 곰이라고 하였다. 궁금한 게 있어 물어본다.

"세관 통과할 때 괜찮나요?"

"한두 개 정도는 그냥 가져갈 수도 있어요. 그리고 이것에 대해 아는 사람은 어쩌다 있는 정도고 잘 모르는 경우가 많아요. 그러니까 해먹기가 쉽지요."

"그래도 재수가 없어 걸리면요?"

"문제삼는 세관원이 있으면 따로 보자고 한 다음 달러 지폐나 한 장 찔러주면 끝이에요."

당시 미화 100달러면 일반 공무원들 월급 몇 달치에 해당하는 큰돈이었다.

"그래도 만약에…"

"만약에 진짜 문제가 된다면 여기 아는 공산당 고위 간부들, 경찰, 그리고 마피아들까지 동원하면 문제없어요."

그러면서 한국 가져가면 돈이 될 거라고 하였다. 다른 사람들은 몰라도 나같이 외국을 뻔질나게 출입하는 입장에서는 한두 개 선물용이라면 모를까, 돈 몇 푼 벌기 위해 모험을 할 순 없었다. 내가 먹을 떡이 아닌 것은 쳐다보지도 말아야 한다. 그리고 일본에서 그동안 장사해서 모은 돈만 해도 아파트 한 채를 사고, 또 몇 년간 세계를 돌아다닐 수 있는데… 욕심은 금물이다.

까레이스키 2세 친구(하바롭스크 대학)

6부

태국

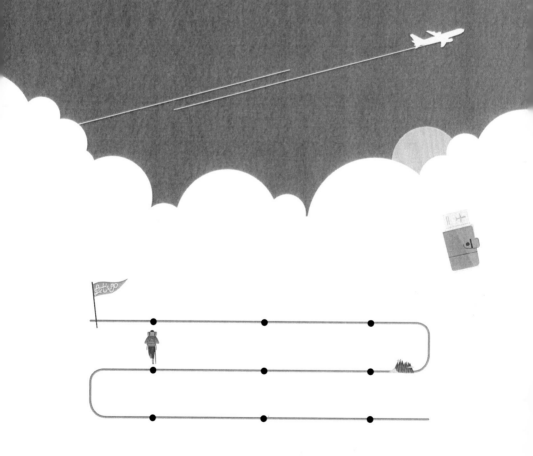

1991. 10. 19.

다시 방콕 공항에 내리니 감회가 새로웠다. 꼭 1년 5개월만의 재방문이었다. 그동안 많은 나라들을 다녔지만 이곳이 특히 기억에 남은 것은 첫 외국여행 방문지였기 때문일 것이다. 첫 외국여행으로 태국, 말레이시아, 싱가포르 3개국을 3개월 동안 돌아다녔는데 외국어도 너무 못할 때라 실수도 많았고, 빈약한 정보로 고생도 많이 했었다. 지금은 다양하고 많은 정보 책자들이 나와 있지만 내가 처음 외국여행을 나설 때만 해도(1989년) 해외여행 자유화가 시행된(1988년) 다음 해 시점이라 모든 주위 여건이 지금처럼 좋지 못한 시기였던 것이다.

처음 태국에 들어왔을 때 느낀 건 얼굴색이 다른 사람들, 보는 모든 것이 처음이라 신기하게만 다가왔었는데 심지어 길거리에서 보는 고양이, 피부병 걸린 많은 개들도 그렇게 보였던 것이다.

공항을 빠져나와 택시를 타고 방람푸 쪽에 있는 카오산(Khaosan Road) 거리로 간다. 이곳은 전 세계의 젊은 여행자들이 많이 모이는 곳으로 유명한 곳이다.

카오산 거리의 한 숙소에 여장을 푼다. 1박에 40바트(1,000원), 짐 보관료 하루 5바트(130원). 태국에 와서 그동안 자본 곳 중 가장 싼 곳이었다.

방콕 시내를 관통하는 차오프라야강과 불교사원

도미토리에 묵는데 7평 남짓한 크기의 마룻바닥에 하얀 시트만 7개가 놓여 있었다. 시트도 자주 빨지 않는지 깨끗하지 않았다.

1991. 10. 20.

아침에 일어나니까 내 잠자리에 벌레가 대여섯 마리 기어다니고 있었다.

시외버스터미널로 가서 파타야로 가는 버스를 탄다. 두어 시간 달려 파타야 해변에 도착하였다. 싼 숙소를 구하기 위해 세 시간이나 헤매다 '그릴 호텔'이란 곳에 여장을 푼다(350바트).

올해(1991년) 태국에 군사쿠데타가 일어났는데 군부 지도자가 "외국인은 섹스를 하려면 다른 나라로 가라"고 말하면서 섹스 연관 산업을 금지시키겠다고 공언한 바 있는데, 필자는 태국의 국가 경제 사정상 과연 그것이 가능할까 의아심을 가지고 있었는데 이번에 태국에 들어와 여러 외국인 여행자들을 통해 물어보니 일부만 단속을 하고 거의 유명무실한 상태라고 하였다.

저녁식사 후 숙소에서 나와 해변에서 가까운 골목을 지나가는데, 그곳에는 열댓 명의 젊은 여성들이 화려한 옷을 입고 지나가는 관광객들에게 인사를 건네고는 교태를 부리며 유혹을 하고 있었는데 자세히 보니 여장남자인 게이들이었다. 늘씬하고 풍만한 몸매들은 웬만한 여성들보다 더욱 세련되고 예쁜 그런 타입들이었는데 일부는 성전환을 한 지 얼마 안 되어 그런지 남성의 목소리 그대로였다. 어이구! 이놈들. 꼭 난장판 세상 같았다.

한 레스토랑 입구 쪽에 있는 늘씬한 여성에게

"유, 호모, 게이?"

하고 물으니 몸을 비비 꼬면서 교태를 부린다. 늘씬한 각선미를 자랑하려는지 갑자기 치마를 위로 올렸다 내리는데,

"윽!"

그만 못 볼 것을 보았던 것이다. 노팬티 그대로였다. 어이구, 여자도 아닌 남자놈이 여자 몸을 해서는….

이번에는 큰길을 지나가는데 큰 레스토랑 비슷한 곳에서 가설 링을 한가운데 설치해놓고 타이 킥복싱을 하고 있었다. 실내의 탁자 주위에는 남녀 관광객들이 많았는데 여기도 필리핀 마비니 거리처럼 여자들이 관광객들을 상대로 유혹을 하곤 하였다. 한 여행객에게 물어보니 이곳에도 게이, 호모들이 많이 있다고 귀띔해주었다.

해변 중간 길에 있는 큰 레스토랑에서는 관광객들을 상대로 쇼를 하고 있었는데, 웃통을 벗은 여성 아닌 여성들이 나와 음악에 맞춰 캉캉춤을 추었다. 격렬한 춤을 끝낸 후 무대 아래로 내려와 관광객들에게 자신의 가슴을 만져보라고 하는 게 아닌가. 대부분의 관광객들은 진짜 여성이 아닌 걸 아는지 누구도 선뜻 응하질 않는다. 속에서 "웩, 웩!" 트림이 올라오

는 것만 같았다.

　해변에서 가까운 고고클럽에 들어가 구경을 하는데 실내는 온통 외국인 관광객들로 붐볐다. 스테이지에서 춤이 끝난 후 무대 앞으로 나와 한 서양인 관광객에게 브래지어를 벗어주니 그 관광객은 사람들이 보거나 말거나 대담하게 입으로 키스를 한다. 곧이어 여자가 팬티를 벗어주니 머뭇거리다가는 하질 않았다. 사람들이 쳐다보는데 그럴 강심장은 없을 것이다. 나와 눈길이 마주쳤는데 멋쩍어할 것 같아서 엄지손가락을 치켜세워 주니 어깨를 으쓱 댄다.

　'젠장 끝까지 한번 가보지…'

해변 옆 도로를 따라 걸어가는데 20~30대 남자들이 옆으로 오더니

"여자 좋아하느냐?"

"이쁜 여자 필요하냐?"

하며 사진까지 대여섯 장 보여주었다. 사진속의 얼굴 모습들은 주로 못
난 얼굴들이었다. 한 삼십대는 자기 코로 "흠흠"대며 마약 사지 않겠느냐
고 제안해왔다. 여러 사람이 제안해왔는데 당국에서는 마약 단속을 한다
지만 실상은 그 반대인 것 같았다.

1991. 10. 21.

다시 방콕으로 돌아와서 저녁에 가까운 방람푸 쪽에 있는 시장에 가서
백화점 건물 안에 있는 식당가를 우선 찾는다. 이곳의 여러 군데를 돌아
다니며 뷔페식 음식들을 맛보는데 아주 먹을 만하였다. 한국사람들에게
는 일본, 중국 다음으로는 입맛이 가장 맞는 것 같았다.

9시경 시내를 돌아다니다 서울에 있을 때 같은 여행자 동호인 모임에서
활동했던 신대영씨를 만났다. 홍콩에서도 만났는데 이곳 태국에서 또 만
난 것이다. 참으로 쉽지 않은 만남이었다.

카오산 거리에서 만약을 대비해 가짜 학생증을 구입한다(130바트). 그리
고 가까운 곳에서 카세트테이프를 구입하기 위해 구경하고 있는데 갑자
기 "부릉!" 하는 커다란 굉음과 동시에 "우당탕!" 하며 뭔가가 내 바로 옆
을 지나쳤다. 그쪽을 바라보니 승용차가 트위스트 춤을 추며 길 옆에 있
는 노점상들의 좌판대와, 큰 쓰레기통 등을 닥치는 대로 들이받고, 사람
들이 북적대는 좁은 길거리에서 헤매는 소동이 일어난 것이다. 어떤 미친
놈이 저 따위로 트위스트 곡예운전을 한단 말인가? 사람들은 갑자기 돌

진하는 승용차를 피하기 위해 혼비백산(魂飛魄散)하여 이리저리 피하느라 정신들이 없었다.

잠시 후에 50m 떨어진 도로가에 있는 차를 들이받고서야 멈추었다. 사람들이 우르르 몰려들었다. 차에서 내리는 사람은 까무잡잡한 피부의 20대 초반쯤 돼 보이는 여성이었다. 부근의 한 가게에서 장사하는 사람의 가족이라고 하였는데 운전을 아직 못하는 사람이 호기심에 운전대를 잡았다가 큰 인명사고를 낼 뻔하였던 것이다. 자신도 놀랐는지 얼굴이 새파래져서는, 땅바닥에 주저앉아 이내 소리 내며 울었다. 이를 지켜보고 있던 사람들은 어이 없어 혀들을 찼다. 무슨 007 영화 속 한 장면을 보는 것 같았다.

1991. 10. 22.

다음 날 이집트, 그리스 비행편 예약을 위해 카오산 거리에 있는 한 여행사로 가서 항공티켓을 발급받기 위해 기다렸지만 제시간에 오질 않아 몇 번이나 약속을 하였는데 진행이 안 되었다. 거기다 내일은 푸미폰 국왕의 탄신일이라 업무가 일찍 끝난다고 하였다. 그때 누군가 치앙마이행 버스가 있다고 하길래 마침 잘됐다 싶어 치앙마이로 가기로 한다. 원래는 푸켓으로 갈 계획이었는데…. 급히 숙소로 돌아가 짐을 챙겨나와 치앙마이행 버스에 올라탄다. 하루 한 번밖에 없는 차를 놓치지 않기 위해 바삐 움직이느라 온몸이 땀으로 젖었다. 저녁 7시 20분 출발.

1991. 10. 23.

아침 7시 40분 도착. 12시간 20분 걸리는 장거리였다. 그곳에 도착하니 각 게스트하우스에서 나와 대기하고 있던 사람들이 여행객들과 흥정들을 하였다. 나도 1박에 40바트(1,200원)짜리 게스트하우스로 결정한다.

7. 하룻밤 신세, 히치하이크 모두 실패

오후에 시골 인심도 좀 볼 겸 치앙마이에서 몇 시간 떨어진 외곽 산간 벽지 지역까지 간다. '리'라는 지명의 동네에 도착해 한 집의 주인에게(40대 주부) 손짓, 발짓으로 하룻밤 신세질 것을 부탁하지만 별 소득이 없었다. 도로에서 히치하이크도 해보지만 90분 동안 허탕만 친다. 해가 넘어가기 전에 그곳을 빠져나와 치앙마이의 숙소로 돌아온다.

1991. 10. 24.

오후 늦게 숙소 부근 한 레스토랑에서 미국에서 왔다는 여성을 만난다 (20대 후반). 이 친구는 본인이 다니는 학교에서 연구차 다른 연구원들 10명과 함께 이곳에 파견되어 나왔다는데, 연구 주제는 매춘에 관한 것이라고 하였다.

태국 북부 치앙마이의 산간지대 전통가옥과 원주민. 현재도 문명을 뒤로하고 반 원시생활을 하면서 지낸다

결혼도 안 한 처녀가 하필 그런 임무를 수행하고 있다니 좀 의아했다. 같이 이야기를 나누고 있는데 한 친구가 왔다. 흑인인 그녀도 미국에서 같은 임무를 띠고 치앙마이에 왔다고 하였다. 내가 한국인이란 것을 알고는 "안녕하세요, 또 만났군요."

하며 한국어 노래(장미화 노래)를 부르는 게 아닌가. 미국에 있을 때에 한국인 친구에게서 조금 배웠다고 하는데 아주 반갑게 대해주었다. 그리고는 모르는 부분을 좀 가르쳐달라고 해 즉석에서 가르쳐주는데 나도 곡이 다 기억이 안 나 조금만 가르쳐준다.

1991. 10. 25.

오토바이를 개조한 태국의 명물 '뚝뚝'을 대절해서 치앙마이 외곽 산악 일대에 살고 있는 매오족, 아카족, 리수족 등 소수민족 마을들을 돌아다닌다. 코끼리 일터란 곳도 둘러본다. 외국인이라고 요금을 두어 배는 비싸게 불렀다. 그래도 한국에 비하면 싼 요금이라 그냥 감수한다. 소수민족 마을을 찾아다니다가 산중에서 '뚝뚝'이 고장났다. 그래도 운전수는 짜증 안 내고 웃으며 임하는데 아마도 남방의 낙천적인 기질 때문인 것 같았다.

다음 여행 목적지인 그리스, 이집트로 빨리 출국하기 위해서는 방콕의 여행사에서 항공권을 먼저 해결해야 하기 때문에 방콕행 나이트버스를 탄다.

"아이구 무서워!" 카메라를 들이대니 혼을 뺏길까봐 얼른 수건으로 눈을 가리는 아이들. 문명과 동떨어진 생활을 하고 있는 게 신기하기만 하였다

1991. 10. 26.

카오산 거리에 있는 여행사에서 그리스, 이집트행 항공권을 구입한다. 19,800바트(약 60만 원). 시간 여유가 있어 코끼리 쇼를 보기 위해 '로즈가든'으로 갔다. 전에 왔을 때 재밌게 보았던 코끼리 전쟁과, 코끼리 축구경기 프로그램이 없어져 좀 맥이 빠지는 기분이었다.

1991. 12. 10.

그리스, 이스라엘, 이집트 일대를 여행하고 카이로발 비행기를 타고 다시 방콕으로 돌아온다. 공항에 도착하니 새벽 2시였다. 차비를 아끼기 위해 카오산 거리까지 택시로 보통 200~300바트(9,000원) 나오는데 같은 방향으로 가는 유럽인 남녀 여행객들을 어렵게 만나 같이 합승해 간다. 각자 70바트씩 낸다.

카오산 거리에 도착해 숙소를 알아보는데 빈방이 거의 없다고 하였다. 길 건너편까지 가서 알아보지만 모조리 "풀!"이라고 하였다. 그렇게 새벽의 거리를 돌아다니다 겨우 한 숙소를 어렵게 잡아 잠자리에 드니 새벽 5시였다.

잠든 것도 잠깐, 시끄러운 소리에 일어나니 11시였다. 이집트와의 시차 때문인지 눈이 좀 충혈되어 있었다.

1991. 12. 11.

오후에 거리를 지나다 홍콩에서 만났던 한국인 학생을 다시 만난다(27세, 외국어대 불어과). 한 레스토랑에서 음료수를 마시며 같이 이야길 나누는데, 카오산 거리의 한 한국인을 조심하라고 하였다. 무슨 영문인지 몰랐는데 그 한국사람은 이곳 일대에서는 '김치 아저씨'라 불리는 30대 중반의 남자인데 평소 태극기가 크게 그려진 런닝셔츠를 입고 거리를 활보하고 다닌다고 하였다. 한국인 여행자들이 처음 보게 되면 무슨 애국자같이 보게 되는데, 처음에는 친절하게 대해주다가 적당한 시기를 봐서 상대의 돈을 갈취하는 수법을 쓰곤 하는 그런 사람이라고 하였다. 나도 그 뒤로 몇 번 보게 되었지만 좀 꾀죄죄한 모습에 덩치도 자그만 그런 모습이었는데, 한국인 망신 다 시키는 소액 전문 갈취범(?)이었다. 커다란 태극마크가 새겨진 옷이나 좀 벗고 다니지….

내가 내일 이곳 방콕 길거리에서 장사를 한번 해보려고 한다니까 자기도 같이 따라가도 되겠냐고 해 그렇게 하기로 한다.

새벽이면 거리에서 매일 볼 수 있는 맨발의 탁발승과 왕궁

6. 난생 처음 해보는 길거리 장사

1991. 12. 12.

오후 3시경 한국인 대학생과 다시 만나 장사를 하기 위해 왕궁 부근에서(새벽 사원) 가까운 거리로 같이 가게 된다. 국내에서도 장사를 해본 경험이 없었는데 외국에 나와 먼저 시도해보는 것이었다. 오래 전부터 꼭 한번 해보고 싶었으나 마음만 앞섰지 실천을 못 했었는데 이번 기회에 일단 한번 부딪쳐보기로 한 것이다. 물건은 한국에서 갖고 온 장신구와 다른 나라들을 돌아다니며 구입한 것들이었다.

그래도 둘이 앉아 그동안 있었던 여행지에서의 이야기라도 나누면서 같이 있으니까 든든하였다. 세 시간 동안 2개를 판다(140바트, 5,200원). 전문 장사꾼이 아니라 그런지 그래도 그게 어디냐고 서로 좋아하였다.

장사를 끝낸 후 외대생과 같이 방콕의 중심가인 실롬로드 쪽에 있는 한국 식당으로 간다. 한 끼 380바트(11,000원, 2015년 기준 8만 원 상당)짜리 정식이었는데 비싸긴 했지만 그래도 불고기에다 반찬이 13가지나 나와 오랜만에 포식들을 한다. 후식으로 맥주도 한잔들 했다.

식당 주인과 우리 옆자리에 있는 분과 같이 이야기를 나누는데 이곳 현지 한국대사관의 대사와 친구 사이라고 하였다(연합통신 관계자). 그 당시 임모씨가 전대협 대표로 북한엘 들어갔는데 식당 주인이 듣기 민망할 정도로 아주 외설적으로 비판을 하였다. 문익환 목사도 싸잡아 비판하였는데, 며칠 전 입북한 문선명 목사에 대해서도 마찬가지였다. 그분의 말로는 이러다간 우리가 언제 북에 당할지도 모른다는 논지였다. 전두환 사단장 시절 밑에서 유격대장 직위로 근무했었다는데, 전두환 당시 대통령을 육두문자를 써가며 욕하였다.

식사 후 식당주인이 우리들을 자기 차로 태워준다고 하였다. 그래서 차

를 탔는데 길거리를 지나가는 남녀를 보고는

"저년, 오입장이야. 저년 발 걷는 폼 보라구."

이 아저씨 좀 다혈질 성격이었는데 그래도 그렇지 우리와는 오늘 처음
만난 사인데 너무 노골적으로 표현해 버리니까 듣기가 좀 불편하였다.

수상시장에서 만난 미국인, 현재 현역 미식축구선수이다

진짜 대형 뱀이… 으스스하다

7. 일본인 류이찌를 만나 같이 장사하러 가기로

다시 카오산로드로 와서 레스토랑에서 쉬고 있는데 그곳에서 일본 나고야에서 왔다는 대학생을 만난다. 이름은 류이찌(나고야대학 의과 재학 중, 현재 개업의로 활동 중). 이 친구와 이야기를 나누다가 자기도 내일 장사 가는데 같이 따라가고 싶다고 해 그렇게 하기로 한다.

나와 외대생과 류이찌 셋이 실롬로드에 있는 유흥가 '팟퐁'으로 가 셋이서 술들이 고주망태가 되어 이상야릇한 곳들을 헤집고 다닌다. 글로 옮기기도 좀 뭣할 정도였지만 셋은 그래도 아주 즐겁게 방콕의 깊어가는 밤을 만끽하였다.

1991. 12. 13.

이튿날 나와 외대생, 그리고 일본인 학생과 같이 왕궁 건너 어저께 갔던 같은 장소를 향해 간다. 팔 수 있는 잡동사니들은 다 동원해 가지고 간다. 이집트에서 산 가방, 흙조각(토용), 그리스에서 구입한 슬리핑백도 가지고 간다. 일본인 친구는 손수건까지 동원하였다.

생전 처음 해보는 장사 그것도 외국 길거리에서… 같이 장사에 참여한 일본인 친구 류이찌
(당시 대학생, 현재 나고야에서 개업의로 활동)

11시경 그곳에 도착하였는데, 셋이서 앉자마자 짐도 채 풀기 전에 사람들이 모여들었다. 15분 만에 류이찌가 벌써 첫 개시를 하였다. 수건 30바트(900원), 내가 판 건 아니지만 기분이 괜찮았다. 20분이 채 못 되어 다시 류이찌가 20바트에 다시 판다. 드디어 나에게도 첫 개시 기회가 왔다. 200바트(6,000원, 2015년 기준 45,000원 상당)짜리였다. 태국 아줌마들의 눈치 싸움이 대단하였다. 두 분이 300바트짜리 팔찌를 200바트에 하기로 했는데 두 분 다 요구했지만 같은 물건이 없어 한 손님은 결국 놓쳐버리고 만다. 너무 아쉬웠다. 손님이 가신 뒤에 다시 찾아보니 같은 팔찌가 가방 속에 있는 게 아닌가.

　속상해하고 있는데 다른 아줌마 한 분이 와서 조금 전 팔았던 팔찌를 달라고 하였다. 300바트를 부르니까 아까 아줌마는 200바트에 주었으면서 자기는 왜 300바트 받느냐고 하는데 같은 물건이 더 없어 그냥 배짱으로 안 팔았더니 세 번을 찾아와 요구하는 통에 할 수 없이 200바트에 팔아버린다. 사람 심리가 묘해서 웬만한 사람 같으면 다시 안 올 만도 한데 기어코 사겠다고 오는 건 또 뭔가 싶었다.

잠시 후 누군가 갑자기 뭐라고 소리쳤다. 태국어를 몰라 무슨 일인지 파악하지 못하고 있는데 누군가,

"폴리스!"

하는 게 아닌가. 옆에 있던 상인들은 장사하다 말고 피하느라 바빴다. 우리 일행은 마지막에 천천히 피하려니까 현지 상인이 손목에 수갑 채우는 흉내를 내며 빨리 피하라고 재촉하였다. 단속 경험이 없던 우리는 짐을 늦게 싸고 있는데 어느새 경찰들이 도착하였다. 우리도 어찌할 바를 몰라 하고 있는데 누군가,

"까올리. 까올리!"

하는 게 아닌가. 까올리는 한국사람을 말하는 것이었는데, 일행들은 피하지도 않고 그냥 경찰들 얼굴만 바라보며 눈인사를 하니까, 단속 경찰관

들도 외국인인 줄 알고 좀 보다가는 그냥 가버린다. 미니버스에 탄 경찰관들도 우리를 보고는 그냥 가버린다. 하긴 말도 안 통하는 우릴 잡아가 봐야 뭐 별수 있겠나 하는 생각이 들었다.

11시부터 2시까지 장사를 해 올린 매상이 450바트(13,500원)였다. 얼마 안 되었지만 물가가 싼 태국을 여행하는 데는 도움이 되는 금액이었다.

길거리 장사(카오산 거리)

1991. 12. 14.

다음 날도 일본인 친구와 함께 어저께와 같은 장소로 간다. 오늘따라 날씨가 너무 더웠다. 날씨 탓인지 가격을 대폭 내렸는데 잘 나가지를 않았다. 오늘밤 치앙마이로 가려면 짐을 좀 줄여야 했다. 조그만 구멍이 뚫린 슬리핑백을 400바트 불렀다가 빨리 처분하기 위해 150바트에 낙찰한다. 이집트산 망토는 200바트(어저껜 400바트) 불렀으나 바로 뒤쪽에서 장사하시는 아주머니께서 갖고 싶어 해 50바트에 낙찰한다.

그렇게 세 시간 동안 장사를 해 330바트 매상을 올린다. 그렇게 구경 안 다니고 길거리에서 장사를 하니 새로운 경험도 얻게 되어 좋은 것 같았다. 일본인 친구에게 내가 팔던 팔찌를 한 개 선물하니 아주 좋아하였다. 숙소로 돌아가서 짐을 찾고 좀 쉬었다가 치앙마이로 가기 위해 만남 장소로 간다.

1991. 12. 15.

야간버스로 11시간 30분을 달려 치앙마이에 도착하였다. 지난번 왔을 때 처럼 실수 안 하려고 대기하고 있던 미니버스들 중 일단 아무거나 탄다.

'나이트바자'에서 도보로 15분 거리에 있는 'Sri Guest House'에 든다. 현지인이 아닌 외국인이 운영하는 곳이었다. 방콕에서 오는 길에 만난 독일인과 같은 방을 반씩 부담해 묵기로 한 것이다(50바트씩 1,500원).

11시경 장사할 만한 곳을 물색하기 위해 돌아다니다가 방콕에서 같이 장사했던 일본인 친구 류이찌를 다시 만난다. 서로 반가워하였다. 그리고 있다가 다시 만나 '나이바자' 부근에 적당한 곳을 찾아 같이 장사를 한다. 말동무가 생기니 심심하지 않고 좋았다. 류이찌에게 팔아서 용돈 하라고 팔찌 두 개를 그냥 주니 아주 좋아하였다. 우리는 죽이 잘 맞는 것 같았다.

처음엔 텃세를 부리던 현지인들도 시간이 지나니 아주 협조적으로 잘 대해주었다. 기분으로 조그만 선물들을 주니까 대부분 하나씩 사주었다. 어떤 사람은 선물도 갖다 주고, 먹을 것도 갖다 주고, 그리고 좋은 자리도 가르쳐주었다.

"까올리. 까올리!"

하며 협조들을 잘 해주니까 힘이 나서 장사가 더 잘되는 것 같았다. 어떤 아주머니는 나보고 어떤 아가씨가 날 보고 "핸섬"하다고 하더란다. 어쨌든 고마웠다. 이제 옆을 지나가면 모두들 아는 체하였다. 아주 그만이었다.

남방 여성과 왕궁 앞에서

밤늦게 일본인 친구 류이찌와 강변 쪽 빌딩 지하에 있는 나이트클럽엘 놀러간다. 클럽 안은 많은 외국인들로 북적였다. 류이찌와 그들 속에 파묻혀 놀다가 테이블로 돌아와 쉬고 있는데 젊은 태국여성 둘이 다가왔다. 첫눈에 여장남자(女裝男子)란 걸 알아볼 수 있었다. 나는 짐짓 모른 체한다. 괜한 수작을 부리는데 일본인 친구는 술이 좀 올라와서 그런지 그들을 진짜 여성으로만 알고 있는 듯하였다. 좀 있다 여성 아닌 여성들과 클럽에서 같이 나온다. 나는 숙소에 있을 때 나이트클럽엘 가면 여장남자들을 조심해야 된다는걸 들었었다. 특히 마실 것을 주면 주의해야 한다는 것도.

짓궂게도 일본인 친구를 한번 골려주고 싶어 계속 모른 체하고 자연스럽게 행동한다. 여장남자놈들은 교태까지 부리었는데 류이찌는 그저 즐거울 뿐이었다. 좀 있다 내일 만나기로 하고 서로 짝들을(?) 데리고 헤어진다. 류이찌는 뭐가 그리 좋은지 싱글벙글이었다. 그 인상이 얼마나 갈까? 궁금하였다.

서로 헤어져 길을 가는데 아니나다를까, 나와 같이 길을 걷던 여장남자놈이 예의 마실 것을 주는 게 아닌가. 너무나 친절하였다. 그것을 받아들고는 나는 별로 목이 마르지 않으니 네가 먼저 좀 마셔보라고 하였다. 그랬더니 한사코 손사래를 치며 사양을 한다. 나도 지지 않고 네가 반만 마시면 나도 마시겠다고 해도 요지부동이었다. 내가 "너 남자지?"라고 하니까 "아임 레이디"라고 대답하였다. 세상에 어떤 여자가 "나는 여자이다"라고 스스로 강조하는 경우가 있단 말인가. 그래서 내가 "너 지금 당장 안 꺼지면 이 주먹으로 한 대 까겠다" 하고 으름장을 놓으니까 그제서야 꼬리를 내리고 어두운 골목 속으로 사라져 간다.

1991. 12. 16.

12시쯤 숙소에서 나와 '나이바자'에서 좀 떨어진 강변 인근에 있는 시장 쪽으로 간다. 그곳의 도로변 한쪽에서 혼자서 장사를 한다. 이 부근에서 450바트(13,500원)어치를 팔았다. 이 돈이면 이곳에서 3일 정도 생활할 수 있는 금액이었다. 이탈리아에서 왔다는 한 친구는 시원한 맥주까지 사가지고 와 나를 응원한다. 자기도 언젠가 이런 장사를 하고 싶다며… 이 친구와 같이 앉아 그동안 다녔던 여행 이야기를 하니 시간 가는 줄 모른다.

오후 5시경 일본인 친구를 만나러 그의 숙소로 간다. 내가 묵고 있는 숙소와는 그리 멀지 않은 곳에 있었다.

치앙마이 트레킹 중 일행들과

짐짓 모른 체하고 어저께 일을 물어본다.

"어저께 아주 재밌었지?"

"어휴! 말도 마, 아주 혼났어."

"아니, 왜? 아주 이쁜 여자였는데…."

"리상, 세상에 태어나 이렇게 혼나긴 처음이야."

"그게 무슨 말이야?"

"그러니까… 재미 좀 보려고 하니까… 어휴! 글쎄 여자가 아니잖아, 우웩!"

"하하하! 아니, 여자가 아니라니…? 여자가 아니면 귀신이었단 말이야?"

"아이구!"

8시경 일본 친구와 함께 '나이마켓' 쪽으로 다시 간다. 주위 상인들도 이제 손을 흔들며 친한 사이처럼 대해주었다. 도로변 한쪽에 빈자리가 보여 일단 자리를 잡는다. 앉자마자 한 현지인 아주머니가 내 앞에 털썩 주저앉더니 값만 묻고선 물건을 안 산다. 그리고는 갈 생각도 않고 계속 이것저것 묻기만 하였다. 좀 귀찮았지만 그 통에 사람들이 몰려들어 장사에 도움을 주었다. 일종의 바람잡이 역할을 해준 셈이었다. 2시간 동안 1,200바트(2015년 기준 28만 원 상당)어치를 팔았다. 태국 들어와 짧은 시간에 가장 많은 매상

영국인 커플(런던, 내년 결혼 예정). 트레킹을 함께 갔는데 산행 중에도 연방 키스를 하며 애정을 표시하곤 하였다

을 올린 것이다. 손님들이 계속 그치지 않고 모여들어 모처럼 들떠 있는데 기존 상인이 리어카를 끌고 왔길래 자리를 옮길 수밖에 없었다.

가까운 곳에 있는 야외 가설극장 입구 쪽에 자리를 잡고 앉자마자 옆자리에서 장사하던 한 아가씨에게 조그만 선물을 준다. 그 다음에 자리문제는 만사 오케이였다. 그 부근에서 장사하던 사람들도 나를 보더니 우르르 몰려든다. 덕분에 이곳에서도 손님들이 꼬여 성업(?)을 하게 된다. 한 아가씨가 물건 분실 조심하라고 일러주었다. 사람들이 몰려들어 정신이 없어 관리하기도 힘들어 거의 포기한다. 믿고 장사할 수밖에…. 처음엔 이곳에 도착할 때 현지 상인들에게 싸게 물건을 넘겨버릴까도 생각했었는데, 직접 장사해서 파는 게 훨씬 잘된 셈이었다.

주위의 상인들도 가끔 도와주는데 고마웠다. 어젯밤 나이트클럽에서 만난 현지인 상발 친구들, 숙소에서 만난 독일인 주인, 그리고 베를린에서 왔다는 내 룸메이트, 이집트와 이스라엘 등지에서 만난 친구들까지 내 좌판 옆에 앉아서 나를 응원해주었다. 그러니 장사가 더 잘될 수밖에… 주위 상인들은 손님이 없어 한산한데 나한테만 유독 사람이 몰려드니 한편으론 미안하였다.

오늘 하루 매상이 3,400바트(105,000원, 2015년 기준 약 80만 원 상당)였다. 태국 일반 직장인들 몇 달치 월급에 해당하는 수입이었다. 그야말로 끝내주는 하루였다. 이렇게 며칠만 벌면 중국(수교 전) 여행할 경비는 무난히 해결할 것 같았다. 단, 팔 수 있는 물건이 그렇게 충분하지 못한 게 오히려 걱정이었다.

11시경 손님들이 없어 한가할 때 옆에 있던 내 룸메이트 독일 친구와, 일본인 친구, 셋이서 한잔하러 가야겠다고 사람들에게 술 마시는 시늉을 하니 주위 상인들이 깔깔대며 웃는다.

숙소에 잠깐 들렀다가 가벼운 옷차림으로 어저께 류이찌와 갔던 나이트클럽으로 다시 향한다. 클럽에 도착하니 12시가 다 되어가고 있었다. 이곳에서 맥주를 시켜 한잔하고 있는데 오늘도 여장남자들과 게이들이 와서 성가시게 하였다.

필리핀 보라카이 비치 갈 때…(갈리보 공항 부근)

1991. 12. 17.

룸메이트인 독일인 친구는 산악지대로 트레킹 떠난다면서 7시 좀 넘어
먼저 나간다. 나는 오늘도 구경보다는 장사를 하기 위해 오늘 팔 물건들
을 챙긴다. 가까운 이발소에 가서 석 달 만에 머리를 자른다. 수염도 두
달이나 길렀는데 아쉬웠지만 그냥 밀어버린다. 이발비 60바트, 면도 40바
트, 합이 100바트(3,000원) 지출한다.

당시 물가는 생수 5바트(150원), 식사 한 끼 10~25바트(300~750원), 콜라
6바트(180원), 숙박비 30~120바트(900~3,600원) 정도였다(물가가 비싸다는 방
콕 카오산 거리 기준).

오늘도 '나이바자'에서 멀지 않은 한 도로가에서 장사를 한다. 종류는
일반 악세사리류(홍콩, 한국산)를 비롯해 이집트에서 가져온 토용 얼굴상,
전신상, 앤틱 주화류(그리스, 로마 등)도 동원했다. 물건은 다양하였다.

1991. 12. 18.

오늘은 치앙마이 외곽지대로 나가기 위해 오토바이(일제 혼다)를 한 대 빌린다(150바트). 시내를 벗어나니 금방 시골의 풍경으로 바뀌었다. 오랜만에 오토바이를 타서 그런지 좀 불안한 느낌이 들었다. 덜컹거리는 시골 지역을 다니다 몇 번이나 넘어질 뻔하였다. 맑은 공기를 마시며 시골 지역을 돌아다니다 치앙마이 시내로 돌아온다.

어저께 상사가 별로였기 때문에 오늘은 나른 장소를 선택한나. 이곳에서도 한 시간 동안 하나도 팔지를 못한다. 내가 앉아 있는 자리 바로 앞에 보석방이 있었는데 젊은 주인이 주화에 관심을 보였다. 중동 지역을 다니며 수집한 은화(銀貨)와 청동주화가 있었는데 은화 한 점을 1,000바트 불렀는데 500바트에 주면 사겠다는 것이었다. 처분하기도 마땅찮아 그렇게 하기로 한다. 그 대신 잠깐만 빌려달라고 하였다. 감정을 해보고 맞으면 구입하겠다는 것이었다. 잠시 후 가게로 들어갔다 나왔는데 진짜 은주화가 맞다며 돈을 지불하였다. 나도 긴가민가했는데 이럴 줄 알았으면 1,000바트(3만 원, 2015년 기준 21만 원 상당)를 다 받는 건데 좀 아쉬웠다.

7시 30분경, 한 슈퍼마켓 부근에 자리를 잡는데 좌판을 깔자마자 관리인에 의해 쫓겨난다. 그 부근의 다른 장소에서 다시 장사를 하는데 손님들이 좀 모일 만하니까 여기서도 관리인이 뭐라고 하였다. 그때 손님들 중 좀 수다쟁이 아줌마가 내 물건들을 좀 사고 싶었는지 그 관리인에게 까올리(한국인)인데 좀 봐주면 안 되겠느냐고 하였지만 결국은 쫓겨난다. 그나마 그 아줌마의 수다 덕분에 그곳에서 잠깐 동안 350바트어치를 팔았다.

트레킹 중 이스라엘(텔아비브)커플과. 1년 후 텔아비브에 갔을 때 연락했지만 미국으로 여행을 가서 못 만났다. 트래킹 끝나고 난 후 돌아오는 트럭 위에서 이 커플과 내가 좋아하는 이스라엘 민요 '하바나길라'를 같이 신나게 부르고 또 불렀다

9시경 슈퍼마켓 건너 한적한 구석에 위치한 장소를 발견하고 좌판을 펼치는데 또 사람들이 몰려들었다. 흥정들을 하는데 대부분 깎아주질 않았는데도 잘들 사간다. 자그마한 청동(靑銅)주화도 가격이 만만치 않은데 처음 봐서 신기한지 덩달아 사간다. 처음에 200바트 불렀다가 300바트로 올렸는데도 팔린 것이다. 장사하는 것을 지켜보던 한 유럽 남자 여행객이 "You good business"라며 부러워하였다. 한 20대 여성은 400바트짜리 물건 한 점을 꼭 사고 싶은데 돈이 많이 모자란다며 어떻게 좀 안 되겠느냐고 사정사정을 하였다. 바로 옆에서 떠나지 않고 계속 사정하는 통에 150바트에 양보해주니 그렇게 좋아할 수가 없었다. 150바트(4,500원)면 일반 태국 월급쟁이 아가씨들로선 쉽게 살 수 있는 그런 금액이 아니었다.

 오늘의 매상은 2,400바트(72,000원, 2015년 기준 50만원 가치). 오늘도 만족한 장사였다.

 1991. 12. 19.

 오늘도 오토바이를 타고 치앙마이 외곽지대로 나가 소수민족 마을을 돌아다닌다. 한 마을 어귀에 들어서는데 기름이 떨어져 한 마을 아가씨(20세)의 도움으로 기름을 겨우 구해 벗어난다.

 치앙마이로 돌아와 나이트 바자에서 장사를 해 1,300바트 매상을 올린다. 장사 도중 일본인 손님(20대 중반) 둘이 왔는데 일본말로 말해주니 놀라는 표정들을 지었다. 한 사람이 내가 한국인이란 걸 듣고는 회화책을 꺼내더니

 "저는 일본사람이므… 니다."

 더듬거리며 한마디 한다. 책을 보니까 3개 국어 회화책이었는데 그중에

한국어가 포함되어 있었던 것이다.

1991. 12. 20.

일본인 친구 류이찌와 만나 내가 장사하는 곳으로 같이 간다. 오늘이 치앙마이에서 마지막으로 장사하는 날이다. 쉬는 시간에 류이찌와 뿌리에 대해 토론을 한다. 많은 일본인들이 역사적으로 한국인의 피가 섞여 있다는 데 대해 공감한다고 하였다. 그리고 이 친구는 같은 몽골리안인 것에 대해 꽤나 집착하는 것 같았다. 제일 싫어하는 나라는 소련(현재 러시아), 북한, 미국 순이고 한국은 다들 좋아한다고 하였다. 왜 소련이냐고 물으니 전에 소련군이 들어와 일본인들을 많이 죽였기 때문이라고 하였다. 북한은 김일성(현재 작고) 독재 때문이라고 한다.

호주 친구(태즈매니아 대학), 태국 치앙마이에서 만났는데 내가 홍콩에 있을 때 편지도 보내주곤 하였다(여자아이는 같이 온 친구의 딸)

1991. 12. 21.

오늘은 방콕에 다시 올라가는 날이라 일본 친구와 다시 이별을 한다. 그리고 집주소와 전화번호를 교환한다. 이 친구와는 10여 년이 지난 후 혹시나 하고 기대도 않고 부모님이 살고 있는 집주소(구루메 시)로 편지를 띄운 적이 있었는데 부모님께서 연락을 해와 내 편지를 받았다고 했다. 태국에서 나를 만나 놀던 때가 너무 즐거웠고 생각이 많이 난다고 하면서 잊지 않고 편지를 해주어 정말 고맙다고 하였다. 그리고 자신은 현재 나고야 의대 졸업한 후 현재 개업의로 활동하고 있다며 일본 올 일이 있으면 꼭 한번 놀러와달라고 하였다.

방콕 왓아룬 사원의 동자승들

나이트마켓으로 가서 조카들 줄 선물을 산다. 부채, 그림, 양산 등은 시내에서 좀 떨어진 공방으로 가서 직접 구입하였다. 나이트마켓 부근에서 길을 지나다 한국인 일행들을 만났는데 북부 산악지대 트레킹을 위해 왔다고 하였다.

숙소에서 쉬고 있으니 방콕행 나이트버스로 데려가기 위해 봉고차가 왔다. 방콕에서 올 적엔 자리가 많이 비어 있었는데 갈 적엔 자리가 꽉 찼다.

1991. 12. 22.

카오산로드에 도착하니 5시 30분, 너무 이른 시간이라 잠을 좀 더 자려고 알아보지만 가는 곳마다 "풀"이라고 하였다. 할 수 없이 전에 묵었던 곳으로 들어간다(차트 게스트하우스). 휴게실에서 쉬고 있는데 한국인 여행객들 다섯 명이 도착하였다. 내 얼굴이 많이 타서 그랬는지 말레이시아나 인도네시아인인 줄 알았다고 한다. 이 사람들과 이야길 하는 통에 잠자는 건 포기한다.

원래 계획은 창라이로 갈 예정이었으나 방콕에서 여행 자금을 더 모으기 위해 포기한다. 카오산 거리와 인접해 있는 방람푸의 한 백화점 부근 거리 대로변에서 장사를 한다. 한 시부터 다섯 시까지 장사해 2,000바트(6만 원, 2015년 기준 42만 원 상당) 매상을 올린다. 낮에 몇 시간 장사해 올린 매상으로는 최고였다. 오늘 매상 기록 한번 깨보고 싶어서 실롬로드에 있는 유흥가 팟퐁 쪽으로 간다. 여러 곳을 돌아다니며 찾아보지만 장소를 못 구한 것이다. 할 수 없이 부근 노상 스탠드바에서 맥주나 한잔하며 쉬고 있는데 여기서도 게이(여장남자)들이 오길래 손사래를 치며 접근도 못하게 한다. 이곳도 게이들이 너무 많은 곳이었다. 팟퐁 와서 장사는 못 하고 왕복 차비로만 130바트(3,900원) 날린 것이다.

잔나비들이 너무 귀엽다(방콕, 수상시장)

17. 500원짜리를 80배인 45,000원에 팔다

1991. 12. 23.

다음 여행지 중공(중화인민공화국, 현재 중국)엘 가기 위해서는 문화비자가 필요해(당시만 해도 일반 한국인은 들어갈 수 없었음, 일부 문화계 인사들과 정부에서 허가해주는 일부 기업가들만 들어갈 수 있었음) 방콕 주재 한국대사관엘 전화해보니 점심시간이었다. 내일 알아보기로 하고 우선 중국 여행을 할 자금을 만들기 위해 다시 장사를 나가기로 한다.

11시 30분부터 7시 40분까지 장사를 해서 3,100바트 매상을 올린다. 낮에 장사하던 중 한 젊은 태국 친구가 왔는데 내가 이집트 룩소르를 돌아다니며 구입한 물건(500원)이 마음에 들었는지 얼마냐고 묻길래 1,500바트(45,000원, 2015년 기준 315,000원 상당)를 불렀더니 잠깐 갔다올 테니 기다려달라고 하는 게 아닌가.

'설마 이걸 진짜 사려고…?'

집이 가까운 곳에 있었는지 금방 돌아왔는데 조금만 깎아줄 수 없느냐고 하였다. 눈치를 좀 보다가 이것은 귀한 물건이라 구하기 힘든 물건이다, 절대 깎아줄 수 없다고 버텼다. 그랬더니 지갑에서 빳빳한 500바트짜리 지폐 석 장을 내놓는 것이었다. 나도 깜짝 놀랐다. 무려 80배의 이윤이었다. 좀 비싼 것 같지 않느냐고 하길래 나는 세계를 돌아다니는 여행자인데 그곳까지 항공비만(60만 원) 얼만 줄 아느냐고 하니 입을 닫는다. 그래도 너무 심한 것 같다는 생각이 들었다. 그래도 그 물건은 오늘 임자를 제대로 만난 것이다.

밤늦은 시각 숙소 내 옆자리에 있던 일본인 친구와 이야기를 좀 나누다가 바깥에 있는 노상 카페 탁자에 앉아서 술도 한잔한다. 인도 유학생들도 같이 합석해서 즉석 역사토론도 한다. 인도 친구들 아주 끈질기게 파고들어와 이야기가 아주 길어진다. 이곳에서 미국 교포를 만났는데 중공(현재 중국)을 갔다 왔다고 하길래 그곳의 여행 정보들을 좀 듣는다. 당시 중국과는 수교 전이었기 때문에 중국에 대한 여행 정보는 거의 깜깜한 상태였다.

방콕 시내

치앙마이의 불교사원

1991. 12. 24.

중국 비자를 해결하기 위해 방콕 주재 한국대사관을 찾아간다. 담당 영사를 만나니 허가는 내주는데 2주 정도 더 대기하여야 한다고 한다. 그러나 덧붙이기를 사건임을 전제로 중국(수교 전 중공)에 가서 말썽만 안 일으킬 수 있다면 좀 융통성 있게 해줄 수 있다고 하였다. 내가 무슨 운동권 출신도 아닌데 무슨 말썽이람? 여동생이 서울에서 부쳐준 여행 책자와 한문 옥편을 대사관에서 찾는다. 대사관 여자 직원이

"대사관이 무슨 우체국인 줄 아세요?"라고 하였다.

"아무리 예술 계통에 있다지만 이런 식으로 하시면 곤란하잖아요. 여기가 무슨 개인 심부름 해주는 곳이에요?"

하며 투덜투덜대었다.

방콕 중심가 실롬로드로 가서 다시 장사를 한다. 2시부터 8시 30분까지 해서 1,600바트어치를 팔았다.

오늘이 크리스마스 이브인데 방콕의 거리는 평소처럼 차분한 분위기였다. 큰 백화점 건물 테두리에 전등을 장식해놓은 정도였다. 아마도 불교 국가라 그런 것 같았다.

자정이 되니까 숙소 창문 밖으로 일제히 폭죽 터뜨리는 소리가 들려왔다. 시끄러워 밖으로 나와보니 몇 군데서 불꽃놀이를 하고 있었다. 카오산 거리의 카페와 레스토랑들은 실내에 있는 탁자들을 바깥으로 다 내어놓고 있었다. 물어보니 댄스파티를 위해서라고 하였다. 좀 있다 각 가게의 종업원들과 각국에서 온 여행객들이 한데 어울려 밤늦게까지 춤추며 어울려 놀았다.

장사 중 피곤하여 쉬기 위해 한 사원으로 들어가 휴식을(치앙마이)

15. 정말로 경찰 닭장차에 실려가다

1991. 12. 25.

11시경 오늘도 가까운 박람포 쪽으로 가서 자리를 잡는다. 오늘은 단속하는 날인지 경찰들이 노점상들을 단속하였다. 내가 있는 쪽으로도 왔는데 일부러 피하질 않았다. 얼굴을 보니 며칠 전 보았던 같은 단속 경찰관이었다.

"유! 예스털데이?"

영어를 잘 못하니 짤막하게 말하였다.

"오케이."

하며 짐을 치우는데 일부러 시간을 끌기 위해 능장을 부리니까 안 되겠다 싶었는지

"유! 퀵컬리, 퀵컬리!"

하고 몇 번이나 재촉하였다. 그래도 답답하면 너희들이 물러가겠지 하는 심산으로 계속 능장을 부리니까

"유 500바트!"

그러니까 끌려가면 500바트(15,000원) 벌금을 내야 한다는 것이었다.

내가 누구인데? 경찰 단속이라면 국내에서 산전수전 다 겪은 내가 아니던가. 서울에 있을 때에 연극활동을 했었는데 시작한 지 얼마 안 된 시점이라 공연 포스터를 자주 붙이게 되었는데, 그때 단속 경찰들한테 걸려서 즉심에 넘겨져 유치장에 들어갔다가 다음 날 변호사도 없이 즉심재판에 넘겨져 구류처분을 받기도 하였다. 지방 공연 행사 때도 몇 번이나 걸린 적이 있어 그 방면으로는 경험이 다분하였다.

그런데 이 아저씨 약이 올랐는지 정말로 나를 타고 온 닭장차에 태운다. 오늘은 안 봐주겠다는 것이었다. 차를 타고 경찰서로 돌아가다 중간에 내리더니만 노점상들을 불시에 급습하였다. 한 나이 많은 아저씨는 옷

장사하다가 보따리째 몽땅 압수당해 차에 태워진다.

주위가 단속으로 어수선하여 마음만 먹으면 도망갈 수도 있었지만 외국까지 나와서 큰 죄 지은 것도 아닌데 뭐 하러 도망까지… 하고는 그냥 있는다. 같이 닭장차에 태워진 분들이 나보고 빨리 도망가라고 손짓하였지만 그대로 있는다.

좀 있다 한 경찰관이 내가 도망 안 가고 팔짱 낀 채로 웃으며 단속하는 걸 보고 있으니 손짓으로 빨리 꺼지라고 하였다.

왜 내가 도망을 가야 하나? 손짓을 몇 번 하길래 그제서야

"나 가도 돼요?"

하고 정식으로 물으니 골치 아픈지 빨리 꺼지라고 재촉한다.

"땡큐!"

하고 악수를 청한다.

조금 떨어져 있는 거리의 경찰관한테 손을 흔들며

"땡큐. 바이!"

하니까 같이 손을 흔들며 웃는다.

어쩔 것인가. 이게 상책이지. 나 같은 떠돌이 외국인 데려가 봐야 말도 안통하고 골치만 아플 테니까. 내가 많이 봐주어(?) 스스로 물러나는 것이니 나에게 고맙다고 해야 하지 않을까….

그곳을 떠나 길을 걷는데 조금 전에 장사하던 곳을 지나친다. 내 옆에서 장사하시던 아주머니, 내가 걱정스러운 듯 물끄러미 바라본다.

이번에는 실롬로드 쪽으로 간다. 그곳에서 장사를 다시 시작했지만 어떻게 된 일인지 하나도 안 팔렸다. 장소를 네 군데나 옮겨 시도해보았지만 역시 하나도 못 판다. 이제 열도 뻗치고, 힘도 들고, 지친다. 만사가 귀찮아졌다. 그렇다고 어렵사리 번 돈들을 노는 데 쓸 순 없었다. 중국(당시 중공)여행이 코앞인데 싫어 할 수 없이 카오산로드 쪽으로 다시 간다.

16. 휴! 장사하며 살기가 이렇게 힘들 줄이야

낮에 경찰들에게 붙잡혔던 그 자리로 다시 간 것이다. 이제쯤 담당 경찰관도 바뀌었겠지. 그리고 걸려도 할 수 없었다. 7시 30분부터 8시까지 잠깐 해서 570바트(18,000원)어치를 팔았다. 휴! 힘들다. 살기가 이렇게 힘든 것인가?

숙소에서 좀 쉬었다가 9시 40분쯤 외출을 하려고 나서는데 누군가 나를 아는 체한다. 얼굴은 낯이 익은 것 같은데 금방 기억이 안 나, "아!" 하고 적당히 맞장구를 친다. 확실하진 않지만 나를 안다면 여행 중 만났거나 게스트하우스 같은 곳에서 만났을 확률이 많기 때문이었다. 이제 보니 전에 터키 이스탄불에 갔을 때 게스트하우스에서 만난 홍콩 친구였다.

1991. 12. 26.

이제 장사하는 것도 지쳤다. 오늘을 마지막 날로 하기로 한다. 북한 방문을 알아보기 위해 한국 식당엘 찾아갔으나 그분은 벌써 한국으로 귀국했다고 식당 주인 아저씨가 말하였다.

오늘은 오랜만에 방콕에서 처음 장사를 시작했던 왕궁 건너편 장소로 간다. 자리를 폈지만 사람이 너무 없어 잠시 있다가, 처음 태국 왔을 때 묵었던 숙소가 있는 내셔널라이브러리 쪽으로 향한다.

오늘의 최소한 목표는 500~1,000바트이다. 몇 년 전 처음 방콕에 들어와 숙소에서 잠을 자는데 첫 외국여행이라 그런지 잠이 도무지 오지를 않아, 이 부근 밤거리를 혼자 쏘다니던 때가 생각났다. 첫 해외 나들이의 흥분과 설렘, 불안이 뒤범벅됐던 때였는데 큰 볼거리는 없는 지역이었지만 나에게는 그래도 모든 게 신기하고 새로웠던 기억이 난다.

이 부근에서 400바트어치를 판다. 그리고 장소를 옮겨가며 계속하지만 매상이 그렇게 오르지를 않았다.

치앙마이 코끼리 트레킹

17. 튀김장수 아줌마 파트너

숙소로 돌아와 좀 쉬었다가 다시 거리로 나간다. 옆자리의 튀김장수 아줌마에게 500바트짜리 목걸이를(엿장수 마음대로 정한 가격이지만) 150바트에 주니까 그렇게 좋아하실 수가 없었다. 자신도 장사하는 입장이라 그런지,

"땡큐!"

"쏘리!"

연방이다. 그리고 내가 귀여운지 내 턱을 만지며 "아이 라이크 유" 하는 게 아닌가. 나와 나이 차이가 크게 나지도 않을 텐데…. 그래도 진심어린 행동이라 생각하니 싫진 않았다. 그리곤 내가 장사하는 것을 도와주겠다고 한 시간 동안 혼자 떠들고 손뼉 치며 호객행위를 해주었다. 그리고는 자신이 갖고 싶은 귀걸이 두 점을(200바트) 100바트에 줄 수 없느냐고 하였다. 고마워서 그냥 줄까 하다가 70바트에 주니 연방 고맙다고 하고는 자기 자리로 다시 돌아간다. 나에게는 고마운 파트너였다.

오늘은 8시 20분까지 장사해 990바트(3만 원)어치를 팔았다. 아쉽지만 이만하면 됐다는 생각이 들었다. 그동안 태국 들어와 12일간 장사를 해서 번 돈이 원가를 제외하고 16,000바트(480,000원, 2015년 기준 340만 원 상당)나 되었다. 이 돈이면 중국 여행하는 데(한 달 예정) 충분치는 못하지만 큰 도움이 될 것이다.

1991. 12. 27.

내일 홍콩행 비행기편을 알아본다. 홍콩에 가서 돈을 좀 더 만들어서 중공(中共, 현재 중국)으로 들어갈 계획이었다. 중공 입국 허가서는 이탈리아 갔을 때에 한국대사관의 영사분에게 특별히 도움을 청해 홍콩대사관

에서 받아볼 수 있도록 이미 요청해놓은 상태였다. 언젠가 한국과 정식 수교할 날이 오겠지만 수교 전에 미리 가보고 싶었던 것이다.

내일 출국하기 때문에 어디 멀리 갈 수도 없어 그냥 시내에서 다시 장사를 해서 용돈이나 벌 요량으로 다시 나간다. 방랑푸 쪽으로 갔는데 오늘도 튀김장수 아줌마 옆으로 오더니 150바트짜리를 하나 사준다.

이번에는 한 한국인 대학생이 지나가다 내가 장사하는 걸 보더니 같이 동참하고 싶다고 해 같이 앉아 장사를 하기로 한다. 물건을 따로 준비한 게 없어서 운동화 두 켤레를 숙소에서 가져와서는 팔기 시작하였다. 이번에는 젊은 흑인 여성이 400바트어치나 사간다. 학생과 잡담을 나누고 있는데 지나가던 한국인 아가씨 두 명이 파이팅하라며 초콜렛까지 주고 간다.

장사 중 물건을 몇 개 또 분실한다. 벌써 여러 번째 당한 것이다. 오늘은 별 기대도 안 하고 나왔기 때문에 900바트 판 걸로 만족하였다.

1991. 12. 28.

푸켓(코사무이)을 꼭 가보고 싶었지만 중국행 때문에 시간이 맞지 않아 다음 기회로 미루어야 했기 때문에 아쉬웠다. 숙소 부근에서 중국에 들어갈 때 쓰기 위해(홍콩 물가가 비싸기 때문에) 필요한 물건들을 구입한다. 2시 25분발 비행기로 홍콩을 향해 드디어 출발한다.

"다시 오마, 잘 있거라 방콕아!"

7부

이집트

이번 이집트 방문이 두 번째이다. 그리스 아테네발 비행기로 카이로 공항에 도착한 후 택시를 타고 시내 중심가인 타리르 광장에서 하차한다. 타리르 광장에서 가까운 옥스퍼드 호텔(Oxford Hotel)에 일단 여장을 푼다. 싼 숙소를 찾느라 두 시간 반이나 헤맨 끝에 찾은 곳인데, 말이 호텔이지 가난한 외국인 여행자들이 주로 묵는 그런 싸구려 호텔이었다. 건물도 칙칙하고 페인트 칠도 많이 벗겨져 있었는데 건물 사이에는 곳곳에 거미줄이 쳐 있는 게 보였다.

도미토리룸으로 안내되어 가니 안에는 프랑스, 아르헨티나, 미국 등에서 온 여행자들이 동양인이라고 나를 반겨주었다. 숙소 안은 누추했지만 그들과 스스럼없이 어울릴 수 있어 좋았다.

그리스, 이스라엘, 터키 등지를 돌아다니느라 그동안 못 먹은 한국 음식을 먹기 위해 시내에 있는 한 한국 식당을 찾아가는데 택시 운전기사가 10파운드(2,500원)를 부르는데 좀 비싼 것 같아 흥정을 하니 금방 4파운드(1,000원)로 해준다. 좀 더 내려볼 걸…. 한국 식당에 도착해 얼큰한 김치찌개 등으로 오랜만에 맛있게 배를 채운다.

안개 낀 카이로의 올드시티

식사 후 한국대사관에 볼일이 있어 택시를 잡아탄다. 사우스 코리아라고 운전기사에게 이야길 하니 안다고 하였다. 다시 한 번 확인하니 걱정 말라고 하였다. 10여 분을 달려 한 건물 앞에 도착했는데 한국대사관 같으면 태극기 정도는 보여야 할 텐데 보이지를 않았다. 틀림없느냐고 하니까 틀림없다고 하였다. 별 의식 없이 큰 대문을 들어서는데 이집트 현지인이 아니라 그런지 제지를 하지 않았다. 건물 안으로 들어서니 어느 나라에 있는 한국대사관과는 분위기가 달랐다. 담당자가 어떻게 왔느냐고 하였다.

"여기 한국 대사관 아닙니까?"

"여기는 조선민주주의인민공화국입네다."

'윽!'

그 한마디에 쇼크를 먹는다. 얼떨결에 실내 안쪽을 둘러보니까 한쪽에는 북한 국기인 인공기와 김일성 초상화가 걸려 있는 게 아닌가. 이럴 수가… 순간적으로 호흡이 멎는다.

"서울에서 오셨습네까?"

정신을 바짝 차려야 했다.

"예."

"여기는 무슨 일로 오셨는지…?"

순간적으로 좀 머뭇거리니까

"동무, 긴장 푸시라요. 어떻게 왔는지 알아야 도와줄 것 아니겠슴매."

"아, 저기 조선 식당을 찾는데…"

조금 전에 한국 식당에서 식사를 하고 왔는데 핑계를 댈 게 없어서 나도 모르게 그렇게 말한 것이다.

"미안하지만 이곳에는 조선 식당이 없는데 어케 하디요?"

"아, 그렇습니까…."

"안됐습네다, 이거 도와주지도 못하고."

"아, 아닙니다, 괜찮습니다. 이거 바쁘신데 괜히… 죄송합니다."

"여기 유람 왔시오?"

"예."

"괜찮으면 편히 앉아 차나 한잔하고 가시라요."

생각보단 의외로 무척 친절히 대해주었다. 그래도 아직 긴장이 안 풀려선지 한시바삐 이곳을 벗어나고만 싶었다.

"거 남조선 젊은 동무, 괜찮으니 차나 한잔 하시기요."

간부인지 옆에 있던 다른 한 분이 말하였다.

카이로 시내 나일강변

"아닙니다, 다음 기회에… 그럼 수고들 하십시오."

인사를 하고는 바로 돌아선다.

"그럼 조심해 가시기요."

뒤도 안 돌아보고 나온다.

뒤에서 뭐라고 하는데 귀에 들어오지도 않는다.

"휴…!"

그제서야 긴장이 풀리고 가슴을 쓸어내린다.

올드시티 전경(카이로). 고대도시의 냄새가 물씬 풍긴다

그렇게 택시기사가 사우스, 놀스를 구분 못 하는 바람에 혼쭐이 났던 것이다. 그때까지만 해도 카이로에 북한대사관이 있는 줄을 몰랐던 것이다. 하마터면 본의 아니게 북조선행을… 다시 한번 가슴을 쓸어내린다.

오랜만에 시내의 한 극장으로 혼자서 영화를 보러 간다. 이집트어를 몰라 자세한 내용을 알 수 없었지만 의적을 주제로 한 액션영화였다. 관객석 중앙에서 고양이 두 마리가 자기 안방처럼 소리를 지르며 놀았다. 조금 있다 필름이 잠깐 끊기니까 일제히 휘파람을 불어대는데 귀가 아플 지경이었다.

시내를 돌아다니는데 택시요금은 거의 바가지 같았다. 2~3파운드면 갈 거리를 15, 20파운드를 막 불러댄다.

거리에서 만난 한 상인은 자기 와이프가 한국인 김선희라며 사진까지 보여주었다. 얼굴도 못생겼다. 한국인 마누라 팔아먹는 이집션이라니….

2. 길을 묻는데 몰라도 아는 체... 골탕먹여

1991. 11. 22.

다음 목적지는 이집트 남부 아래쪽에 있는 수단을 여행하기로 한다. 그곳에 가면 언제 한국 음식을 먹을지 몰라 영양 보충을 위해 다시 한국 식당엘 가서 한 끼 한다.

시내를 돌아다니며 길을 물으면 모른다고 대답하는 사람은 없었다. 틀려도 일단 가르쳐주고 보는 것이다. 몇 번이나 헛걸음친다. 모르면 차라리 모른다고 하면 될 것을…. 그것도 친절이라고 베푸는가본데 골탕만 먹는다.

시내 곳곳에서는 노상 기도회가 열리는데 많은 사람들이 참여하여 메카 방향을 향해 경건하게 절을 올리곤 하였다.

한국대사관 직원과 통화를 해서 내일 방문하기로 한다.

9시 40분에 다시 극장엘 간다. 이소룡이 주연한 영화였는데(정무문) 오랜만에 한번 보고 싶었던 것이다. 극장엘 들어가니 좌석 안내를 해준 아저씨, 잠깐 자리 안내해주고는 "박시시(팁)!"을 요구하였다.

시간이 제법 지나도록 영화 시작을 안 해 그냥 나오려는데 안내인이 "쿵푸!" 하는 게 아닌가. 그래서 다시 자리에 앉아서 보는데, 오래전에 봤을 때엔 재밌게 봤었는데 지금 보니까 좀 싱겁게 보였다.

1991. 11. 23.

오후 3시경 숙소에서 만난 아르헨티나(22세), 호주(22세) 친구들과 카이로 외곽에 있는 피라미드를 보기 위해 기자로 향한다. 기자에 도착하니 4시가 다 되었다. 이곳에는 기자의 대피라미드로 유명한 쿠푸 왕(Khufu, 이집트 제4 왕조, B.C. 2575경~2465경)의 대피라미드(높이 147m)를 비롯해 대형 피라미드군이 파노라마처럼 사막 위에 펼쳐져 있었다.

낙타를 빌려 타는데 처음엔 5파운드로 했다가 자기도 안내를 하기 위해 같이 가야 한다며 10파운드를 정정 요구하였다(2,500원), 날강도가 따로 없다. 진작 그렇다고 이야기할 것이지…

앞에 가고 있는 친구들 놓치지 말고 따라가 달라고 해도 제멋대로다. 결국 일행들과 떨어진다.

'요놈의 낙타꾼놈의 새끼!'

속에서 욕지기가 저절로 나온다.

기자의 피라미드, 아르헨티나 친구 마트(부에노스아이레스 거주)

부근 일대를 돌아다니는데 한 시간은커녕 40분 만에 낙타에서 내린다. 엉덩이가 까져 통증이 왔는데 통증이 그 다음 날까지 갔다. 그렇게 친구들과 기자에서 헤어져 혼자 카이로에 있는 숙소에 돌아오니 6시 30분이 되었다.

좀 쉬었다가 새로 들어온 아르헨티나 친구와 밖으로 걸어다니다 한 노상 카페로 들어간다. 카페는 현지인들로 북적였는데 1m에 가까운 길다란 파이프같이 생긴 물담배들을 피우고 있는 모습이 이채로웠다. 물담배는 돌아가며 피웠는데 나에게도 아주 좋으니 한번 해보라고 권하였는데 담배를 피우지 않는 나는 사양하였다. 그리고 우리의 전통악기 비파(琵琶) 같이 생긴 기타 같은 걸로 노는 모습도 보였다. 이집션들도 수다 떨며 이야기들을 하는 게 좋은지 왁자지껄하였다. 아르헨티나 친구와 2차로 자리를 옮겨서 자정이 넘도록 술도 한잔 한다.

원래 계획은 다음 여행지로 이스라엘에 가려 했으나 수단과의 입국절차 문제상 다시 일정을 조정하여야 했다. 수단은 무슬림 국가이기 때문에 이스라엘 출입국 스탬프가 찍혀 있으면 입국하기가 어려워진다고 들었기 때문이다. 그리고 수단을 먼저 갔다 와 이스라엘로 입국하면 문제가 없다고 하였다.

3. 피라미드의 원조 사카라 계단식 피라미드를 향해

1991. 11. 24.

9시 조금 지나 아르헨티나 친구 두 명과 같이 사카라(Saqqara)란 곳엘 가기 위해 길을 나선다. 이곳 숙소에서 20여 ㎞ 떨어져 있는 곳인데 이집 트 최초의 피라미드로 알려진 곳이었다.

물가가 무척 싼 나라이기 때문에 차비를 그렇게 아끼지 않아도 되는데 그래도 더욱 싼 차편을 알아보기 위해 한 시간 반이나 거리에서 소모한 다. 어찌 이렇게도 다들 느긋한지…. 시간낭비하는 것도 좀 생각해 주었 으면 좋으련만….

사카라에 도착하니 주위는 사막 속에 위치한 한적한 시골마을 분위기 였다.

스핑크스상 앞에서(기자)

사람들에게 길을 물어 찾아가는데 길가에는 야자수 비슷한 나무들이 여행자들을 맞이해주었다. 동네 꼬마들이 우리 일행들을 보고는 졸졸 따 라온다. 그리고는,

"볼펜!"

"머니!"

타령을 하기 시작하였다.

잠시 후 사카라의 피라미드 앞에 도착하였는데 기자의 피라미드군들과는 좀 다른 특이한 형태로 계단식이었다. 높이는 어림짐작 약 60여 미터, 이곳이 바로 이집트 피라미드의 원조라 일컫는 제3왕조 제2대 조세르 왕의 무덤으로서 가장 오래된 역사를 가진 피라미드라고 하였다. 약 7,000년 전 유적이라는데 그 역사성에 입을 다물 정도였다. 과연 인류문명의 발상지답게 오래된 역사를 자랑하는 것만 같았다. 큰 돌은 길이 8m, 높이 160cm. 기중기도 없었을 그 시대에 이런 구조물들을 어떻게 만들었는지 그저 불가사의(不可思議)하다는 생각밖에 안 들었다.

이곳을 중심으로 멀리 사방의 사막 위에는 피라미드군들이 펼쳐져 있었는데 시공(時空)을 뛰어넘는 그 역사의 현상 모습에 그저 입이 다물어질 뿐이었다. 저 멀리 보이는 피라미드들을 짓느라 그 큰 돌들을 어떻게 운반했을까? 그리고 장대한 피라미드를 완성하기 위해 또한 얼마나 많은 인마(人馬)의 희생이 따랐을까 생각하니 그저 숙연해질 뿐이었다.

고대 그리스, 로마인들은 조각하는 데 선수이고 고대 이집트인들은 돌을 쌓는 데 선수들 같다는 생각도 들었다.

한반도에는 2,500년 이상 된 문명과 유적이 없는데 이곳은 7,000년, 아니 그 이상의 유구한 역사를 자랑하는데, 과연 인류문명의 발상지라는 데 이론의 여지가 없을 것 같았다. 그 위대한 인류역사가 이런 황량한 사막지대에서 이루어졌다니 그저 경이로울 뿐이었다.

이곳 기자에는 유명한 쿠푸 왕의 대피라미드를 비롯해 많은 피라미드들이 파노라마처럼 사막 위에 펼쳐져 있다

한 50대 피라미드 안내인이 졸졸 따라다니며 "머니, 머니!" 타령이다. 도움을 받지도 않았는데…. 그 옛날 화려하고 영광스러웠던 역사와 조상을 가진 자손들은 오늘날 왜 이렇게 못사는지, 그저 역사의 아이러니라고 하기엔 어째 좀….

각 피라미드군을 돌아다니는데 피라미드를 중심으로 도시가 이루어져 있는 것 같았다. 국내에 있을 때엔 피라미드만 달랑 서 있는 줄 알았는데 와서 보니 상상했던 것과 현장의 모습은 너무나 달랐다.

일행들과 카이로로 돌아와 시내를 돌아다니는데 도로의 교통질서가 엉망이었다. 교통경찰은 있으나마나한 것 같았다.

인도에 빨간불이 켜져 있는데도 차가 쌩쌩 달리는 도로로 아무렇지 않게 뛰어드는 사람들, 제지하기는커녕 멀뚱멀뚱 쳐다보기만 하는 교통경찰관 등…. 시내 곳곳에 경찰과 군인들이 깔려 있었지만 교통질서는 그야말로 개판(?)이었다. 질서를 지키는 사람들이 오히려 이상하게 보일 정도였으니… 우리 일행들도 같이 그 개판질서(?)에 기꺼이 동참한다. 그걸 보는 시민들은 미소만 지을 뿐 인상 쓰는 사람은 전혀 안 보였다. 갑자기 뛰어들어도 지나가다 급정거한 차량들은 경적소리도 울리지 않고 엄지손가락을 치켜세우며 우리들을 같은 이집션들로 인정해줄 뿐 누구 하나 짜증내거나 고함치는 사람은 눈을 씻고 봐도 보이지 않았다. 그저 세월아 네월아 타령일 뿐이었다.

7. 몰라도 아는 체하며 시간만 다 빼앗는 이집션들

시내를 걷다가 길을 물으면 모르면 모른다고 대답하면 될 것을, 몰라도 하나같이 다 아는 것같이 손짓 발짓 해가며 설명하는데, 괜히 사람들 잡아놓고 시간만 다 빼앗는다. 이건 친절이 아니라 여행객들 골탕먹이기란 걸 왜들 모르는지, 친절도 지나치면….

1991. 11. 25.

오늘은 수단 비자를 해결하기 위해 아르헨티나 친구와 같이 동행하기로 한다. 숙소에서 15분 거리였는데 사람들에게 물어 가는 데 50분이나 소요된다. 오늘도 예의 너무 친절한(?) 이집션들이 모르면 모른다고 이야기 해주면 빨리 알아서들 할 텐데, 몰라도 태연하게 아는 체 잡는 통에 그렇게 시간을 보낸 것이다. 같이 동행한 아르헨티나 친구는 겉늙어서 보기에는 40세 정도로 보이는데 실제 나이는 28세라고 하였다. 내 나이는 올해 39세인데 자기가 보기엔 20대 후반으로 보인다고 하였다. 하여튼….

수단대사관에 도착해 비자 담당을 만났는데 비자 받는 데 3주를 대기하여야 한다고 하는 바람에 수단 여행 자체를 아예 포기하기로 한다. 그렇게 대단한 나라도 아닌데…. 토인들 사는 모습이나 좀 보러 가려고 했었는데, 에이, 저러니 어느 관광객들이 가려 하나 싶었다. 그것도 아프리카에서도 가장 빈곤한 국가 중 하나인데…. 아직도 수많은 사람들이 굶어 죽는 상황의 궁핍한 나라, 치약, 소금, 마실 물만 있어도 기아와 질병에서 벗어날 수십만 명의 어린이들이 있는데… 그런 어려운 경제사정에서 무슨 배짱으로 비자 정책을 그 따위로… 도무지 이해가 가질 않았다. 수단 여행을 포기하고 대신 요르단 비자를 알아보기로 한다.

5. 길거리에서 처음 보는 사람들과 즉석 짤짤이 게임

숙소로 돌아와 좀 쉬었다가 다시 아르헨티나 친구들과 거리로 나간다. 전에 이집트 들어오기 전 다른 나라를 다니다 만난 여행객 친구들 말이 생각나, 한번 시험해보기로 한다.

도로 옆쪽 지나가는 사람들 아무나 붙잡고 괜히 아는 체해보는데 생면부지인 동양인을 거부하기는커녕 두 팔을 벌리며,

"오, 나의 형제여! 환영한다."

짧은 영어로 환영해주었다. 설마 몇 사람 정도겠지 하고 계속 아는 체하는데 몰라도 아는 체들을 하였다. 한번은 한 40대 중반의 뚱보 아저씨에게 다가가 괜히,

"저기, 나 알겠습니까?"

실없는 질문을 던져본다. 나를 알 턱이 없는 이 아저씨 왈,

"잠깐만… 오! 나의 형제여."

하는 게 아닌가. 한국 같으면 이 사람 실성했나, 처음 보는 사람한테… 할 만도 한데 전혀 짜증은 고사하고 만면에 미소를 머금은 채 정말로 환영해주는 것이었다. 그렇게 여러 사람을 붙잡고 실성한 사람처럼 아는 체하여도 누구 하나 뭐라고 하는 사람이 없었다. 아무리 이집션들이 친절하다지만 이 정도일 줄은 몰랐던 것이다. 이번에는 내가 50대 초반 풍채좋은 아저씨에게 두 팔을 높이 벌려들고 미친놈처럼,

"오, 나의 형제여!"

라고 하니 상대도 영어를 알아들었는지 두 팔을 높이 펼쳐들고

"오! 마이 부라덜!"

역시 그렇게 해오는 것이었다.

옆에 있는 아르헨티나 친구에게,

"헤이, 이집션 이 친구들 좀 어떻게 된 거 아냐? 꼭 미친 사람들 같애, 짜증내거나 피하는 사람이 하나도 없잖아."

"그러게 말이야…."

"다른 나라에서도 이렇게 해주는 사람들 본 적 있어?"

"아니, 나도 이곳에 와서 처음 보는 광경이야. 코미디하는 것도 아니고 사람들이 어째…."

너무 친절해도 문제가 있는 것같이 보이는가 보았다.

이번에는 다른 실험을 해보기로 한다. 주머니에서 동전을 꺼내들고는 지나가는 사람들 중 아무나 일단 붙잡고 본다. 이번에는 건장한 체격의 30대 중반의 좀 젊은 사람이었다. 인사나 통성명도 없이 바로 눈앞에서 두 손을 높이 들고 동전을 양손 주먹에 넣은 채 짤짤대며 흔들어댄다.

"짤짤짤!"

그리고는 다짜고짜

"하우매니(몇 개)?"

이번에는 좀 놀라며 나를 미친 사람 취급하겠지 했는데 그건 오산이었다. 내 주먹을 살며시 감싸쥐고는,

"웨잇… 쓰리(잠깐만… 셋)!"

하는 게 아닌가.

우하하! 속에서 웃음이 나오려 하였다. 정색을 하고는,

"노, 저스트 원."

하고 답변하니까, 이 친구 왈,

"어게인!"

하는 게 아닌가. 그래 같이 한번 미쳐보는 거다. 이집션 친구야.

"짤짤짤짤… 하우매니?"

"원!"

"틀렸어, 이번에는 셋."

"다시 한번 해."

참으로 기막혔다. 지나가는 사람들이 이걸 지켜보고는 우르르 몰려든다.

이번에는 전통 무슬림복장을 한, 역시 풍채 좋은 50대 초반의 아저씨였다.

"앗쌀라무 알라이쿰(신의 가호가 함께하기를)!"

몇 마디 겨우 하는 아랍어로 인사를 건네니, 동양인이 아랍어를 하는 게 신기한지,

"와 알라이쿰 살람!"

하며 두 팔을 크게 벌려 인사를 받는다. 그 다음 역시 동전을 든 주먹을 짤짤 소리를 내며 흔들고선 다짜고짜

"하우매니?"

처음엔 영어를 못 알아들었는지 미소만 짓다가, 몇 번 계속해서 반복하니 무슨 뜻인지 알겠는지,

"잠깐만… 원, 투, 쓰리… 오케이, 투!"

"틀렸어요, 하나!"

"오케이, 오케이, 다시 한번 해줘봐."

아하하! 죽인다, 이집션들.

피라미드 앞(기자)

그렇게 길을 걸으며 즉석에서 짤짤이 게임을 했지만 거부하는 사람은 하나도 못 봤다.

한 이슬람 모스크 앞에서(모하메드 알리모스크) 한 중년 아저씨에게,

"노굿, 무슬림!"

하고 좀 도발적으로 나갔다. 동행한 친구들은 내 행동이 기가 찼는지 놀라는 표정들을 지었다. 나도 생각해보니 너무 나갔다고 생각이 들었다.

엄하기로 소문난 무슬림 국가에서 겁도 없이 도발을 했으니… 그래도 이 아저씨 두 팔을 벌려 나를 안으며

"마이 프렌."

하는 게 아닌가.

내가 "이집션들 최고다"라고 하니까 프랑스, 아르헨티나 친구들도 세계에서 가장 프렌리한 국민들이라고 이구동성으로 말하였다. 하물며 길거리를 지나다 아무 가게로나 불쑥 쳐들어가 같은 짓(?)을 했지만 역시 만사 오케이였다. 일부는 먼저 적극적으로 말을 걸어왔다. 나도 모르게 이제 간이 부어 농담도 하고 버릇없게 엉덩이를 꼬집으며 장난을 걸어도 그저 환영이었다.

한번은 친구들과 극장을 갔는데 극장 입구에서나 극장 내에서도 짤짤이 게임을 시도했는데 마찬가지였다. 동양 사람이 워낙 없어서 그런지 모두 호감을 가지고 호의적으로 대해주었다.

10대, 20대, 30대, 50대 할 것 없었다. 참으로 느긋하고 태평한 사람들이었다. 내가 무슨 천국에 와 있나 싶었다. 미친 사람 취급하는 사람은 한 사람도 못 만났으니… 소박하고 구김살 없는, 가난하지만 마음이 풍요한 이집트 사람들, 모든 세계 사람들 이집션들만 같아라 하는 생각이 들었다.

거리를 지나다 한 가게 앞에 많은 사람들이 줄을 서서 기다리고 있었다. 우리도 그 대열에 끼었다가 딸기주스를 주문해 마시는데 향신료를 어떻게 첨가했는지는 모르지만 아주 그만이었다. 이집트 들어와 마신 음료 중 최고였다. 친구들과 이 거리를 오가며 하루에 다섯 잔씩이나 마신다. 싸도 너무 쌌다. 우리야 물론 대환영이지만….

이곳의 물가는 여느 나라들보다 저렴하였다. 환타 한 병 50 피아스타(125원), 택시비 20분 거리에 평균 3~4파운드(750~1,000원), 케밥 1파운드(250원), 영화 한 편 2파운드(500원), 숙소 도미토리 6파운드(1,500원).

12시 30분 아르헨티나 친구들과 피라미드를 구경하기 위해 기자에 다시 간다. 오늘은 시간도 많아 자세히 둘러보기로 한다. 사막 위에 피라미

드군이 도열해 있고 사막 한가운데를 가느다란 아스팔트 도로가 가로지르고 있었다.

피라미드 주위는 전부 구조물로 되어 있었다. 지하 땅바닥을 파헤쳐놓았는데 뻥 뚫린 그곳을 통해 구역과 구역이 연결되어 있었다. 이곳에서 말을 한 마리씩 빌려 타고 사막 위를 돌아다니다 신나게 질주해보기도 한다.

그렇게 아르헨티나 친구들과 기자 피라미드에서 놀다가 저녁 기차편으로 이집트 남쪽에 위치해 있는 유명 관광지 룩소르로 같이 가기로 한다. 룩소르는 이집트 최대의 유적지가 몰려 있는 곳으로 이집트에 오는 여행객이라면 꼭 들르는 곳이었다.

카이로발 9시 야간열차를 타고 프랑스 친구, 그리고 아르헨티나인 산티아고, 마트 등과 함께 룩소르로 향한다. 요금은 가짜 학생비자(태국 방콕 카오산로드에서 구입)를 사용해 13파운드(3,250원)에 끊었다.

1991. 11. 27.

룩소르에 도착하니 다음 날 7시 20분이었다. 이곳까지 10시간 30분이 소요된 것이다. 룩소르 시내에 있는 '놀 호텔'에 여장을 푼다. 숙박료는 한 명당 3파운드(750원)씩이었다.

짐들을 정리하고 좀 쉬었다 일행들은 관광을 나서는데 먼저 자전거를 한 대씩 빌린다(4파운드, 1,000원).

룩소르, 한적한 시골길을 달구지 타고 느긋하게 유람을

6. 와따따따따따! 이집션 크레이지!

아침의 맑은 공기를 마시며 자전거를 타고 룩소르의 상징이라는 대신전 쪽으로 향하는데, 맞은편에서 터번 같은 걸 쓰고 기다란 전통복장을 입은 중년 남성이 오길래 장난삼아 손으로 입을 막았다 떼며,

"와아아아아!"

하고 실없는 소리를 내니, 점잖게 생긴 상대편도 같은 입모양으로

"와따따따따!"

하고 응답해오는 게 아닌가. 하여튼 누가 이집션 아니라 할까봐…. 같이 동행하던 아르헨티나인 마트도 옆을 지나가는 사람보고 나처럼,

"와따따따따!"

하고 소리치니 상대도 따라서

"와따따따따!"

하고 응답해왔다.

"이집션 크레이지."

"하하하!"

"아하하!"

우리들은 웃고 또 웃는다, 세상에 이런 실없는 사람들이 또 있을까 싶었다. 무슨 코미디하는 것도 아니고….

룩소르 신전

잠시 후 룩소르 대신전 유적지에 도착하였다. 얼른 보기에 동서로 1㎞, 남북으로 1㎞의 드넓은 유적지였는데 바깥쪽은 성벽 같은 모양으로 둘러져 있었다. 정말 대단한 규모였다. 전 세계의 많은 궁전들을 가보았지만 이렇게 오래되고 장엄한 궁전은 없을 듯싶었다. 거대한 기둥들 또한 여태까지 보아온 것들 중 가장 크고 웅장한 규모 같았다. 유적 내부는 오벨리스크를 중심으로 빈틈없이 구조물들로 가득 차 있었다. 발길에 채이는 돌들 또한 수천 년 전 이집트인들의 손길이 거친 것들이다.

일행들은 대신전을 둘러본 후 일대를 돌아다니다 고대 이집트 토용과 주화를 소장한 주민을 우연히 만나 청동주화 몇 점을 구입한다. 이것도 불법이기 때문에 아주 조심해서 거래를 하였다.

왕가의 계곡과 장제전. 병풍처럼 둘러진 절벽 너머가 왕들의 무덤군이 있는 왕가의 계곡이다

1991. 11. 28.

오늘은 '왕가의 계곡' 쪽으로 향하기로 하였다. 뜨거운 햇빛을 받으며 계곡 아래에 도착하니 기다랗게 펼쳐진 장제전이 우리를 먼저 맞아주었다. 장제전 뒤로는 높은 낭떠러지 절벽들이 병풍처럼 둘러져 있었는데 그 절벽 너머 뒤쪽에 왕들의 무덤군들이 있다고 하였다. 유명한 투탕카멘의 황금 미이라관이 나온 곳도 저 뒤쪽 계곡 안에 있다고 하였다.

일행들과 같이 좁은 산길을 따라 뒤편 계곡 쪽으로 향한다. 가파른 산길을 오르는데 무더운 날씨에 옷은 땀으로 젖는다. 아래에서 봤을 땐 30분 정도면 충분하리라 생각했는데 좁은 계곡을 따라 왕가의 무덤 입구까지 도착하는데 한 시간이 더 걸렸다. 그늘진 계곡에 들어서니 말로만 들어왔던 왕가의 무덤들이 고개를 내밀었다. 외관상 육안으로는 보이지 않았지만 눈 아래 펼쳐진 계곡 산 아래마다 인공 동굴과 동굴로 연결되어 있었다. 산골짜기 아래 모두가 뚫려 있다고 보면 되는 것이다. 계곡 일대가 수많은 왕들의 무덤들인 것이다. 이 지역은 수목이 잘 안 자라는지 잡초들만 듬성듬성 나 있는 붉은 황토로 이루어진 황량한 골짜기인데 그림 같은 정경들이 눈에 들어온다.

왕가의 계곡. 발아래 뒤쪽으로 펼쳐져 있는데 전 지역이 왕들의 무덤이었다

사람이 겨우 들어갈 만한 좁은 입구를 통해 내려가는데 실내는 조명 시설이 제대로 안 되어 어두침침하였다. 아래로 내려가니 실내는 바깥과 달리 의외로 넓은 곳이 제법 보였다. 천장과 벽에는 채색벽화가 그 오랜 세월에도 비교적 선명하게 잘 남아 있었는데, 일부는 새로 도색하였다고 한다. 피라미드 안에서나 볼 수 있던 생전 파라오들의 생활상이 상형문자와 함께 파노라마처럼 부조되어 있었는데 이 험한 골짜기에 이런 엄청난 유택을 마련하느라 또 얼마나 많은 인명들이 노역에 시달렸을까 생각하니 마음이 숙연해져왔다.

수천 년의 오랜 세월에도 유적이 잘 보존되어 있는 것은 건조한 사막지대의 지하에 있었기 때문인 것 같았다. 이곳 왕가의 계곡이 나에게 충격으로 다가왔는지 그 뒤로 여행이 끝난 후에도 자주 이곳의 모습들이 꿈속에 나타나곤 하였다. 이곳 지하 무덤들을 보니 터키의 지하도시 가파도끼아가 떠올랐다. 바쁘게 돌아다니다보니 아침, 점심도 거른 채 레몬 3개를 사서 허기를 때운다(1파운드, 250원).

대신전

멤논의 거상. 지진으로 일부가 무너져내렸는데 복구할 엄두도 못 내는 것 같았다

8. 밤 기차 타고 아스완행

아르헨티나 친구 마트를 나일강변 쪽에서 만나기로 했는데 만나질 못하고 프랑스 친구와 함께 찾아다닌다. 그렇게 돌아다니다가 숙소로 돌아가는 길을 잃어버려 한참이나 시간을 지체한다. 친구들과 저녁에 아스완으로 가기 위해 기차역에서 다시 만난다. 하루 더 룩소르에서 머물며 시골 정취도 즐기고, 유물 찌끄레기들이나 구하려 했으나 짧은 일정상 다음으로 미루기로 하였다.

나와 프랑스, 아르헨티나인 친구들과 아스완으로 가기 위해 기차표를 끊는다. 요금은 4파운드 50피아스타(1,125원). 기차 안에서 가벼운 역사토론을 하였다. 프랑스와 아르헨티나의 뿌리는 당연히 같은 유럽인 줄 알았는데 의외로 아시아에서 왔다고 주장하는 게 아닌가….

아스완까지는 4시간 정도 소요되는 거리였는데 기차 안에서 여자 이야기로 거의 시간을 보낸다. 우리가 앉은 좌석 맞은편 이집트 아저씨도(뚱뚱한 체격의 50대) 관심이 있는지 우리들의 대화에 적극적으로 끼어든다. 배가 고파 기차가 잠시 역에 정차할 때 내려서 넓적빵 2, 기차 안에서 계란 4, 햄버거 등 마구 먹어댄다.

9. 유물 한 점 구하기 위해 친구들과 헤어져 따로 작업

1991. 11. 29.

아스완 기차역에 도착하니 12시 30분이었다. 새벽에 당도해 역 바깥으로 나가 거리의 한 카페에서 차를 한잔들 하고 숙소를 찾아 들어간다. 역에서 가까운 싸구려 숙소에서 잠을 자는데 모기들이 너무 설쳐대는 바람에 제대로 잠을 이룰 수가 없었다. 이놈의 모기들 때문에 이집트 와서 편안하게 잠을 자본 적이 거의 없었다.

아침에 일어나 오늘은 일행들과 같이 움직이지 않고 따로 움직이기로 한다. 혼자 돌아다니며 유물 한 점이라도 구하기 위해서였다. 같이 다니면 불법이기 때문에 눈치가 보여 작업(?)을 할 수 없었기 때문이었다.

숙소 밖으로 나와 자전거와 오토바이를 알아보지만 금요일은 모두 휴무한다고 하였다. 할 수 없이 영어를 하는 한 꼬마의 안내로 시내 중심가에서 가까운 육교 밑에서 당나귀를 빌리기 위해 흥정을 하는데 처음엔 하루 이용하는데 10파운드(2,500원)를 불렀는데 너무 비싸다고 하니까 8파운드, 6파운드로 계속 내려간다. 그것도 비싸다 하고 돌아서 가니까 1파운드(250원)까지 해주겠다고 하였다. 10파운드도 한국에 비하면 아주 싼 편이다. 말 주인들은 7~8명이나 보였는데… 그나마 나를 잡으려고 자기들끼리 경쟁이 심하였다. 약 절반은 우마차에 매여 있는 채였는데 나귀의 고삐를 풀어 서로 보여주기 바빴다. 나귀들은 몸에 상처가 없는 게 거의 없었다. 말 안장도 채 제대로 갖추지 못했는데, 나귀 등에 타보니까 미끄러지기 바빴다. 죄 없는(?) 나귀들이 괜히 측은해 보였다.

나를 안내해준 꼬마 친구가 여태까지 안내를 잘 해주었는데, 덩치 큰 꼬마 친구들이 오니까 위세에 눌렸는지 그냥 가려고 하였다. 그나마 영어를 몇 마디 하는 친구라 겨우 달래어 데려간다. 이 꼬마 친구 아니면 이

지역 지리를 모르는 나로서는 길을 헤매기 딱 알맞기 때문이었다.

길을 가다 한 사람이 자전거를 가지고 있는 게 보여 하루 빌리는 데 얼마면 되겠냐고 하니까 20파운드(5,000원)를 요구하는 게 아닌가. 전문 대여점에서는 1,000원도 채 안 하는데.

'도둑놈 같으니라구, 차라리 자전거를 한 대 사고 말지.'

이번에는 아스완 박물관으로 가는데 택시를 잡아탄다. 요금은 흥정을 해서 2파운드(500원). 택시로 달리는데 400m도 채 못 가 강변에 있는 사람에게 길을 묻는 것이었다. 박물관이 어디에 있는지도 모르면서 손님을 일단 태우고 본 것이었다. 모르면 태우질 말아야지 무조건 태우고 보자는, 그래서 손님만 골탕먹는 것이었다. 한마디 뭐라고 하고 차에서 내리니 돈 달란 말도 못 한다.

나일강변에서. 터번과 의상은 시장에서 구입한 것인데, 내가 나타나면 사람들은 신기한 듯 괴성들을 지르고 야단들이었다

길을 물어 박물관으로 가기 위해 나일강변에서 박물관행 배를 탄다. 배 안에는 누비아족들이 같이 타고 있었다. 일반 이집트인들과는 피부 색깔에서부터 다른, 기원전 한참 이전부터 이 땅에 살았던 원주민들이다. 지금은 이집트에 흡수되었지만, 갈색 아닌 까무잡잡한 얼굴에 특유의 검정색 복장을 한 게 특히 눈에 띄었다. 배를 갈아타는데 다른 사람들은 제쳐놓고 혼자 타라고 하고선 7파운드(1,750원)을 요구하였다. 가는 곳마다 외국인이라고 바가지였다. 조그만 백사장에서 축구하는 사람들이 보였는데 그중 한 사공과 흥정해 2파운드(500원)에 박물관까지 가기로 한다.

시원한 나일강을 쪽배를 타고 가니 기분이 정말 좋았다. 찰랑대는 강물도 오염되지 않아 푸르른 게 보기에도 시원하고 너무 좋았다. 이 젊은 사공 친구에게 하루 종일 빌리는 데 얼마면 되느냐고 물으니 15파운드(3,750원)면 된다고 하였다. 한국 같으면 배를 구하기도 힘들겠지만 있다 해도 스무 배 이상은 주어야 할 것이다.

박물관에 도착은 했으나 금요일이라고 여기도 휴관이었다. 할 수 없이 부근의 이슬람사원만 구경하고 다시 시내로 돌아가기 위해 강변 쪽으로 걸어간다. 가는 도중 야산 위쪽에 있는 귀족분묘군(墳墓郡)을 구경하는데 이곳도 지하 곳곳을 온통 뚫고 헤집어놓았다. 누비아족 한 모녀를 카메라에 담는데 박시시를 요구해 1파운드(250원)를 준다.

아스완 시내로 돌아가기 위해 배를 탔는데 배 주인과 다툰다. 나는 외국인이라고 1파운드(250원). 현지인은 10피아스타(25원). 한국 같으면 어린이들 눈깔사탕 값도 안 되는 적은 돈이라 아까운 건 아니지만 차별을 하니 괜히 항의를 하는 것이다. 그래도 천연덕스럽게 웃을 뿐 화내는 사람은 없었다.

오아시스 마을

숙소로 돌아와 내일 아부심벨로 일찍 떠나기 위해 잠을 청하지만 잠이 오지를 않았다. 숙소에서 오랜만에 일본사람을 만난다. 다른 나라 여행할 때는 가끔 만날 수 있었지만 이곳 아프리카에서는 코빼기도 안 보였는데, 이 친구와 이야기를 나누다가 엔카(日本演歌)인 '블루라이트 요코하마(ブルー·ライト·ヨコハマ)'란 노래를 배우게 된다. 전부터 좋아했던 노래인데 오늘에야 정식으로 배운 것이다. 그리고 일본 친구는 아리랑을 흥얼대긴 했지만 제대로 알고 싶다고 해 가르쳐준다. 전에 다른 나라에서 만난 일본 친구도 한국 노래를 가르쳐달라고 해서 그렇게 해준 적이 있었는데, 하여튼 외국에 나와 한국 노래에 관심을 가지고 가르쳐달라고 하는 사람은 오직 일본사람들뿐이었다. 일본사람들은 미우나 고우나 정서적으로 가깝다는 걸 느끼게 해주었다.

1991. 11. 30.

다음 날 새벽 일찍 일어나 아부심벨행 차를 탄다(4시 10분 출발). 7명이 탔는데 너무 이른 새벽이라 차 안에서 그대로 잠이 든다. 아부심벨까지는 3시간 20분이 소요되었다.

현지에 도착하니 7시 30분, 차에서 잠깐 걸으니 나일강변 옆에 면해 있는 아부심벨의 거상들이 금방 눈에 들어온다. 원래 신전이 있던 위치에서 아스완댐 공사로 인해 조금 위쪽으로 이전 복원한 것이라고 하는데 신전 입구에서 바라보는 수십 미터 높이 4개의 거상들은 방문객들의 입을 다물게 하였다. 신전 실내도 바위를 뚫어 만들었다는데 엄청난 규모였다. 채색벽화도 잘 보존되어 있었다.

친구들과 일대를 돌아다니다가 돌조각과 파피루스를 구입하였다. 아부심벨 일대를 돌아다니다 룩소르로 다시 돌아가기 위해 차를 타러 간다. 이곳에서 아르헨티나 친구 산티아고는 바로 카이로로 가기로 한다. 그리고 카이로에 가게 되면 '사파리 호텔'에서 다시 만나기로 하였다. 오후 7시 차를 탔는데 룩소르에 도착하니 어느덧 11시가 넘어 있었다.

1991. 11. 31.

숙소에서 아르헨티나인 마트와 거리로 나와 한 제과점으로 들어가 카스테라 같은 빵으로 아침을 때운다. 오늘은 마트 이 친구와도 이별을 해야 한다.

그동안 같이 여행하며 정이 든 친구들과 이별을 하게 되는 것이다. 며칠 전 마트, 산티아고 등 아르헨티나 친구들은 내가 2월경 남북미 여행 중 어쩌면 아르헨티나로 가게 될지 모르겠다고 하니까, 2월에 오게 되면 오랫동안 있어도 된다고 하였다. 어떻게 될지 확실히는 모르겠지만 아마 가게 되면 일주일 정도 머물 것 같다고 하니까 마트가 산티아고와 자기 집에서 돌아가며 한 달씩만 있어달라고 간곡히 부탁하였다. 한 번도 아니고 꼭 부탁한다고 너댓 번을 부탁하였다. 나로서는 고마웠다. 이 친구들에게는 내가 정도 들고 꽤나 재미있었던 것 같았다. 하기야 같이 장난도 많이 치고 미친 짓(?)도 많이 같이 했지만…. 그렇게 같이 지내다보니 자연히 정이 든 것 같았다. 친구와 헤어지기 섭섭하여 부둥켜안고 작별 인사를 한다.

"아디오스 마트."

"아디오스 미스터 리."

정들었던 친구들과 이별을 한 후 혼자 자전거를 타고 강 건너 일대를 돌아다니기 위해 간다. 오늘은 뭘 좀 건졌으면 좋겠는데…. 강 건너는 오늘로 벌써 세 번째였다. 주화를 좀 구하려고 했지만 모조리 가짜 모조품들만 갖고 설치는 바람에 결국 못 구한다.

한 가게에서 이집트 전통 옷을 빌린다. 머플러, 모자까지 그렇게 차려입고 돌아다니니 지나가던 이집션들 동양인이 신기한지 괴성들을 질러대었다.

자전거를 타고 가는데 길가에 초대형 석상이 보였다(멤논의 거상). 오랜 역사의 풍상을 맞아 고색창연한 거상이었는데, 오래전 지진에 의해 많이 파괴되어 있어서 보기에도 흉측하게 보였다.

13. 귀여운 클레오파트라의 후예들

부근에서 개구쟁이 어린이들을 만난다. 나귀 등에 올라탄 사내아이와 양을 안고 노는 여자애들이었는데, 특히 양을 안고 해맑게 웃고 있는 여자애들 모습이 클레오파트라의 후예들이라 그런지 예쁘고 귀여웠다. 천진한 꼬마들과 놀다보니 시간 가는 줄 모른다.

이곳 룩소르는 이집트 와서 둘러본 곳 중 가장 마음에 드는 곳이었다. 풍광도 그렇고, 인심도 그렇고, 볼거리도 가장 많아 좋았다. 좀 있다 귀국하면 평생 다시 못 올지도 모를 곳인데 싶어 부지런히 싫증나도록 돌아다닌다.

클레오파트라의 귀여운 후예들

저녁을 7시경에 먹었는데 또 출출해진다. 이곳 식당들은 외국인이라고 두 배, 세 배씩 막 불렀다. 그래봐야 싼 물가지만 그래도 너무들 그러니까 얄미운 생각도 들었다. 밤늦게 한 가게에 들어가 샌드위치, 삶은 계란을 구입하는데 2파운드 50피아스타라고 불러놓고 계산할 때엔 어떻게 된 일인지 3파운드(750원)를 부른다. 왜 나에게만 이렇게 하느냐고 항의하니 주인 왈,

"재패니스 노 프라브람."

하고 천연덕스럽게 말하는 게 아닌가. 하여튼 일본인들 때문에 한국인

도 덤터기 대상이 된다는 게 속상했다.

1991. 12. 1.

12시 30분발 카이로행 기차에 몸을 싣는다. 정오경에 카이로에 도착해서 사파리 호텔을 먼저 찾아간다(1박에 1,250원). 숙소에 도착하니 아르헨티나인 산티아고가 마침 있었다. 몸이 아파 외출을 못 하고 있었다. 오랜만에 이 친구와 같이 시내의 한국 식당으로 가 배를 채운다. 시내를 둘이서 돌아다니다 2시 30분쯤 숙소로 돌아온다. 방 안에는 이틀 전 룩소르에서 만난 일본 친구가 보였다. 숙소 안에 일본인 여행객들이 열 명이나 있었다. 프론트 정면에는 일본 그림액자가 보란 듯이 걸려 있었다. 작은 호텔이 일본인들 세상 같았다. 입구 4층 쪽에는 한국사람이 쓴 낙서가 보였다. 사연은 모르지만 '쪽발이 조심'이란 글귀가 쓰여져 있었다.

좀 있다 룩소르에서 만난 친구를 통해 '고초노스끼(황성의 달, 荒城の月)'란 엔카를 배운다. '부산코에카에레(돌아와요 부산항에, 釜山港へ帰れ)' 가사도 배웠는데 아리랑을 배우고 싶다 해 가르쳐준다.

기자 피라미드 앞

산티아고가 오늘 마지막으로 한번 더 놀아보자며 일본 여행객들까지 동행해 길거리로 같이 나가자고 하였다. 그래서 처음 이집트에 들어왔을 때처럼 타리르 광장 부근 길거리에서 지나가는 사람들 아무나 붙잡고,

"셸라말리킴!"

인사를 하면 어김없이

"알리킴셸람(터키식 아랍어 인사)!"

하고 인사를 받아준다. 그리고 바로 짤짤이 게임(?)을 하는데 산티아고는 내가 실수라도 하기를 기대(?)하는 듯 흥미롭게 지켜본다. 오늘도 십여 명을 붙잡고 해보았지만 거부하는 사람은 하나도 없었다. 게임이 끝나면 예의 두 팔을 벌려 포옹까지 하며 "마이 부라덜!" 하고는 한번 더 하자고들 하였다. 오늘은 다들 더욱 적극적으로 나오는 것 같았다. 일본 친구들은 처음 보는 즉석 쌈치기 구경거리가 신기한 듯 놀라는 표정들을 지었다.

"어때, 잘 봤어? 노 앵그리 이집션."

산티아고는 "크레이지 이집션!" 하며 머리를 흔든다.

"오모시로이(재미있다)!"

"쓰고이(멋있다)!"

"수바라시이(정말 멋있다)!"

일본 친구들도 한마디씩 하였다.

이집트 들어와 거리에서 즉석 짤짤이 게임(쌈치기)을 스물댓 번은 더 한 것 같았다. 한국에 있을 때는 지나가는 사람들 붙잡고 한번도 감히 이렇게 해본 적이 없었는데…

산티아고가 오늘이 이집트여행 마지막 날이라고 해 친구들과 같이 쉐라톤워커힐 호텔에 있는 카지노로 간다. 카지노장 입구 바로 옆에서는 중국의 경극 비슷한, 이집트 무예를 소재로 한 공연을 하고 있어 일행들과 같이 구경을 한다.

한국에 있을 때엔 카지노에 출입한 적이 없었는데 아프리카에서만 남아프리카공화국 여행 갔을 때 이후 벌써 두 번째이다. 오늘은 게임에 참여하지 않고 친구들 옆에서 구경만 한다.

1991. 12. 2.

점심식사 후 기자 쪽으로 가려다가 몸살기가 있는 것 같아 그냥 포기한다. 이번 여행 중 처음으로 겪어보는 것이다. 몸에 힘이 빠지고 의욕이 사라진다. 아무리 생각해도 원인을 알 수 없었다. 그렇게 무리한 적이 없었는데… 내일 이스라엘로 가야 할 텐데 걱정이 되었다.

2시경 이집트 고고학 박물관으로 간다. 친구들과 안으로 들어서니 실내 전시장에는 각종 유물들이 가득하였다. 이집트 일대에 있는 것들을 다 모아놓은 듯하였다.

겉보기엔 좀 초라한 건물이었는데, 이렇게 유물이 많을 줄 몰랐던 것이다. 투탕카멘의 황금장식 얼굴가면, 장식물, 화려한 관 등 생생한 유물들이 관람객들을 압도한다. 어느 선진국의 박물관들처럼 외관 시설에 비해 이곳은 실내의 전시품들이 분위기를 압도한다. 수천 년 전 나무배, 미이라, 각종 유물들, 나뭇잎, 바구니(대나무) 등 과연 세계적인 역사유물들의 보고(寶庫)다웠다.

몸도 피곤하고 내일 이스라엘로 떠나기 위해서 좀 쉬기로 한다. 배낭은 가까운 한국 식당에다 일단 맡겨놓기로 한다.

잠자리에 들기 전 곰곰이 생각해본다. 이번 이집트 여행에 대해서… 물론 아주 흡족한 여행길이었다. 찬란한 문화와 유물, 유적들도 실로 대단하였지만 나는 그 무엇보다도 따뜻한 이집트 사람들의 친절이 좋았다. 다시 이집트를 여행하게 되면 더욱 다양한 계층의 사람들을 만나고 싶다는 생각이 든다. 아름다운 이집트여, 친절한 이집션들이여, 꼭 다시 찾아오리라. 안녕!

8부

덴마크

스웨덴의 스톡홀름 항구에서 밤에 출발하는 기차를 탔다. 피곤해 조금 일찍 잠이 들었는데 아침에 일어나 보니 벌써 코펜하겐 항구에 도착해 있었다. 기차는 잠든 새에 통째로 큰 배에 실려 바다를 건너 덴마크에 도착해 있었던 것이다.

배에서 내려 환전을 먼저 한 후 공중전화를 찾는다. 이곳에서 태권도 사범으로 활동하고 있다는 친한 형을 찾기 위해서였다. 대사관에 전화해 물어보니 쉽게 알 수 있었다. 크게 기대를 했던 건 아니었는데 의외로 쉽게 소식을 들을 수 있었다.

코펜하겐 항구

이름은 고태정. 서울에서 오랫동안 운동을 같이 한 선배였는데 나하고는 아주 막역한 사이였다. 현재 덴마크 태권도 국가대표 감독이고 이 나라에서는 아주 유명인사라고 대사관에서 알려주었다. 연락처를 알아낸 뒤 공중전화에서 전화를 몇 번 건 끝에 통화를 하게 되었다. 내가 형 보러 여기까지 왔다고 하니까 믿지 않는 모양이었다.

2. 선배형 집에서 모처럼 포식한다

　좀 있다 시내에서 만났는데 그렇게 반가워할 수가 없었다. 같이 집으로 가니 옛날에 서울에서 오랜 세월 사귀던 여자 친구와 결혼해 가정을 꾸리고 있었다. 형수도 전부터 내 얘기를 많이 들었다며, 아주 반갑게 맞아 주었다. 초등학교에 다니는 아들도 하나 있었다. 나하고는 초면인데도 "삼촌" 하며 잘 따랐다. 오랜만에 한국 음식을 먹게 되었다. 삼겹살에 상추에 김치 등, 배가 하도 고파 밥을 세 공기를 먹으니 그제야 살 것 같았다. 이곳에서는 고기는 싼데 채소가 금값이라고 한다. 그 이야길 듣고 먹으니 더욱 맛있었다. 형은 이곳 덴마크뿐 아니라 스웨덴, 노르웨이까지 담당하고 있어 집에 있는 시간이 거의 없다고 하였다.

코펜하겐에서. 가운데는 하나뿐인 외동아들인데 "삼촌" 하며 나를 아주 잘 따른다

　형 부부는 이곳에서 산 지 12년째, 형수에게 한국에 돌아갈 생각 없느냐고 물으니 여기가 좋다고 하였다. 연유를 물으니 이곳을 떠나 한국이나 다른 나라로 가게 되면 여기만큼 삶의 질을 유지할 수가 없단다. 높은 복

지수준 때문에 세금이 많이 나가서(수입의 반 이상) 큰돈을 모을 수는 없지
만 그래도 여기만한 곳도 없다고 하였다. 그동안 여기서 오래 살면서 덴마
크어도 고생 끝에 해결하고 적응하여 부족함 없이 살고 있는데, 이 나
라의 복지 혜택에 만족하기 때문에 굳이 욕심낼 필요가 없다는 것이었다.
전에 두 번이나 큰 수술을 했는데, 한국 같으면 각자 살기 바쁜데 누가 매
일 와서 자기를 간호해줄 수 있느냐는 것이었다. 부모나 같은 형제라도 어
려운 일인데 이곳에서는 나라에서 다 해준다는 것이었다. 그러면서 좀 부
족함이 있더라도 이곳에서 살겠다고 하였다. 형수의 언니가 미국에 살고
있는데 들어오면 집도 장만해주겠다고 하고 여러 가지 면에서 혹할 만한
제안을 해왔지만 이제 이곳을 떠날 생각이 없다고 하였다.

코펜하겐 시내에서 길거리 장사를

3. 세계 최고의 복지국가에 거지협회가?

　형의 이야기를 들어보면 잘사는 최고의 복지국가에도 거지가 있다고 하였다. 내가 좀 이해가 안 간다고 하니까 설명하기를, 코펜하겐에는 약 20여 명의 거지들이 있는데, 그들끼리 거지협회란 걸 조직하였단다. 그 말에 내가 피식 웃으니, 그 사람들이 못 먹거나 옷을 못 사입어서가 아니라 단지 거지생활을 즐긴다는 것이었다. 잠은 길거리의 아무 데서나 잔다는 것이었다. 그리고 한 할머니 거지가 몸이 아파 누워 있으면 담당 간호사가 매일 나와 봐 준다는 것이었다. 그리고는 거지 환자에게 "아무 걱정 말라, 자기가 매일 봐 줄 테니까…" 참 이런 나라도 있나 싶었다. 의료 혜택을 외국인들에게도 주다보니, 독일 같은 부유한 나라에서도 부상을 입으면 일부러 온다고 하였다. 참으로 복지에 관한 한 지상낙원 같은 곳이었다.

왕궁 경비대와 인어공주상

7. 국가원수인 여왕도 장바구니 들고 장 보러 가

국가원수인 여왕도, 이 나라에서는 평범한 주부들처럼 며칠에 한 번씩 시장에 장바구니 들고 직접 장을 보러 나온다고 하였다. 형에게 그걸 어떻게 아느냐고 물으니, 형의 태권도 제자들 중에는 장관, 경찰국장, 국회의원, 여왕 경호원 등 고위직에 있는 사람들이 많아 소식을 쉽게 접한다고 하였다.

그렇게 혼자 나와도 경호에 문제 없느냐고 물으니 인기가 좋아 국민들이 다 경호원인데 뭐가 문제냐는 것이었다. 그렇게 장바구니 들고 시장에 나와서는 일반 주부들과 섞여 어울려 잡담도 나누곤 한다. 어떤 사람들은 여왕 얼굴을 보려고 하루 종일 왕궁 앞에서 기다리기도 한다. 그렇게 해서 여왕을 직접 눈앞에서 보곤 한다. 참으로 신기한 나라였다. 아무리 치안이 안정돼 있기로, 여왕이 직접 장바구니 들고 시장엘…?

치안이 어느 정도냐고 물으니 이 나라에선 범죄가 거의 없다고 하였다. 하도 범죄가 없다보니 호텔 같은 감옥이 텅 비어 있을 정도라고 하였다. 어쩌다가 소매치기가 발생하면 그것이 큰 뉴스일 정도란다. 그 소매치기도 미친놈이지 나라에서 부족함이 없을 정도로 다 해주는데 무엇이 아쉬워 그랬냐고 형에게 물었다. 신문기자가 소매치기범에게 물으니 거지 왈, 너무 심심해서 감옥에 한번 들어가보고 싶어서 그랬다고 하더란다. 참으로 희한한 나라였다. 복지가 너무 좋다보니 별 희한한 소매치기가…

코펜하겐 시내

5. 안델센 동화마을에 살고 있다는 친구를 만나러

2년 전 필리핀 여행 갔을 때 마닐라의 마비니 거리에 있는 '말라테 게스트하우스'란 숙소에서 만난 덴마크 친구가 있는데 같이 지내다가 헤어질 때 지나는 길 있으면 꼭 놀러오라며 주소를 주었는데 이번 여행길에 만나게 된다.

친구의 이름은 페얼 썸머, 안델센 동화로 유명한 오덴세에 살고 있다고 들었다. 오덴세는 인어공주, 성냥팔이 소녀, 눈의 여왕, 미운 오리 새끼 등으로 유명한 세계적인 동화작가 안데르센의 고향이었다. 그곳에 살고 있는 친구를 만나러 가기로 하였다. 형을 통해 저녁에 전화를 몇 번 시도한 끝에 친구와 통화를 하게 되었다. 뜻밖의 전화였는지 아주 놀라는 목소리였다. 한번 방문하고 싶은데 내일 시간이 어떠냐고 물으니 괜찮다며 오라고 하였다. 그렇게 해서 그날 바로 짐을 싸서 오덴세로 내려가기로 한다. 일정이 혹시 어떻게 될지 몰라 형네 집에서 짐을 다 챙기고 나온다. 코펜하겐에서 오덴세로 가기 위해서는 항구까지 기차를 타고 가, 큰 배에 기차를 통째로 싣고 도선을 하게 된다.

오덴세 쪽 항구 배 안의 기차에서 시간 여유가 있는 것 같아 배 안의 이곳저곳을 돌아다니다 시간을 보니 기차를 탈 시간이 되어 돌아가려는데 모양이 같은 기차가 배 안에 정차해 있어 혼동이 되어 헤매다 보니 시간을 놓치게 생겼다. 양방향의 기차였다.

덴마크 친구와 친구의 다락방

6. 눈앞에서 가이드 책 한 권 남기고 배낭을 통째로 떠나보내

　남은 시간은 1분, 당황한 나머지 눈앞에서 기차를 놓치게 생겼다. 땀을 흘리며 바쁘게 움직였으나 결국 눈앞에서 기차를 놓치게 되고 만다. 외국 여행 다니다 처음 겪어보는 일이었다. 역무원에게 사정을 설명하니 너무 걱정하지 말고 오덴세로 가서 기다리라고 하였다. 손에는 가이드 책 한 권만 달랑 들고 다음 기차를 타고 오덴세로 간다. 참으로 난감하였다. 아니 눈이 캄캄하였다. 오덴세에 도착해서 코펜하겐의 형과 오덴세의 친구에게 전화를 하였다. 소식을 듣고 마중 나온 친구는 반가워하면서도 뜻밖의 상황에 놀라는 표정을 지었다. 친구와 역 안 사무실로 들어가서 사정을 설명하니 내일 이 시간에 오라고 하였다. 나는 거의 포기 상태였는데 친구는 너무 걱정하지 말고 하루만 기다려보자고 하였다. 그래서 일단 집으로 가니 부모님들께서 한국에서 왔다고 반갑게 맞아주셨다.

　저녁식사 후에는 친구가 동네의 친구들을 불러모아 소개해주어 밤늦게까지 어울린다. 다음 날 역으로 나가니 조금만 있으면 기차가 들어오니 기다리라고 하였다. 혹시나 하고 일말의 기대를 해본다. 잠시 후 기차가 도착하였는데, 어저께 타고 왔던 내 좌석에 가보니 정말로 믿기지 않게도 선반 위에 내 배낭이 그대로 있는 게 아닌가. 전혀 손을 타지 않았던 것이다.

동화 같은 마을 풍경, 공원에 산책 나온 아기들

"휴우!"

그제서야 가슴을 쓸어내린다.

이 정도였나, 덴마크의 치안이… 여느 나라 같으면 꿈도 못 꿀 일이었다. 배낭을 찾으니 기분이 날아갈 것 같았다. 이제 오덴세에 있는 동안은 아무 걱정 없이 즐겁게 시간을 보내기만 하면 되는 것이었다.

친구네 집은 덴마크의 전형적인 목조가옥이었는데, 어릴 때 아버지와 이웃사람들의 힘으로 손수 지었다고 한다. 목재는 100년 이상 된 것들로 이루어졌다고 하였다. 이웃의 집들도 100년 이상 된 집들이 많다고 하였다. 개중에는 300년 이상 된 가옥들도 있다고 하였다.

가족들과 함께. 멀리서 찾아왔다고 아주 자상히 대해주셨다

부모님들은 멀리 동양에서 찾아와주었다며, 아주 친절하게 대해주셨다. 그래서 오덴세에 머무르는 동안에는 친구네 집에서만 지내기로 한다. 식사도 내가 동양인이라고 주식인 빵이 아니고 감자와 콩을 위주로 한 식탁으로 특별히 배려해주셨다.

저녁에는 페얼 썸머의 동네 친구들을 초대하였다. 젊은 남녀 친구 7~8명이 동양에서 온 나를 보기 위해 일부러 모인 것이다. 모두 다 멀리서 왔다고 반갑게 맞아주었다. 그들과 밤늦게까지 즐거운 시간을 보낸다. 친구는 예쁜 친구가 오늘 좀 멀리 가 있는데, 내일 오는 대로 소개해주겠다고 하였다. 그 친구도 좋아할 것이라며 같이 데이트도 해보라고 하였다.

아름다운 동화의 마을 오덴세, 오랫동안 기억될 것이다. 그리고 고맙고 다정한 친구도….

9부

일본

1. 여행 자금 마련을 위해 길거리 장사를

세계여행을 하는 동안 7년간은 무전여행을 했는데, 경비를 위해 좌판 장사, 길거리 악사 두 가지를 병행했다. 주 수입원은 장사였다. 일본을 비롯해 홍콩, 태국, 러시아, 남아프리카공화국, 덴마크, 프랑스, 터키, 인도, 네팔, 필리핀, 영국, 캐나다 등 각 대륙을 돌며 장사를 하게 되는데 주로 많이 뛴 곳은 일본, 홍콩, 태국이며 그중에서도 일본에서 가장 오랜 시간을 보내게 된다.

도쿄에서 장사를 하기 위해서는 장소가 필요한데 아무데서나 할 수 있는 상황은 아니었다. 다행히 아는 사람의 소개로 야쿠자 중간 보스를 알게 되는데 그의 협조를 받게 된다.

일본에는 엄연히 치안담당 경찰관들이 있지만 일본의 특수한 상황 때문에 야쿠자들을 빼놓고는 이야기할 수가 없는 것이다. 일본의 야쿠자 조직들은 큰 조직의 경우 수만 명의 조직원을 거느리고 있는데, 그중에서도 가장 큰 조직은 고베(神戶)를 본거지로 하는 야마구치구미(山口組)조직이다. 연 수입만도 800억 달러에 달하는데 매출 규모에서 일본 8위 규모 기업에 해당한다고 한다(글로벌 기업인 히타치 다음 순위).

조직원만 놓고 보면 일개 군단을 능가하는 규모이다. 1990년대에 약 8만여 명으로 들었는데(동경을 거점으로 한 스미요시파는 약 5만 명 규모), 경시청이 집계한 야마구치구미 조직원 수는 2010년 약 2만 명, 2015년 현재 16,000명 수준으로 줄었다 한다. 2015년 1월 고베 본부에서 100주년 기념식을 가졌다고 한다.

히로시마의 노면 전차. 한국에서는 이미 사라진 전차가 지금도 운행되고 있다

프랑스 노틀담사원 앞 길거리 장사. "이 목걸이 어디서 온 거요?" "인도에서 가져 왔어요" "비싸지 않수?" "싸게 드릴게요" "무전여행?" "예" "정말 좋은 때로군, 부럽 구만…"

개같이 벌어서 정승같이 쓴다는 말이 있는데, 야마구치구미는 사회 공헌에도 적극적이라 한다. 예를 들면 마약 추방 운동, 불우이웃 돕기, 명절에 동네 주민들에게 떡을 돌리고, 동네 청소도 하며, 지진이나 태풍과 같은 재난시에 먼저 들어가 재난민들을 돕는 등 우리가 알고 있는 일반 깡패 세계와는 좀 다른 차원인 것이다.

재미있는 것은 하부구조에서 활동하는 찐삐라(졸개)말고 중간급 간부나 상부 쪽에 한국계가 상당히 있다는 것이다. 당시 최고 오야봉도 한국계라 들었는데 확실히는 잘 모르겠다.

내가 20대초에 도장에서 운동할 적에 들었는데, 주위의 선배들에게도 일본 야쿠자 조직의 중간보스로부터 스카웃 제의(?)가 종종 들어오곤 하였다. 한국계들이 왜 그런 활동을 하게 됐는지 정확히는 모르지만 야쿠자들의 세계를 좀 들여다보면 알 수 있다. 내가 동경 신주쿠, 시부야 등에서 만난 한국사람들도 야쿠자 조직원들이었다.

야쿠자 활동을 하다가 이런 저런 이유로 조직을 탈퇴할 때는 손가락 하나를 절단한다고 한다. 부산에서 만났던 야쿠자 출신 아저씨도 손가락 하나가 끊어져 있었다.

한국에서는 폭력조직원끼리의 싸움이라도 총기가 사용됐다는 이야기는 들은 적이 없었는데 일본은 상황이 달랐다. 유흥가가 밀집한 동경 신주쿠에 있는 가부키초(歌舞伎町)거리에서 서로 다른 조직원끼리 대낮에도 총기를 난사하는 것은 그리 놀라운 뉴스가 아니었다. 한국 식당 주인 아주머니에게 물어보니 대낮에도 총을 빵빵 쏘아대서 시끄러워 죽겠다고 투덜투덜대었다.

3. 경찰 아닌 야쿠자에게 더 신경 써야 하는 노점상들

노점상들이 신경 써야 할 것은 경찰 문제여야 상식 같은데, 그들은 야쿠자들에게 더 신경을 써야 한다는 것이었다. 그것이 일본의 오늘이자 현실인 것이다. 야쿠자들의 주도권 다툼 때문에 골치 아픈 것은 경찰도 마찬가지였다. 오죽했으면 경찰들이 나서(?) 야쿠자 조직들끼리 싸우지 말고 잘 좀 지내라고 부탁했을까. 그래야만 조용해질 테니까…. 일반 시민들도 야쿠자라고 하면 두려워하는데, 적잖은 사람이 한국계라는 현실은 참으로 아이러니가 아닐 수 없다. 요즘은 극히 일부지만 중국계도 있다고 한다.

도쿄에서 고급 술집이 가장 많이 모여 있는 곳은 아까사까(赤坂) 거리인데 이곳의 술집 거리는 야쿠자들의 전용 술집이라 해도 과언이 아닐 것이다. 전체 매상의 대부분을 야쿠자들에 의해 올리니 그럴 만도 한 것이다. 내가 이케부쿠로(池袋)의 한국인 민박집에 머물 때였다. 주인 아주머니의 남동생(30대 중반)이 일을 하러 다니는 곳이 아까사까의 한 고급 술집이라고 하였다. 한번은 집에 일찍 들어왔길래 이 얘기 저 얘기를 나누다 자기가 다니는 술집 이야기를 들려주었다. 손님들은 거의 야쿠자들인데 돈 씀씀이가 일반 회사원이나 공무원들하고는 차원이 다르다고 하였다.

일반 회사원들은 기껏해야 몇십만 원짜리(한국 돈 기준) 시켜놓고 홀짝거리는데 야쿠자들은 돈을 어떻게 버는지 모르지만 한 병에 사오백만 원짜리(1990년 중반 기준) 양주를 거리낌없이 시켜놓고는 반병도 채 안 마시고, 몇 잔만 마시고는 그냥 나간다고 하였다(그 반병 값이면 그 당시 한국에서는 웬만한 월급쟁이 두 달 월급에 해당). 오늘도 한 손님이 그렇게 남기고 간 걸 자기가 한잔 마셔보았는데 입안이 살살 녹더란다. 이 친구 표현을 빌리면 그건 술을 마신게 아니고 돈을 마신 것이라나….

도쿄(東京)가 대도시로 발전하기 시작한 것은 1603년 도쿠가와이에야스

(德川家康)가 에도(江戸)에 막부를 연 때부터이다. 18세기 초에는 인구 120만이라는 대도시로 발전하였다. 2차 세계대전 시기 연합군의 대공습으로 도시 전체가 거의 폐허가 되다시피 하였다.

좌판 장사를 하다가 좀 피곤할 때는 시부야에서 가까운 하라주쿠(原宿) 공원에 가서 쉬곤 하는데 공원이 조용해서 공기도 좋고 해 기다란 벤치에 앉아 쉬곤 하였다. 가끔 한일 간에 문제가 되곤 하는 야스쿠니(請國)신사도 이곳에 있는데 하라주쿠를 찾는 젊은이들은 별 관심이 없는 듯 보였다.

히로시마 원폭돔. 2차대전 시기 원자폭탄에 피폭당한 상징적인 곳이다

7. 질서정연한 우에노 공원의 벚꽃놀이

우에노(上野) 공원은 일본에서 가장 오래된 동물원으로 유명한 곳인데, 벚꽃이 피는 봄이면 상춘객들로 일대 장관을 이룬다. 공원 전역에 활짝 핀 벚꽃나무 아래에는 돗자리 같은 걸로 자리를 깔고 가족끼리 식사도 하고, 술도 한잔 걸치며 담소를 나누는 봄나들이객들로 인산인해를 이룬다. 그야말로 걸어다닐 공간도 없을 만큼, 발 디딜 틈도 없는 것이었다.

창경원(현 창경궁) 밤 벚꽃놀이 때도 입장하려는 사람들로 북새통을 이루었지만 그건 차라리 약과 같았다. 특이한 것은 그렇게 많은 사람들이 모였지만 휴지가 거의 눈에 안 띌 만큼 질서가 정연하다는 것이었다. 우리도 그런 질서 의식은 좀 배워야 할 것 같았다.

그런데 좀 묘한 것은 전철역 신주쿠(新宿) 역 히가시구찌(東口) 입구 쪽에 가보면 그런 질서 의식이 안 보이는 것이었다. 여느 도쿄 거리를 걸어다녀도 쓰레기들을 보기 힘든데 이곳은 어찌 된 건지 담배꽁초 천지이다.

다른 역에서는 볼 수 없는 풍경인데 굳이 이곳만 그런 것은 젊은 사람들이 담배꽁초를 이곳에 버림으로써 일종의 사회에 대한 스트레스를 푸는 것 같았다. 동경에 몇 년간 있었지만 매일 보았던 현상이다. 희한한 스트레스 푸는 법도 다 있구나 싶었다.

오사카에서 만난 친구(올해 고교 졸업반이다)

5. 하라주쿠에서 만난 노숙자 캐나다 친구 싸이몬, 밴쿠버에서 재회하다

캐나다 밴쿠버에는 일본 도쿄에서부터 알고 지냈던 싸이몬이라는 친구가 살고 있다. 이 친구는 도쿄에 와서 시부야 쪽에 있는 하라주쿠 공원에서 주로 노숙을 하며 지내고 있었는데, 내가 공원에 쉬러 갔다가 우연히 만나게 되어 알게 된 사이였다. 낮에는 주로 신주쿠나 시부야의 길거리에서 기타를 연주하며 그 수입으로 어려운 여행 생활을 하고 있을 때였다.

나는 그 당시 도쿄 시내에서 길거리 장사를 하고 있었다. 사정을 들어 보니 딱해 보여 내가 물건을 대주고 장사를 시켰다. 얼마 안 되는 수입이었겠지만 조금이라도 도움을 주려고 하였던 것이다. 장사가 끝나고 공원에서 같이 앉아 술도 마시며 친하게 지냈던 그런 사이였다.

캐나다 여행 갔다가 밴쿠버 시내를 혼자 돌아다니며 길거리 장사 할 만한 곳을 알아본 후, 그 친구가 생각나 집으로 전화를 하니 놀라는 목소리였다.

곧 시내 모처에서 같이 만난다. 너무 반갑게 맞아주었다. 친구를 한 명 데리고 나왔는데 인사를 나눈 후 그 친구와 함께 저녁식사를 한 후 술도 한잔씩 했는데, 싸이몬의 친구가 자신의 아지트로 가자고 해 다시 그쪽으로 자리를 옮긴다. 택시를 타고 도착하니 그가 있는 곳에는 기타 수십 대가 전시되어 있었다. 그의 직업은 기타 수리공이었던 것이다.

그의 말에 의하면 그는 일 년에 육 개월은 이곳 밴쿠버에서 머물고, 나머지 육 개월은 태국에 가서 지낸다고 하였다. 그러니까 육 개월 이곳에서 일해 모은 돈을 물가가 싼 태국에 가서 쓰며 인생을 즐긴다는 것이었다. 듣고보니 그것도 괜찮겠다는 생각이 들었다. 태국에 갔을 때 이 친구와 비슷한 부류들을 여러 명 만난 적이 있었기 때문에 그리 놀랄 일은 아니었다. 그리고 이 친구만 그런 게 아니고 주위에 그런 친구들이 몇 명 있다고 하였다. 싸이몬도 자리가 잡히면 그렇게 할 생각이라고 하였다.

나리따 공항에 갔을 때이다. 40대 초반의 여자분을 우연히 만나게 되어 이 얘기 저 얘기를 나누게 되었다.

현재 지방의 한 고등학교에서 교사를 하고 있는데 담당 과목은 역사라고 하였다. 여름방학을 이용해 프랑스에 여행 갔다가 오늘 귀국하는 길이라고 하였다. 비행기를 갈아타기 위해 대기 중이었는데 나를 만나게 된 것이다.

"도코카라 키마시다까(어디서 오셨나요?)"

"강곡쿠카라 키마시다(한국에서 왔습니다)."

"데와, 강곡쿠징데스네(그럼, 한국분이군요?)"

"하이(예)."

"참으로 반갑습니다."

"예?"

"저는 한국사람들을 정말로 좋아합니다."

뜬금없다는 생각이 들었다.

"무슨… 특별한 사연이라도 있나요…? 한국에는 가봤나요?"

"네. 부여, 공주, 경주를 갔다 왔는데 정말 나에게는 인상 깊은 여행길이었어요."

"혹시 전공하고 관계라도 있나요?"

"물론이죠. 제 전공이 역사학인데 한국은 정말 내가 태어난 모국 같은 곳이었어요."

감이 잡히는 게 있어

"구다라(백제) 지역을 많이 들러봤겠네요."

"네, 저에게는 시라기(신라) 지역도 그랬지만 특히 구다라 지역은 정말 잊을 수가 없는 곳이었어요."

"지금 그곳에는 유적들이 남은 게 거의 없었을 텐데요."

"눈에 보이는 건 별로 없었지만 적어도 나에게는 최고의 지역이었어요."

"그러세요. 그래도 어떤 것이 특히, 어떤 면에서 마음을 끌었는지?"

"구다라는 특히 우리 조상님들과 밀접한 관계에 있기 때문에 더욱 그런 것 같았어요. 조상님들과 문화가 다 한반도에서 왔으니까요."

"혹시 일본사람들한테 이런 말 해도 괜찮나요?"

"괜찮아요."

"그래도 싫어하는 사람들도 있을 텐데…."

"아니에요, 일본사람들은 민나 강곡구징데쓰(전부 한국사람입니다)."

"그걸 어떻게 확신할 수 있습니까?"

"제 전공이 역사학이잖아요."

"그렇군요. 학교에서 그 사실을 다 가르칩니까?"

"공개적으로는 안 하지만 역사에 조금이라도 관심을 가진 사람들이라면 그것을 인정 안 할 수 없어요. 그리고 꼭 그렇게 안 가르쳐도 여러 경로를 통해 가야, 고구려, 신라, 백제에 대해 알게 돼요."

"그렇군요. 그럼 저하고는 형제자매간이 되겠네요."

"그렇죠. 일본사람들은 싫든 좋든 이런 역사적 진실에서 벗어날 수 없어요."

"학생들에게 이런 사실을 가르치면 반감을 안 갖던가요?"

"처음엔 좀 당황해하다가도 상세히 지나온 역사적 진실들을 가르쳐 주면 받아들여요."

그 고등학교 여선생과 오랜 시간 대화를 나누고는 헤어지는데 지나가는 길 있으면 꼭 들러달라며 주소와 전화 연락처도 가르쳐주었다.

그 뒤로도 일본에 몇 년간 체류할 동안이나, 외국여행 중 만난 일본인들 중에 그런 사고를 가진 사람들을 가끔 만나게 된다. 현재의 정치 상황은 껄끄럽지만 어딘가 미워할 수 없는 그 무언가가 내재되어 있는 것 또한 사실이었다. 한마디로 요약하면 정치는 정치, 역사는 역사, 진실은 진실인 것이었다.

7. 일본어 왕초보 때 실수연발

도쿄 시부야(渋谷) 거리에서 장사를 하다가 한 손님이 자기가 있는 곳을 가르쳐주며 시간 날 때 언제 한번 와달라고 하였다. 그래서 좀 한가한 틈을 타 점심식사 후 시부야 역 뒤쪽에 있는 여자 손님의 사무실로 찾아가는 길이었다. 그때만 해도 일본어가 한참 서툴 때라 조심해야 한다고 몇 번이나 다짐하고는, 지나가는 30대 초반의 남자에게 목소리를 살짝 낮추어

"쓰마미생."

이라고 하니까 상대 쪽에서 갑자기,

"쓰, 미, 마, 생!"

하고 큰 소리로 말하는 게 아닌가.

아차차! 이거 큰 실수를 한 것이었다. "쓰미마생"이 정확한 발음이었는데 너무 조심하다 보니 긴장이 되어 나도 모르게 "쓰마미생"이라고 하였던 것이다. 그 말뜻은 한국어로 실례합니다가 아니고 "합니다 실례"쯤이 되는 뜻이었다. 한국에서 일본사람이 반대로 나처럼 "합니다 실례"라고 해 왔다면 나도 그렇게 하지 않았을까 싶었다. 그래도 내가 일본인이 아니라 그런지 그 젊은 사람이 거리에서 바로 교정을 해주고는 주소를 보여달래서 메모지를 보여주니까 자기가 그곳까지 안내해줄 테니까 따라오라고 하였다. 코미디 같은 실수를 하였지만 친절하게 그곳까지 안내해주어 참으로 고마웠다.

또 한번은 신주쿠 니시구찌(西口) 쪽의 지하 통로에서 장사를 하고 있었는데, 60대 초반의 어르신이 이것저것 물어보는데 내가 답변을 해야 할 상황이 되어,

"하이. 와까따요(예, 알겠습니다)."

하고 힘차게 답변하니까, 그 어르신 나를 빤히 쳐다보더니

"아나따, 도꼬(어디서 왔나)?"

하는 게 아닌가.

"강곡쿠카라 키마시다(한국에서 왔습니다)."

라고 답변하니까 기분은 언짢아하시는 눈치가 아닌데 좀 황당해하는 표정을 지으셨다. 그러니까 한국말 같으면 "와까리마쓰"나 "와까리마시다"로 하면 "예, 잘 알겠습니다" 하고 존댓말이 되는데 젊은 놈이 어르신한테 "와까따요(알겠다)"고 그것도 큰 소리로 반말로 지껄였으니 얼마나 황당했을까. 머리를 긁적거리고는 머리를 조아리고는 "죄송합니다"라고 하니까, 괜찮다, 염려 말라고 하시면서 그래도 외국에 와서 고생한다고 물건도 몇 점 사주셨다. 어휴! 이거 무슨 망신이야.

호주 시드니 길거리 연주 2인조로… 이 친구는 미국에서 왔는데 밤에는 나이트클럽에서 연주자로 일하고 있다. 아주 플레이보이 친구이다. "리, 이번에 무슨 곡 할까?" "섬머타임(Summer Time)어때?" "좋아, 신나게 한번 놀아보자구" "오케이!"

또 한번은 재일교포 무용가 여자분(나하고는 전통무용을 같은 인간문화재 선생님 밑에서 배운 동문)을 찾아 도쿄 어느 지역을 찾아가는데 그때도 일본 어를 잘하는 것도 아니고 어정쩡한 때였다. 한 40대 중순의 여자분에게 길을 묻는데 내가 뭘 잘못 발음을 했는지 갑자기 못 알아들을 말로 나를 꾸짖는 것이었다. 부근에 있는 여러 사람들이 모여드니 그 사람들에게 여 자분이 뭐라고 하는 것 같았다. 대충 분위기상 정리를 해보면 이 사람은 일본사람인데 외국인 흉내 내며 짓궂게 희롱한다고 하는 것 같았다. 그래 서 내가

"와타시와 혼또니 강곡쿠징데쓰(저는 정말 한국인입니다)."

"저는 일본어를 조금밖에 못합니다."

라고 하니까, 그래도 못 믿겠는지 주위 사람들이 한마디씩 쏘아붙이는 것이었다. 얼굴은 같은 동양인이고, 일본어도 문맥은 맞출 듯 말 듯 헷갈 리게 대화를 하니… 뭐가 잘못됐는지 손가락질들을 해대니… 겨우 그곳 을 빠져나온다.

휴! 무슨 이런 경우가 있나. 외국인인 내가 일본어를 잘 못하는 것은 당 연한데 왜들 저렇게…? 하루라도 빨리 일본어를 배워야지 이게 무슨 꼴 이람. 물론 덕분에 그 뒤로 시간만 나면 일본어를 독학 공부해 이제는 큰 불편은 없을 만큼 구사하게 되었다.

재일교포들이 많이 살고 있는 신오쿠보(新大久保)의 민박집에 머물고 있 을때였다. 내가 묵고 있는 민박집 여주인은 50대 중반의 한국분이었는데, 남편되는 사람은 현지 일본인으로서(50대 후반) 야쿠자 조직의 찐삐라(졸 개) 출신으로 은퇴한 후 쭉 집에만 틀어박혀 사는 그런 형이람. 키도 크 고(180㎝) 덩치도 좋았는데 얼굴 생김에서 풍기는 분위기가 하부조직인

행동대 출신 같았다. 이분도 예의 손가락 하나가 절단되어 있었다. 한국 부인과 같이 살고 있지만 한국말은 전혀 못하였다.

한번은 신주쿠 역 히가시구찌(東口) 쪽에 있는 지하도에서 장사를 끝내고 숙소로 돌아오니 아는 체하였다. 그러고 보니 내가 이곳에 온 지도 벌써 일주일이 다 되었는데 이 아저씨 밖에 나갔다 오는 걸 한번도 본 적이 없었다. 매일 방과 방 사이를 오가며 할 일 없이 텔레비전이나 보고 가끔 민박을 든 손님들에게 괜히 몇 마디 건네는 게 다였다. 하루이틀도 아니고… 이상해서 같은 방에 들어 있는 같은 한국인(30대 중반) 남자에게 물어보기로 한다.

교토 시내 거리 모습

"저기… 저 일본인 주인 아저씨 있잖아요."

"예."

"내가 이곳에 온 지 벌써 일주일이 다 되었는데, 밖에 나가는 걸 한번도 본 적이 없는데… 혹시 외출하는 걸 본 적이 있나요?"

"아뇨, 나도 못 봤어요."

"그 참, 이상하잖아요. 어찌 저렇게 하루 종일 그것도 매일 방에만 틀어박혀서 나갈 생각도 안 하시는지…."

"그러게 말입니다. 나도 여기 온 지 벌써 3개월이 지났는데, 그동안에 단 한번도 집 밖으로 나가는 걸 본 적이 없어요. 그리고 내가 오기 전에 묵고 있던 사람에게도 궁금해 물어보니 자기도 이곳 숙소에 든 지 2개월째인데 바깥 출입하는 걸 한번도 본 적이 없다고 하더라구요."

"저, 혹시 뭐 잘못된 사람 아닐까요?"

"글쎄… 허우대는 멀쩡한데 말하는 폼을 봐서는 꼭 또라이 같기도 하고…."

"참, 알 수 없네요. 어찌 문 밖으로 한 발자국도 안 나가는지… 저 한국인 아줌마와 정식 부부 맞나요?"

"맞긴 맞나봐요. 아줌마는 정상 같은데… 어찌 보면 안됐어요. 어찌 저런 사람을 만나가지고."

"생활은 어떻게 유지한대요?"

"여기서 나오는 민박비하고 아줌마가 소개소 하며 번 돈으로 생활하나 봐요."

"그럼 저 남자는?"

"그냥 백수죠 뭐. 야쿠자 찐비라가 뭐 할 게 있겠어요. 말하는 것도 보면 밥맛 떨어지기 딱 알맞게 하고…"

　내가 평생 살아오면서 방 안에서만 저렇게 오랜 기간 외출도 않고 사는 사람은 처음 보았다. 환자라면 모를까, 신체가 멀쩡한 사람이….

교토 도지(東寺)의 오중탑

고베(神戶)친구 마키짱

10. 동병상련의 친구 영국인 안디

내가 시부야 역 가까운 곳에서 길거리 장사를 하고 있을 때였다. 가까운 곳에서 같이 길거리 장사를 하고 있는 안디라는 영국인 친구가 있었다. 이 지역은 일본 여느 지역처럼 이스라엘 친구들이 상권을 거의 장악하다시피 하고 있었다. 이스라엘인들은 좌판 가게를 각 지역 곳곳에 아르바이트생(주로 외국인들, 일부 이스라엘인도 포함)을 고용해 큰 규모로 장사를 하였는데, 그 규모가 한국의 웬만한 중소기업 사장은 상대가 안 될 정도의 파워를 가지고 있었다. 이스라엘 친구들이 너무 설쳐대다보니 다른 외국인들은 자연히 비슷한 처지의 외국인들과 어울려 지내곤 하였다. 영국인인 안디는 동생과 같이 일본에 왔는데 현재 동생은(이복동생) 영어학원 강사로 나가고 안디만 길거리 장사를 하고 있었다.

나하고는 아주 친한 사이였는데 안디가 두어달 전부터 이스라엘인이 데리고 있던 현지 여성(이름 와까바, 20대 중반)을 아르바이트생으로 고용하고 있다가 시간이 좀 지나니 어느덧 연인관계로 발전해 있었다. 와까바라는 현지 여성은 얼마 전만 해도 자기를 고용하고 있었던 이스라엘 친구와 연인 사이였는데 차를 바꿔 탄 셈이었다. 한번은 전 남자친구와 이스라엘 텔아비브로 놀러갔을 때 찍은 사진이라며 나에게 보여주었다. 현지 전통의상을 입고 요염하게 찍은 사진이었다. 화장도 특별히 남자가 소개해 진하게 하였단다. 남자 친구가 그런 것을 좋아한다나? 하긴 내가 봐도 요염하게 찍혀 있었다. 전 남자친구에 대해 물어보면 숨기지 않고 잘 대답해주곤 하였다.

11. 안디와 진한 키스를 나누는 와까바

　한번은 그녀와 안디, 안디의 동생, 그리고 나와 함께 늦은 밤 일이 끝나고 가까운 곳의 가라오케로 놀러가게 되었다. 그곳에 도착하니 와까바의 남자 친구들 서너 명도 당도해 있었다. 넓은 룸에 들어가 술도 마시고 돌아가며 각자 노래들을 부르고 춤도 추었다. 그리고 앉아서 이 얘기 저 얘기를 나누다가 안디가 옆자리에 있는 아까바와 갑자기 사람들 보는 앞에서 진한 키스를 나누는 게 아닌가. 나는 좀 당황하였다. 다른 자리라면 몰라도 이렇게 안디의 남동생과 나 그리고 와까바의 동네 남자 친구들도 다 보고 있는데…. 안디는 영국인이니까 그렇다 치지만 동양인인 와까바가 그렇게 대담스럽게 행동할 줄은 몰랐던 것이다.

　며칠 후 장사를 하고 있는데 안디의 또 다른 영국인 친구(영어학원 강사)가 내가 있는 곳을 지나가다

　"와까바 프리우먼!"

　하고 지나가는 게 아닌가. 그는 벌써 와까바의 자유분방함을 알고 있었는지 그렇게 말한 것이었다. 아무리 일본 여자라지만 그렇게 대담할 수가 없었던 것이었다.

　그 후 한번은 안디가 거처하고 있는 아파트로 와까바와 나, 그리고 안디 동생이 같이 가서 술들을 마시고 늦게 잠들을 자는데 방 하나에 다 같이 누워 자는 상황이었다. 불을 끄고 자는데 그만 못 볼 것을 보게 된 것이었다. 안디와 와까바가 실오라기 하나 걸치지 않고 등을 위로 한 채 누워 있는데 히프라인이 땀에 젖은 채로 드러나 있는 게 아닌가. 안디의 남동생은 술에 완전 곯아떨어져 코를 골았지만 나는 완전 취한 상태는 아니었는데… 그냥 몸을 틀어 못 본 체할 수밖에… 그런 상황을 안디란 놈은 아는지 모르는지….

다음 날 시부야에서 만난 안디에게 지난밤의 진한 애정행각을 고백하라 했더니 이 친구 허리를 툭툭 치며,

"미스터 리, 미스터 리."

하며 얼버무리려 하는 게 아닌가. 어쨌든 영국 친구도 그렇지만 일본 여성의 화끈한 행동에 두 손 두 발 다 들었던 것이다.

나이롱 데이트(고베 神戸)

12. 친절한 할아버지의 길안내

고도(古都) 교토에 갔을 때이다. 시내에서 길을 헤매고 있는데 한 70대 초반의 할아버지가 나를 외국인 여행객이라고 여겼는지,

"어디를 찾아요?"

하고 물어왔다.

"○○를 찾아가려고 하는데 주소만 가지고 찾기가 힘드네요."

"어디 줘봐… 한국사람?"

"예."

"흠, 한국사람이라… 좋지, 좋아."

그래서 주소가 적혀있는 가이드 책을 건네주니, 읽어보고서는 그곳까지 안내해줄 테니 따라오라고 하셨다. 같이 길을 가다 막히면 지나가는 행인들에게 물어보곤 하셨다. 잠깐도 아니고 그러기를 삼십 분 넘게 하셨다.

죄송해하니까 미안해할 거 없다고 하시며 굳이 목적지까지 따라가주셨다. 거의 한 시간 가까이 걸렸는데 그 친절성에 혀를 내두를 지경이었다. 외국인이라곤 하지만 처음 보는 사람을 위해 수고를 아끼지 않는 그 친절에 머리가 저절로 숙여졌다. 교토만이 아니었다. 일본 전국을 돌아다니며 그런 일들을 심심치 않게 겪다보니 일본사람들을 다시 보게 되는 것이었다. 물론 일본 사회도 여느 나라처럼 도둑, 강도, 사기꾼들이 없는 건 아니지만 친절에 관해서는….

13. 길거리 장사 직접 단속 나온 파출소장

도쿄 시부야에서 길거리 장사 할 때였다. 특히 사람들이 많은 일요일 시부야 역내에 있는 파출소에서 특별히 길거리 단속을 나온 것이었다. 대표인 파출소장까지 대동해서….

이곳 거리 일대에서 장사하는 사람들은 이스라엘인, 캐나다인, 미국인, 한국인 등 주로 외국인들이 많았다. 이곳은 홍콩이나 태국, 대만처럼 일시에 기습해 단속을 하는 것이 아니었다.

아래쪽에서부터 하나둘씩 정리해 오더니 드디어 나에게로 다가오고 있었다. 먼저 부하 경찰이 나에게 왔다.

"리상, 교우와 다메(오늘은 안 돼), 빨리 치워."

이 친구는 나와 안면이 있는 사이였다.

"왜, 안 치우면 안 돼?"

"오늘은 특별히 상부에서 지시가 떨어져 두목이 직접 나왔으니 치워야 돼."

"두목, 어디 있는데?"

"저쪽에 안 보여? 다들 치우고 있잖아."

"오늘따라 왜 왕초가 직접 나서는 건데?"

"난들 어떻게 알아. 얼마 전 신주쿠 쪽에서 이스라엘인이 같은 이스라엘인을 총으로 쏴 죽인 사건이 일어나 도쿄에 비상이 걸렸어. 그러니 당신도 좀 조심하는 게 좋을 거야."

그때 아래쪽에서 단속하고 있던 파출소장과 부하들이 내가 있는 쪽으로 다가왔다.

"여기 안 치우고 뭐해?"

"예, 말했어요. 치우라고…."

파출소장이 어깨를 쭉 펴더니 무게를 잡았다. 나도 재빨리 접는 시늉을
한다.

"빨리 치워. 우리 소장님 고와이 히도다(무서운 사람이야)."

소장님 들으라고 큰 소리로 말하였다. 조용히 그냥 치우면 될 것을 괜
히 나도 한마디 덧붙인다.

"와따시가 미따라 혼또니 야사시이 히도다(내가 보기에는 정말로 부드러운
사람이다)."

오사카 밤거리

소장이 같잖은지 쓴웃음을 짓고는 자리를 뜬다. 젊은 경찰 친구와 치우는 척하다가 내가 팔고 있던 물건 한 점을 선물한다.

"자, 선물이야."

"아, 이러면 안 되는데… 전에도 받았는데 미안해서…."

"다이조브(괜찮아)… 소장님께 잘 말씀드려줘. 와따시와 빔보카라사(나는 가난하기 때문에) 장사 안 하면 굶어 죽어. 그러니까 오니상(형)이 날 도와줘, 알았지?"

"하여튼 알아서 눈치껏 잘해. 왕초가 직접 나올 땐 치우는 시늉이라도 좀 해주고."

"알았어."

그리고는 어깨를 몇 번 토닥거려 보낸다. 그래서 안면이 중요한 것이었다.

장사를 하다보면 일반인은 물론 유흥업소 종업원, 예술인, 연인들까지 상대하게 된다. 한번은 20대 후반 젊은 남녀가 왔다. 먼저 남자가 물어온다.

"야! 여기 좋은 물건 많은데… 구경 좀 해도 돼요?"

"예, 구경하세요."

"이거 멋있네, 이거나 하나 살까?"

"애인에게 선물하려고요?"

"예, 이거 젊은 여자들 좋아하는 건가요?"

"물론입니다. 아주 인기 있는 물건입니다."

"얼만데요?"

"5,000엔(2016년 25만 원 상당)인데요."

"좀 비싸긴 한데…."

"그 정도는 가져야 여자분이 좋아하죠."

"그렇죠… 그럼 이걸로 하나 할께요."

그때였다. 옆에 있던 20대 초중반의 여동생이,

"오니상(오라버니). 나도 하나 사줘."

"너도…? 그래 뭘 사려고?"

"나는 저게 마음에 들어. 저걸 갖고 싶어."

"오니상. 저건 얼마짜린데요?"

"저것도 5,000엔짜린데요."

"야, 안 돼, 나 돈 없어."

"홍, 애인한텐 좋은 거 사주면서 동생한텐 왜 안 사주는 거야?"

"돈이 그렇게 없다니까."

"오빠. 오네가이, 오네가이(부탁해, 부탁해)!" 하며 두 손목을 모은다.

겨우 마지못해 3,000엔짜리를 하나 사준다. 여자 친구에게는 돈을 아끼지 않으면서 이렇게 사정까지 하는 여동생에게는 사주기 아까워하는 오빠의 모습에서 쓴웃음이 나왔다. 역시 어쩔 수 없구만…

이번엔 젊은 남녀 손님이 왔다, 벌써 몇 번째 온 단골손님들이었다. 이쁘장한 여자 친구를 꽤나 챙기는 친구였는데 내년에 결혼할 사이라고 하였다. 내가 장사하는 곳에서 가까운 곳의 목이 아주 좋은 곳에서 조그만 가게를 운영하고 있었는데, 둘이 다닐 때 보면 꼭 손을 맞잡고 다녔다.

"오늘은 또 뭐 사려고?"

"응, 잠깐만… 아, 저거하고… 저거하고, 이것도 살래."

"뭘 그리 많이 사려고 그래."

"이쁘잖아, 친구들에게 자랑해야지… 오니짱(오빠), 오늘은 많이 사니까 좀 싸게 줘야 돼요."

"젯다이 다메다요(절대 안 돼)."

오사카

"나제(왜)?"

"아나따가 도테모 기레이카라사(당신이 너무 예뻐서)."

"쳇, 그런 게 어딨어."

"왜 없어요, 있지….."

"흥!"

"안 그래요? 남자 고유비또(애인)."

"헤헤… 맞아요."

남자는 그래도 싫어하는 표정은커녕 연방 싱글벙글이었다.

"자기는 대체 누구 편이야?"

"당연히 오니상(형님) 편이지."

"어휴, 묻는 내가 잘못이지… 알았어요, 주세요."

그렇게 해서 귀걸이, 목걸이, 팔찌 등 15,000엔어치(2016년 기준 90만 원 상당)를 산다. 남자 친구는 가게를 해서 그런지 전혀 부담스러워하질 않았다. 하긴 사랑하는 애인한테 사주는 건데. 그 뒤로도 젊은 예비 부부는 지나는 길에 가끔 들르곤 하였는데 나에겐 아주 좋은 단골손님이었다.

와세다 대학이 있는 다카다노바바(高田馬場) 쪽의 '선교플라자'에 머물고 있을 때였다. 그곳은 한국인이 운영하고 있었는데 손님들은 대부분 한국인들이었다. 그런데 딱 한 사람, 현지 일본인이 도미토리룸에 오랫동안 머물고 있었다. 지방에서 올라온 분인데 풍채도 좋고 인상도 좋은 50대 중반의 아주 친절한 아저씨였다. 군이 이곳에 머무는 것은 한국인들과 대화하며 함께 지내는 걸 좋아하기 때문인 것 같았다.

나도 장사를 마치고 돌아오면 가끔 일본어를 좀 가르쳐달라고 해 도움을 받곤 하였다. 하루는 좀 일찍 끝내고 돌아오니 반갑게 맞아준다.

"교우와 하야이네(오늘은 빨리 왔네)."

"오늘은 비가 오고 해 좀 일찍 끝냈어요."

"식사는?"

"먹고 왔어요… 저기 켕상, 좀 있다 일본 민요 몇 곡 좀 배웠으면 해서요."

"일본 민요? 갑자기 웬 민요를…."

"그냥, 일본에 온 김에 일본어도 일본어지만, 민요도 몇 곡 좀 배웠으면 해서요."

"그래. 알았어, 그렇게 하라구."

그래서 좀 쉬었다가 켕상이란 아저씨에게 정식으로 가르침을 받는다.

그때 배운 곡이 유명한 '사쿠라'란 노래와 '도쿄온도'란 곡이었는데, 사쿠라란 곡은 조용하면서도 감정을 저미는 듯한 아리랑 같은 곡이었는데, 어머니들이 아기들에게 자장가로도 많이 들려준다고 하였다. 도쿄온도란 곡은 일종의 축제인 마쓰리에서 주로 부르는 경쾌한 노래였다. 그리고 '부산코에 카에레(돌아와요 부산항에)', '렝라쿠셍노 우타(연락선은 떠난다)' 등 오래된 한국 번안 가요도 배웠는데, 이곳 일본에서는 한국의 가요들이 아주 인기가 좋다고 하였다.

"켕상은 한국사람들하고 어울리는 게 좋은가봐요."

"좋다마다, 꼭 고향사람들 같아 좋아."

하여튼 이 아저씨 덕분에 일본어도 배우고, 노래와 노래 가사까지 배울 수 있어, 이곳 다까다노바바에 있는 동안은 심심치 않고 좋았다.

신주쿠 히가시구찌(東口驛) 지하상가에서 장사할 때이다. 이곳은 많은 사람들이 지나다니는 길목으로 아주 번잡한 곳이었는데, 내가 장사하는 바로 맞은편 우측에는 중국 음식점이 있었다. 그곳 입구에는 50대 초반의 중년 부인인 직원이 문 앞에서 안내도 하고 호객도 하고 하였다. 넉넉한 인상의 풍채 좋은 아줌마는 내가 한국에서 왔다는 걸 알고 난 후부터 동생처럼 다정다감하게 대해주셨다. 나도 그런 아줌마와 자주 얘기를 나누곤 했는데 남편분은 일본 현지인이고, 본인 집안도 일본에서 정착해서 산 지 오래된 화교라고 하였다. 일본에서 태어나고 자라 영락없는 일본분이었다. 그래도 국적은 대만인데, 나와 동병상련(東邊上篇)의 그 무언가가 통하는 것 같았다. 가끔은 음료수도 갖다주곤 하셨는데 나도 큰누님같이 따르곤 하였다. 한국도 몇 번 갔다 왔다는데 서울이 특히 좋았다고 하였다. 그리고 남대문시장에 갔을 땐 분위기가 너무 활기차 아주 깊은 인상을 받았다고 하셨다. 평소 들고 다니던 통가죽 가방도 남대문시장에서 7년 전에 샀는데 아주 질겨 좋다고 하며 자랑하였다.

16. 찐삐라 야쿠자를 어르고 달래어 쫓아버리는 고마운 아줌마

이곳에서 장사하다 보면 지역 야쿠자들이 와서 "다메(안 돼)!" 하며 나를 못살게 굴 때가 한두 번이 아니었다. 내가 있는 곳에서 40~50m쯤 떨어진 곳에서 모자를 파는 현지 여성(20대 중반)도 시달리기는 마찬가지였다. 한번은 야쿠자 한 명이 오더니 여기서 누구 허락을 받고 장사하느냐고 하였다. 그리고는 좀 있다 다시 올 테니 그때까지 치우라고 하였다. 안 치우면 혼내줄 거라고 협박을 하고는 자리를 떠났다. 두 시간쯤 후에 다시 그 험상궂은 인상의 야쿠자가 오더니 왜 물건들을 안 치우고 있느냐며 물건들을 발로 걷어찼다. 지나던 사람들이 무슨 일인가 하고 우르르 몰렸다. 참으로 난감하였다. 이만한 장소가 나에겐 없었기 때문이다. 그때 화교 아주머니가 나섰다. 무슨 말인지는 다 알아들을 수가 없었지만 대충 정리하면,

"내 동생인데 왜 그러느냐? 이곳은 우리가 장사하는 지역인데 왜 그러느냐? 동생이 직업이 없어 내가 이곳에서 장사를 좀 하라고 해서 하고 있는데 뭐가 잘못됐느냐? 야쿠자 간부의 허락이 필요한가? 그러면 내 주위에도 당신 같은 찐삐라(쫄따구)들 말고 두목급 사람들이 얼마든지 있다. 그리고 배가 고파 좀 먹고 살겠다는데 꼭 이래야만 되나. 이러지 말고 앞으로 동생하고도 잘 사귀어 보라구. 좋은 사람이니까…."

아주머니께서는 야쿠자를 아주 어르고 달래고 하셨다. 그러니 그 찐삐라 야쿠자는 자기도 입장이 있으니까 좀 협조해 달라고 하고는 그냥 물러간다.

"아주머니. 정말 고맙습니다. 이 신세를 어찌…."

"신세는 무슨 신세. 걱정 말고 장사해요. 내가 있는 한 막아줄 테니까."

나로서는 참으로 고마운 분이었다. 그 뒤로도 시부야 역 쪽으로 터전을

옮기기 전까지는 야쿠자들의 간섭 없이 이곳에서 장사를 계속하게 된다.

일본에 처음 여행 가게 됐을 때이다. 서울 삼선교에 계시는 대금 선생님 (현재 인간문화재)에게 며칠 후 일본에 여행 갈 텐데 물가가 비싼 나라라 걱정이 돼서 그러는데 혹시 며칠이라도 신세를 질 만한 곳이 없느냐고 물었다. 잠깐 생각에 잠기더니

"언제 간다꼬?"

"이번 목요일쯤 출국할 것 같은데요."

"어디로 해서 갈긴데?"

"시모노세키로 배 타고 가려고요."

"와 비행기 안 타고 배 타고 가노? 요즘도 크게 차이 안 나는데…"

"여행 다니는데 급하게 갈 일이 뭐 있나요. 현해탄을 배 타고 건너 아래쪽 하까다부터 위쪽까지 한번 쭉 돌아다녀보려고요."

"그라모 오사카도 가겠네."

"예."

"잘됐네, 오사카 가면 내하고 잘 아는 친구가 한 사람 있는데, 현재 구라브에 밴드마스터로 있는데, 그 사람 집에 가서 신세 좀 지면 되겠네."

"밴드마스터요? 어떤 분인데…"

"니, 코미디언 아무개씨 알제?"

"예, 그 뚱뚱한…"

"맞다. 그 사람 남편이다. 내가 일본에 가서 활동할 때 안사람인데 내하고는 아주 친한 사이거든."

"괜찮을까요?"

"어. 괜찮다. 내 제자라 카면 잘해줄끼다."

이 대금 선생님은 나하고 같은 동향인 부산 출신인데, 전라도 출신들이 주로 장악하고 있는 국악계에서 드문 경상도 출신이어서 같은 고향이라고 나한테는 특별히 대해주곤 하셨다.

"아신 지 오래된 사인가요?"

"어. 십여 년 이상 됐는데 내하고는 술도 자주 마시고 하는 그런 사이

다. 그러니 신경 안 써도 되는기라."

"그렇다면 부탁 좀 드릴게요."

"이번 주에 떠난다고?"

"예."

"갑자기 일본에는 웬 바람이 불어가지고."

"전부터 가려 했었는데 이제야 가게 됐습니다."

"아! 잘됐네. 니한테 부탁 하나 하자."

"무슨 부탁을예?"

"우리 집에 꿀이 한 통 있는데 오사카 그 친구한테 가게 되면 좀 전해도."

그렇게 해서 출국 전에 양질의 석청꿀을 받아간다.

며칠 후 시모노세끼, 하까다를 거쳐 오사카 시내의 교포들이 많이 거주하고 있는 쯔루하시란 곳에 살고 계시는 그 밴드마스터 친구분을 시내의 한 다방에서 만나게 되었다.

"안녕하세요."

"어, 자네가 생강이가 보낸 친구인가?"

"예."

"어찌 이 먼 곳까지 왔나?"

"그냥 여행 떠나 왔습니다."

"여행? 여행이라… 그 좋은 취미로구만. 일본에는 처음인가?"

"예."

"아는 사람은?"

"없는데요."

"흠 그래. 혼자 돌아다니려면 좀 적적하지 않겠나."

"습관이 돼서 괜찮아요."

"차 한잔 들고 일단 집으로 가지."

그래서 잠시 후 그분이 살고 계시는 집으로 간다.

집에 도착해서 짐을 정리하고 있는데,

"저기, 점심을 아직 못 했겠네."

"예, 아직…"

"잘됐네, 같이 가서 식사하면 되겠네."

서울에서 가져온 커다란 꿀통을 가방에서 꺼낸다.

"여기… 이선생님이 보내신 건데요."

"뭔데?"

"꿀인데요."

"어! 진짜 꿀이네… 이 비싼 걸 어찌…"

"이선생님이 일본에 계실 때 신세를 많이 졌다면서 가는 길에 전해달라고 해서…"

"신세는 무슨 신세… 같이 술 마시고 놀아준 것밖에 없는데."

"그런데 식사는 집에서 안 하시고 나가서 잡수세요?"

"어, 홀애비가 혼자 매일 해먹기도 뭐해서."

"아주머니는요?"

"생강이가 이야기 안 해주던? 내 마누라에 대해…"

"대충은 들었습니다만… 어찌 같이 안 사시고…?"

"서로 활동(연예활동)하느라 떨어져 살고 있지."

"그럼 자제분은?"

"딸애가 하나 있는데 엄마하고 같이 지내고 있어."

이분의 부인이신 코미디언 모씨는 국내에서 백금녀씨와 함께 양대 여성 코미디언으로 유명한 분이다. 당시 나의 외삼촌께선 유명 쇼단의 단장으로 활동하고 계셨는데 코미디도 썩 잘하셨다. 그래서 이분의 부인인 모씨와 파트너로 함께 활동하기로 예정돼 있었는데 외삼촌께서 폐렴에 걸려 일찍 돌아가시는 바람에 무산된 걸로 들었다. 당시 외삼촌께서는 그 당시 인기 스타 모씨와는 연인관계에 있었다고 뒤에 큰형에게서 들어 알게 되었다.

좀 있다 같이 밖으로 나가 한국 식당엘 들어가 주문을 했는데 식사비가 예상 외로 너무 비쌌다. 삼겹살에다 식사를 하는데, 김치 한 접시 300엔, 시금치 200엔, 동치미 200엔 등 반찬을 시킬 때마다 가짓수만큼 요금이 붙는 것이었다. 반찬값만도 1,700엔(당시 환율은 십오 대 일일 때이니 약 24,000원, 2016년 기준 20만 원 상당). 당시 일본 여행 가는 일반인들은 굶기 딱 알맞았다. 밴드마스터로 얼마나 수입을 많이 올리는지 모르겠지만 상당히 부담이 갈 것 같았다. 아주머니가 유명 연예인이라 그런지 씀씀이가 어째 좀….

히로시마 성, 수학여행 온 고등학생들과

돈은 없어도 떠나고는 싶었다

잠시 후 집으로 돌아와 가족사진을 좀 보여달라고 해 보게 되었는데, 하나밖에 없는 딸은 코미디언 어머니처럼 그런 우람한 체격이었다. 아무리 봐도 이 아저씨와 아주머니는 체형이 정반대였다. 탱크 같은 아주머니 체격에 비해 너무 왜소해 보일 정도로 몸에 살이 전혀 붙어 있지를 않았다. 그런데 그런 비대칭 체형의 두 분이 어떻게 부부가 되었는지 알 수가 없었다. 궁금해 슬쩍 물어보기로 한다.

"아저씨. 아주머니와는 어떻게 만나 살게 됐습니까?"

"서로 연예활동 하다 보니 그냥 그렇게 돼버렸네…."

"아주머니의 어디가 그렇게 좋으셨는데요?"

좀 짓궂은 질문을 던져보았다.

"음… 뭐 특별히 매력이 있다기보다도… 술 한잔하고 그러다 보니… 그냥 그렇게 돼버렸지."

더 묻기가 뭣해 화제를 바꾼다.

"밴드마스터 하시다 보면 따라오는 여자들이 많이 있었을 텐데요."

"제법 있었지."

"이쁜 여자분들도 있었을 것 아닙니까."

"있었지."

"그런데 어찌…?"

"그게 다 인연 차이지…."

그렇게 해서 오사카에 있는 동안은 이분 집에서 머물며 숙식 문제를 해결할 수 있었다.

일본에서 장사할 때였다. 도쿄로 한번 들어올 때마다 15일 정도 장사를 하게 되는데, 그 당시 하루 평균 수입이 11만 엔. 15일 장사를 하게 되면 약 165만 엔(환율이 곱하기 11배일 때니까 우리 돈 1,800만 원, 이십 년 전이니까 지금 돈으로 환산하면 최소한 네 배. 적은 규모가 아니다), 물론 길거리 장사만 한 것이 아니고 각 가게에다 물건을 대준 것까지 포함한 것이다. 2016년 기준 한 달 수입이 쉬는 날 빼고도 8,000만 원 이상 되었다. 당시 국내로 반입할 수 있는 한도액은 일만 달러였다. 그래서 나머지는 도쿄에 나와 있는 국내 은행 지점을 통해 국내 계좌로 송금하였다. 그것도 1회에 일만 달러씩. 그렇게 해서 국내로 들어오면 남대문 쪽에 있는 당시 상업은행 지점으로 가서 일반 고객들 사이에 줄을 서서 대기했다가 입금하곤 했었는데, 언제부턴가 여성임원 한 분이 내 얼굴을 알아보고는 여기 왜서서 기다리냐며 따라오라고 하였다.

처음에는 영문을 몰랐지만 그 이유를 곧 알게 되었다. 소위 고액 예금자에 해당하는 것이었다. 그리고는 따로 과일과 차도 대접하고 여러 직원들도 소개해주었다. 그리고는 앞으로 오게 되면 일반 창구에 서지 말고 자기를 찾으라고 하였다. 그리고 수표로 바꾼 TC와 서류를 보관할 대여금고도 마련해주었다. 당시 나의 수입은 일반 일본인 회사원, 공무원들의 10배 이상 수입이었다. 적어도 국내 일반 회사원들의 20배 이상 되는 적지 않은 수입이었다. 전 같으면 어림도 없는 일이었지만 예금 금액이 늘어나다보니 대접받는 게 달랐던 것이다. 역시 자본주의 사회란….

그렇게 일본에서 번 돈을 가지고 남북미, 아프리카, 유럽 등지를 부담없이 마음대로 여행할 수 있었던 것이다. 당시는 돈이 없는 게 아니라 시간이 없는 게 아쉬울 따름이었다.

20. 파친코장 앞에서의 길거리 장사

시부야에서 장사할 때이다. 시내 중앙통 큰 도로가에서 장사를 하려면 내가 장사할 곳 앞에 세워져 있는 많은 자전거들을 일일이 한쪽으로 치우고 장사할 공간을 만들어야 했다. 바로 앞에는 대형 파친코 가게가 있었는데 손님들이 세워놓은 자전거가 같은 자리에 없어 좀 헤매도 뭐라고 항의하는 손님들은 없었다. 그렇게 자리를 정리한 후 장사할 물건들을 내어 놓고 장사를 시작하면 금세 손님들이 하나둘씩 모여든다. 그러다 손님들이 좀 늘어나면 내 주위는 손님들로 둘러싸인다. 이십여 명만 되어도 좀 정신이 없게 된다. 조수를 두고 하는 것도 아니고 혼자 장사하다보니 몇 십 명을 상대하려면 정신을 바짝 차려야만 되었다.

사람이 좀 뜸할 때는 그런 일이 없지만 사람들이 몰리면 개중에는 돈을 안 내고 물건을 슬쩍하는 경우가 종종 있었다. 남자들은 그러는 걸 못 봤는데 주로 걸리는 건 젊은 이십대 여성들이었다. 프로 도둑 같으면 내가 눈치 채지 못하게 했겠지만 대부분 전문가(?)가 아닌 일반 여성들이라 어린애도 눈여겨보면 잡을 수 있는 어수룩한 솜씨들이다. 그렇게 하다 들키면 인상을 좀 쓴 다음 "야쿠자 불러온다"고 겁을 주고서 훔친 물건을 사게 하는 방향으로 유도하면 웬만한 경우는 본인 잘못도 있고 하여 거의 구입하곤 하였다.

한번은 20대 중반의 여성이 거리에 쪼그리고 앉은 채 구경을 하더니 어느새 오른쪽 주머니 속으로 뭔가를 집어넣는 게 보였다.

"손님, 그 주머니에 뭘 넣는 거요?"

"뭐를요?"

일단 시치미를 뗀다.

"아니, 방금 그 주머니에 뭘 넣었잖아요."

"안 넣었는데…."

"자꾸 이러면 야쿠자 불러와요. 내가 직접 뒤져봐요?"

"…."

"빨리 끄집어 내놔요."

그제서야 주머니에서 물건을 꺼낸다.

"그거 왜 몰래 집어넣었어요?"

할 말이 없는지 얼굴이 시뻘개지며

"이거 내 건데…."

"이렇게 나오면 진짜 야쿠자 불러요."

그래도 경찰을 부른다는 말은 못 한다. 왜냐하면 길거리 장사 자체가 불법이니까. 그리고 일반 여성들은 경찰보다도 야쿠자들을 더욱 무서워하기 때문이다.

"그거 살래요, 놓아두고 갈래요?"

그제서야 물건을 내려놓고는, 창피한지 얼굴을 가리고 일어서서 간다. 마지막으로 한마디 더 해준다.

"기요쯔께떼 네(조심해)!"

머리를 더욱 푹 수그리고 사라져간다. 일본사람들 예의 있다고 하던데 오히려 이런 면에서는 더 심한 것 같았다. 하루에도 몇 번씩을 보게 되니… 이곳도 사람 사는 곳이라고….

이케부쿠로 역에서 멀지않은 오오쯔카(大塚) 역 쪽에 있을 때이다. 비가 많이 오는 날은 길거리 장사 하기가 뭣해 하루를 쉬게 된다. 그럴 때면 기원에 가끔 가곤 하는데 이날도 오오쯔카에서 전철로 두 정거장 거리에 있는 이케부쿠로(池藏) 역으로 간다. 히가시구찌(東口) 입구로 빠져나와 길 건너 골목 쪽 한 빌딩 안에 있는 기원으로 엘리베이터를 타고 올라간다.

"곤니찌와."

"아. 리상. 오랜만에 왔네요."

"잘 지내셨습니까?"

"예, 한동안 안 보이시길래 한국으로 돌아간 줄 알았어요."

"예… 갔다가 며칠 전에 다시 나왔어요."

"가방은 이리 주시고… 한 수 하셔야죠."

"예, 부탁 좀 드릴게요."

"가만 있자… 급수가 어떻게 되시더라… 잠깐만요."

그리고는 회원 카드를 보더니

"아, 3단이군요. 가만 있자, 어떤 분하고 두지…? 아, 저기 사토상하고 전에 두어봤던가요?"

"예."

"몇 점 깔고 두죠?"

"사토상 어르신하고는 다섯 점을 접고 두었습니다."

"잠깐 여쭤보고 올게요. 잠깐만 기다려요…."

사토상(70대 중반)은 전에도 같이 몇 번 둔 적이 있었는데 일본 기원 급수로는 8단인 고수였다. 주인이 곧 돌아오더니

"리상, 오시랍니다."

그래서 오랜만에 사토상과 함께 대국을 두게 된다.

21. 지한파 고수와 다섯 점 접바둑으로 두다

"곤니찌와. 오랜만에 뵙겠습니다."

"어, 오랜만이로구만… 그동안 잘 안 보이더니."

"한국에 있다가 며칠 전에 나왔어요."

"흠, 그래. 어디 바둑은 좀 늘었나?"

"늘 게 뭐 있겠어요, 그때와 똑같죠."

그렇게 해서 사토 어른과 세 판을 두게 되었는데 두 판은 지고 한 판은 내가 이겼다.

사토상은 전에 철강 계통에 종사하셨는데, 한때 인천에서 2년간 근무한 적이 있어 나와 만나면 옛날 한국에서 있었던 일들을 가끔 들려주곤 하셨다. 그러니까 지한파인 셈이었다.

일본의 바둑급수는 한국과 좀 달랐다. 내가 한국에서는 6급 정도에 해당되니(현재는 5급), 이곳에서는 3단으로 두면 적당하였다. 그러니까 사토상은 한국기원의 1급에 해당하는 실력이었다. 주인 아주머니가 오시더니 나보고 다른 사람과 한번 두어보지 않겠냐고 물어왔다. 지금 막 들어온 손님인데 20대 중반의 아주 젊은 친구였다.

젊은 친구와 같이 자리를 마주하고 앉는다.

"하찌메마시떼. 요로시꾸 오네가이시마쓰(처음 뵙겠습니다. 잘 부탁드리겠습니다)."

"오네가이시마쓰."

그런데 이 친구의 태도가 너무 정중하였다. 앉은 자세에서 자세를 전혀 흐트러뜨리지 않고 차렷 자세에서 90도로 절도 있게 인사를 하였다. 한국에서는 볼 수 없는 일이었다. 한국 같으면 보통 고개를 좀 숙이거나 가볍게 잘 부탁한다는 정도로 하고, 그렇게 절도 있게 하는 경우는 본 적이 없었기 때문이다. 바둑을 두는 데도 돌을 놓는 법을 따로 교육받았는지 아주 절도가 있었고 예의 있게 두었다. 일본 사람들 예의 한번 끝내준다 하더니….

그렇게 한 판을 둔 결과 내가 이겼다. 두 번째 판은 내가 지고 세 번째 판은 다시 내가 이겼다.

한국에서는 내기 게임들을 많이 하는데 이곳 일본에서는 내기를 하는 사람들을 거의 볼 수가 없었다. 이케부쿠로, 우에노, 신주쿠 등지의 기원에서도 본 적이 없었다. 내기들을 안 하니 좋은 것은 일단 조용하다는 것이었다. 한국의 기원들은 조그만 내기든 큰 내기든 하기만 하면 개중에 일부는 다툼이 벌어져 고함을 지르곤 해 주위에 민폐를 끼치기도 한다. 심한 경우는 몸싸움도 하는 경우를 보곤 했는데 일본에 와서는 그런 것을 전혀 보지를 못하였다. 한마디로 돈내기가 없으니 다툴 일이 없는 것이다. 국내 같으면 소위 일수불퇴라 하여 한번 놓고 나면 물려주는 게 없다. 만약에 물려달라고 하면 거기서부터 시비가 일어나기 때문이다. 왜냐하면 지면 적든 많든 돈이 나가니까. 그러니까 열을 내며 진지하게 두는 것이다. 그런데 일본은 그럴 필요가 없는 것이, 져도 그만 이겨도 그만, 타이틀이 없는 그야말로 맹탕 게임이기 때문에 물려주어도 그만, 안 물려주어도 그만, 그러니 다툴 일이 거의 없지만 열기는커녕 좀 김빠진 맥주처럼 싱겁다고나 할까. 어쨌든 조용해서 좋은 것만은 확실하였다. 구경하는 입장에서도 마찬가지로 내기 아닌 친선게임(맹탕게임)은 큰 흥미를 유발하지 못하는 것이다. 얼굴 표정에서도 확연히 차이가 난다. 친선게임은 얼굴이 평온한 게, 악착같이 뭘 해보겠다는 것이 없는 반면, 내기 게임은 머리를 싸매고 꼭 이겨야 된다는 강박관념에 사로잡혀 머리에 지진 나게 둔다는 것이다. 이 친구와는 그렇게 세 판을 두었는데, 한국에서라면 계속 두고 싶을 때 그냥 두면 될 것을 또 양해를 구하는 것이었다.

"리상, 한 수 더 부탁해도 되겠습니까?"

치수로는 이 친구가 흑을 잡고 두 점을 놓고 두는 치수로서 나보다 좀 아래 치수인 셈이었다.

"괜찮아요."

"이거 죄송해서…."

그 뒤로도 기원에서 가끔 만나면 같이 두곤 하였다. 대국이 끝나고 나면 항상 차렷 자세로 90도로 고개를 숙이며 정중하게 "덕분에 잘 두었습니다"라고 하는 것을 잊지 않는다.

한국의 기원에서는 여성분들을 볼 수 있는 경우가 없었는데 이곳에는 50~60대 여성분들이 여럿이 나와 바둑을 두었다. 주로 여성들끼리 두지만 가끔 남자 손님들과도 두었다. 한번은 20대 후반 젊은 여성이 들어오는 게 보였다. 좀 의외였다. 20대 젊은 여성이 기원을 출입하는 것을 본적이 거의 없었기 때문이다. 주인 아주머니와 잠깐 이야기를 나누고는 한 40대 후반의 남자 손님과 자리를 마주하고 앉았다.

이 여성분도 젊은 친구처럼 앉은 자세에서 차렷 자세를 취한 뒤 90도로 고개를 숙이며 정중하게 예를 표한다.

"요로시쿠 오네가이시마쓰(잘 부탁드립니다)."

나는 다른 분과 바둑을 두면서 옆눈으로 그 여성분이 두는 모습을 보는데, 인상적인 것은 여성분의 바둑 두는 자세가 너무 진지하고 예의 바르게 둔다는 것이었다. 처음 시작할 때의 곧은 자세가 흐트러지지 않고 한 수, 한 수 놓을 때마다 바둑돌을 두는 손동작이 그렇게 맵시 있게, 고상하게 둔다는 것이었다. 상대가 한 수 놓으면 자신도 받아서 두는데 그 자세가 보는 사람으로 하여금 고고한 품위를 느끼게 해주었다. 처음부터 한 판이 끝날 때까지 다소곳하고 우아한 자세가 전혀 미동도 없이… 어디서 예절 교육을 따로 받았는지 너무 고상한 바둑 대국이었다. 한국 남자들 저런 모습을 보았으면 아마 탄복할 것이라는 생각이 들었는데 바둑 예절에 관한 한 한국과는 비교가 안 되는것 같았다. 그렇게 몇 판을 둔 다음 여성분이 여주인에게 가더니 뭔가 이야기를 나누었다.

"강곡구데 3단 구라이(한국서 3단 정도)…."

그 여성분이 나와 한번 두고 싶었는지 주인에게 물어본 모양이었다. 이곳 기원의 손님들은 대부분 연세가 지긋하신 분들이 많았다. 한국처럼 젊은 사람들이 그리 많지는 않았다. 그러니 물어본 모양이었다. 그런데 치수가 뭐한지 두자는 신청은 없었다. 그리고는 좀 있다 나가는 것이었다. 저렇게 고상하게 바둑 두는 여성분과 한번 두어보고 싶었는데….

한번은 우에노 공원 입구 쪽에 있는 기원에 갔을 때이다. 그곳에서 만난 사람과(30대 중반) 오랫동안 바둑을 두면서 이 얘기 저 얘기를 나눈다.

"리상은 도쿄에 아는 사람 있습니까?"

"글쎄요… 몇 사람 있긴 한데…."

"한국사람, 아니면 일본사람?"

"일본사람들이요."

"사업상 아는 사람들인가요?"

"아니요, 그냥 우연히 만나 알게 된 어린 친구들예요… 그런데 요시다상은 무슨 일을 하세요?"

"저는 무역 계통에 종사하고 있습니다."

"그런데 이런 곳에 나올 그게 되는가 보죠?"

"괜찮아요, 자유가 좀 있는 편이라."

"시간 날 땐 주로 뭐 하세요?"

"골프를 치러 가끔 가요. 낚시도 하고, 그리고 기원에도 가끔 오고요."

"결혼은 했나요?"

"아직요."

"그럼 빨리 여자나 하나 꼬셔서 결혼할 생각은 안 하고 어찌 이런 곳에…?"

"바둑을 좋아하기도 하지만, 취미생활 중에 돈이 가장 안 들어가 좋아요. 한국 여자들 이쁜 여자들 많죠?"

"일본이랑 똑같아요. 이쁜 여자도 있고, 못생긴 여자도 있고."

"동경에 나와 있는 한국 여성들 보면 다 이쁘던데…."

"그건 직업적인 문제겠죠… 한국 여자들 좀 드세지 않던가요?"

"아니요, 솔직한 게 아주 좋던데요."

"일본 여자들은 그렇지 않나요?"

"글쎄, 내가 일본사람이라서 그런지 몰라도… 좀 별로…."

"하하하! 그건 남의 떡이 맛있게 보여서겠죠."

"하하, 그런가요."

주길(柱吉)신사(후쿠오카)

"리상은 한국 여자들이 좋은가요?"

"나한테는 한국사람이 제일 좋지요. 말도 잘 통하고 감정도 같으니."

"그렇겠네요, 그런데 이곳 일본 여성들은 진실성이 좀 없는 것 같아서… 웬만해서는 속마음을 잘 털어놓지 않아요. 한국 여자들도 그래요?"

"흠… 사람 나름이겠지만 대체로 은근슬쩍 솔직하게 표현하는 것 같아요."

"일본에서는 그런 경우가 별로 없어요. 엉큼하고 말만 많고…"

"에이, 그렇지 않아요. 내가 만나본 사람들은 다 솔직하던데요."

"그건 리상이 외국인이라 그런 거죠."

"그렇게 되나요…"

"끝나고 괜찮으면 어디 가서 술이라도 한잔하며 이야기 나누면 어때요?"

"그럽시다."

그래서 끝나고 둘이는 공원 입구에서 가까운 곳에 있는 술집으로 가서 오랜 시간 이야기를 나눈 후 다음에 또 만나기로 하고 헤어진다.

시부야에서 긴자(銀座)로 가는 지하철을 타기 위해 한 빌딩 계단을 오를 때이다. 체구가 좀 작고 흰머리가 성성한 70대 초의 할머니가 허리가 구부정한 채 무거운 짐을 들고 힘들게 계단을 오르는 모습이 보였다. 몇 걸음 옮기다가 쉬고, 또 몇 걸음 옮기다가 쉬고를 반복하였다. 숨이 가쁜지 허리를 토닥토닥 두드리며 너무 힘들어 하셨다. 옆으로 젊은 남녀들이 많이 오르내렸지만 누구도 시선 한번 안 주었다. 나도 좀 도와주고 싶었지만 일본어를 잘 못할 때라 괜히 나서고 싶지 않았지만, 보기가 너무 애처로워

"할머니 짐 이리 주십시오. 제가 들어드릴게요."
하고 더듬거리는 일본어로 말하였다.
"아, 다이죠부데쓰(아 괜찮습니다)."
폐를 끼치는 게 싫었는지 극구 사양하셨다.

그래도 내가 짐을 들고 계단 위까지 들어다주니까,

"아, 혼또니 아리가또 고자이마시다(아, 정말 고맙습니다)" 하며 90도로 허리를 숙이며 연방 고맙다고 하셨다. 젊은 놈이 노인네에게 절을 받기가 민망할 정도였다.

"저 일본사람 아닙니다. 한국사람입니다"라고 하니까 잠깐 놀란 표정을 짓더니 이번에는 더욱 고개를 조아리시며 몇 번이고 고맙다고 하신다. 같은 일본의 젊은 사람들도 나몰라라 하는데 외국인인 내가 도와주다니 하는 그런 표정을 지으셨다. 그리고는 돌아서 가시는데 가다가 다시 또 돌아서며 90도로 두어 번 인사를 하시었다. 별 것 아니라 하지만 무거운 짐을 들고 힘들게 걸어가는 노인분을 젊은 사람들 그 누구도 신경을 안 써준다는 게 보기에 뭐하였다. 일본 사람들 예의 있다고들 들었는데 경로사상에 있어서는 아닌 것 같았다. 우리 같은 젊은 세대들도 세월이 흐르면 다 저분처럼 될 터인데… 쯧쯧!

우에노 전철역에서 내려 점심식사를 하기 위해 우에노 시장 뒷골목 쪽으로 간다. 그곳에는 터키식 케밥을 파는 곳이 있어 오랜만에 터키식 식사를 한다. 양도 많이 주었다. 한 끼를 해결하니 배가 제법 든든하였다. 그곳에서 나와 시장 안쪽 이곳저곳을 둘러본다. 한 대형 상가 건물로 들어간다. 건물 중앙이 아래층부터 위층까지 뻥 뚫린 구조의 상가 건물이었다. 한 옷가게에 전시된 옷들을 구경하고 있는데 갑자기 누군가가,

"도로보다(도둑이야)!"

하고 소리치는 게 아닌가. 갑자기 상가 안이 어수선해진다. 무슨 일인가 하고 소리 난 쪽을 바라보니 머리가 덥수룩한 30대 중반의 남자가 뭔가를 손에 들고 뛰어가는 게 보였다. 사람들이 가게에서 나와 그 광경을

보고는 가게 주인과 직원들이,

"도둑이다, 잡아라!"

하고 소리치는 것이었다. 자세히 보니 지갑을 소매치기한 모양이었다. 남자들 몇몇은 그 도둑을 잡으러 뒤쫓아가고 있었다. 그 원통형으로 된 상가 건물 안에서 도둑이 도망갈 곳이라고는 없는 것 같았다. 도망가려면 아래 방향으로 뛰어야지, 왜 위쪽으로 뛰는지 의아한 생각이 들었다.

히로시마성 내의 대본영(大本營) 자리. 2차 세계대전 시기의 일본군 총 지휘부

25. 다람쥐 쳇바퀴 돌듯이 도망가는 도둑

그건 날 잡아가쇼 하는 시위와 마찬가지였기 때문이었다. 도망가는 걸 보니 한 층 계단 위로 올라가 한 바퀴 돌고는 또 한 층 올라가 다시 도는, 그야말로 다람쥐 쳇바퀴 도는 것 같았다. 상가 안에 모여 있는 사람들은 모두들 그 장면을 보고 탄성을 지른다. 어떻게 저런 도둑이 있을까 하는 생각들 같았다. 자신이 도망다니는 모습을 생중계하는 꼴이었다. 이거 무슨 코미디 쇼를 하나 싶었다. 상가 안의 사람들은 눈앞에 빤히 보이는 도둑과 그를 좇는 사람들을 향해 뭐라고 소리 지르는데 무슨 말인지 알아들을 수가 없었다. 결국 다람쥐 쳇바퀴 돌던 그 도둑은 사람들에게 잡혀 끌려 내려오고 있었다. 횅한 얼굴 표정의 범인은 목덜미를 잡혀 끌려오는데 꼭 정신이 나간 사람같이 보였다. 나도 이때까지 살아오면서 이런 도둑 활극은 처음 보는 것이었다. 그것도 생생한 라이브로… 저 도둑도 그렇지, 하필 이렇게 열려 있는 상가에서 어떻게 저리 미련하게 도망치려 했는지 그저 기가 막힐 뿐이었다.

신주쿠 역 동구(東口) 쪽에서 장사할 때이다. 이곳은 항상 많은 사람들이 오가는 곳이다. 입구 왼쪽 파출소 부근 화단 쪽에 이동형 박스를 놓고 장사를 하고 있는데 특이한 복장의 사람이 내 앞에서 어슬렁거린다. 머리를 산발한 채 목에는 땟국물이 흘러내리는 덩치가 좋은 사람이 검은 신부 복장을 하고 하는 일 없이 하루에도 몇 번이고 왔다갔다한다. 굵은 검정 안경을 끼었는데 처음에는 웬 신부가 하루 종일 저렇게 왔다갔다하나 의아했는데, 자세히 보니 거지였다. 끌고 다니는 신발은 다 해어져 너덜너덜하고, 신부 옷도 오래되었는지 너덜너덜하였다. 눈은 항상 아래를 향해 처져 있었는데, 한국에 있을 때도 승려복이나 사제복 입은 거지는 본 적이 없었는데, 이곳 도쿄에 와서 처음 보는 것이었다.

26. 비가 오나 눈이 오나 변함없이 오직 같은 옷차림

　계절은 12월 겨울이었지만 이곳 도쿄는 서울보다 위도상 좀 아래에 있어 그런지 날씨가 그리 춥지를 않았다. 눈이 오는 경우를 거의 못 보다가, 어쩌다 눈이라도 한번 오면 신기한 기분이 들 정도로 온화한 기후였다. 이 부근에는 이 사람 말고도 몇 사람의 터줏대감 거지들이 있었는데 그들도 항상 이 거리를 할 일 없이 배회하곤 했다. 그중에서도 특이한 복장은 검은 사제복 옷차림의 거지였다. 어느 카톨릭 사제가 지나가다 보기가 딱해 입으라고 준 것이거나, 아니면 어디서 주워 입었는지는 몰라도 얼른 보면 머리 형태 때문인지 흡사 지옥에서 온 야차(野叉) 같았다. 지나다니는 사람들이 유심히 안 보고 얼핏 보면 꼭 진짜 신부처럼 보이는 것이었다. 하루에도 자주 내가 장사하는 곳을 지나쳤는데 볼 때마다 쓴웃음이 나오곤 하였다. 다음에는 승려복 입은 거지를 보게 되는 건 아닌지…

　이케부쿠로 중심가에서 장사를 하다 다른 곳으로 가서 장사를 하기 위해 건널목을 건너려는데 맞은편에서 오던 20대 중반의 남자들이 지나가다가 내 옆쪽에서 길을 건너려던 같은 또래의 남성과 시비가 붙었다. 이유인즉 왜 쳐다보느냐는 것이었다. 우연히 처음부터 그 장면을 보게 되었는데, 한 무리의 남자들과 한 남자가 길을 지나다 우연히 순간적으로 시선을 마주쳤을 뿐인데,

　"너. 왜 쳐다봐?"

　하고 시비를 건 것이다. 혼자 길을 건너려던 사람이 뭐라고 하려는데,

　"이 새끼 어디서 말대꾸야. 죽어버려!"

　하며 한 사람이 외치니까 상대를 집단으로 폭행하는 것이었다. 힘으로 밀리는 상대는 미안하다고 하지만 그래도 계속 주먹과 발로 때리는 것이었다. 지나가는 사람들 누구도 방관만 할 뿐 말리는 사람은 없었다. 일본

에 와서 처음 보는 폭력 장면을 떨어져서 그냥 볼 수밖에 없었다. 좀 있다 멀리서 경찰들이 오는 걸 보더니 그들은 도망치기 시작하였다. 얼른 봐도 조폭들 같지도 않는데 괜히 다수의 힘만 믿고 그런 것이었다. 어딜 가나 힘없는 소수만 당해야 된단 말인가…. 늦게 숙소로 돌아오면서 낮에 보았던 그 장면이 다시 떠올랐다. 일본의 치안도 다른 나라들과 별반 다를 게 없는 것 같았다.

27. 오키나와 공항에서 금지품목 압수당해

2000년대 초경 김포공항을 출발해 고대 류큐 왕국이었던 오키나와(沖縄) 나하(那覇) 공항에 도착했을 때이다. 서울을 출발했을 땐 쾌청했던 날씨였는데 오키나와 상공에 들어설 때쯤엔 날씨가 많이 변해 있었다. 승객들과 같은 줄에 서서 입국심사를 마친 후 세관 검사대를 통과할 때이다. 검색대에 의해 반입 금지 품목이 발견된 것이다. 길거리 장사를 하기 위해 들여온 일부 품목이 반입 금지 품목이라는 것이었다. 몇 번 항의를 해보았지만 결국은 공항 세관에 압류당하게 되었다. 할 수 없이 입국장을 빠져나와 오키나와 나하 시내에 있는 한 게스트하우스에 찾아가 여장을 푼다.

이곳 숙소에는 외국인들이 많이 묵고 있었다. 외출 준비를 마친 후 시내를 돌아다니며 지리를 익혀놓는다. 내일부터 장사를 하려면 길목도 알아볼 겸 눈으로 익혀놔야만 하기 때문이다. 나하 시내는 도쿄처럼 그리 넓지도, 번화하지도 않은 일반 중소도시 규모의 그런 분위기였다.

다음 날 시내의 한 구역에다 자리를 잡고 장사를 시작한 지 한 시간도 채 못 되어 날씨가 흐려지더니 금방 빗방울이 떨어지기 시작하였다. 그리고 곧 굵은 빗줄기로 변하였다. 첫날 장사부터 그렇게 되니 맥이 풀렸다.

숙소로 돌아와 좀 쉰 후 시내에 있는 수리성(首里城)을 구경하기 위해 숙소를 나서는데, 숙소 직원들이 지금 오키나와에 태풍이 와서 시내를 마음대로 돌아다닐 수가 없다고 하는 것이었다. 한국 같으면 태풍이 온다고 비스나 전철 등 대중 교통수단을 이용하시 못한다는 이야기를 늘어본 적이 없는데, 오키나와의 태풍은 뭐 그리 특별하단 말인가?

"저기, 아가씨. 태풍이 왔다고 차가 운행을 못 한단 말입니까?"

"위험하기 때문에 이곳의 차량들은 운행을 하지 않습니다."

"그 정도로 태풍이 위험합니까?"

"한국은 어떤지 모르겠지만 이곳은 태풍이 워낙 강해서 모든 대중교통들이 운행을 중단합니다."

처음엔 이해가 안 갔지만 사람들에게 들어보니 정말 그렇다고들 하였다. 일본에서는 가끔 대형 트럭, 심한 경우는 전철 전동차들이 탈선해 드러눕곤 한다는 것이었다. 그래도 말로만 듣고는 실감이 안 나 시내 중심가로 나와보니 전철은 물론 버스도 운행을 정지해 다니고 있지를 않았다.

이럴 수가…? 일본의 태풍은 강하다고 전부터 많이 들어왔지만 이 정도까지일 줄은 몰랐던 것이다. 오키나와에 온 김에 수리성에라도 가보고 싶었지만 차가 다녀야 구경을 하든지 말든지 하지. 어쩔 수 없이 포기하고만다. 택시가 일부 다니고 있었지만 수리성에 가도 문을 닫아 들어갈 수가 없다는 대답만 돌아왔다. 이번 여행길에 장사를 해서 자금을 만들어 다른 나라로 갈 생각이었는데 여행 자금 마련은 고사하고 항공료, 체류비만 날리고 나가게 생겼다.

28. 하얀 저고리에 검정 치마, 한복 입은 조총련계 여고생

교포들이 많이 모여 사는 오사카의 쯔루하시에 머물고 있을 때이다. 숙소에서 나와 오사카 시내를 걸어가고 있었다. 번잡한 시내를 벗어나 좀 한가한 길을 걸어가는데 눈에 확 들어오는 게 보였다. 그것은 하얀 저고리와 검정색 치마의 한복 차림 여성이었다. 나도 모르게 시선이 그쪽으로 향하였다. 맞은편 쪽에서 걸어오는 여성은 10대의 호리호리한 몸매의 젊은 여성이었다. 그냥 지나치려다가 말을 한번 걸어본다.

"저기… 한국사람…?"

"…조선사람인데…."

"그럼 혹시… 조총련계?"

"예."

"아이구! 그럼 동포잖아요. 이거 반갑네요."

"예. 반갑습니다."

"대학생?"

"고등학생인데요… 이곳에 사는 분입니까?"

"아니. 일본에 여행 왔어요."

"아, 네. 혼자서요?"

"예."

"아니 혼자서 어떻게… 이곳에 아는 사람이 있습니까?"

"없어요."

"아는 사람도 없는데 어떻게 혼자?"

"아는 사람이 없으면 못 오나요."

"그렇진 않지만…."

"잠깐 이야기 나누어도 괜찮아요?"

"예. 괜찮아요."

조총련계에 대한 선입견이 그리 좋지 않았는데… 적극적으로 응해주는 게 뜻밖이었다. 둘이는 길을 걸어가며 계속 이야기를 나눈다.

"그런데… 이런 옷 입고 다니면… 괜찮아요?"

"괜찮아요."

"전에 신문을 보니까 전철 안에서 일본사람들이…."

"그건 어쩌다 일어나는 것이고… 괜찮아요."

그 당시만 해도 아주 어쩌다 한번씩 일어나는 일이었지만, 현재는 자주 봉변을 당해 학교에서 위험하다고 한복 옷차림을 하고 다니지 못하게 하는 걸로 들었다. 여학생과 이곳 오사카 시내에 사는 조선 동포들의 소식에 대해 좀 길게 이야기를 듣고 싶었지만 아쉽게 헤어진다.

29. 길거리 장사 중, "빠가야로 강곡구징!"

　도쿄 신주쿠 역 동구 입구 아래 계단을 내려가면 지하상가로 연결되는 곳이 있다. 저녁 시간이 되면 상가가 일찍이 셔터를 내린다. 그러면 계단 아래 장소에서 장사를 하게 된다. 그날따라 장사가 잘돼 두어 시간 하고 8만 엔을 벌었다(2016년 기준 350만 원 상당).

　그런데 장사 도중 한 30대 초반의 남자가 물건값을 흥정하다 어디서 왔느냐고 묻길래 한국에서 왔다고 하니까 갑자기,

　"빠가야로 강곡구징!"

　하며 자리에서 일어서는 게 아닌가. 그동안 일본에 들어와 이렇게 직설적으로 욕하는 걸 본 적이 없었기 때문에 좀 당황하였다.

　"왜? 한국인이 어때서?"

　라고 하니까,

　"한국인은 나쁜 놈들이다."

　"네가 뭔데 한국인 욕을 하는 거야?"

　하고는 오가는 사람들이 보고 있는데도 불구하고 화가 나 오른발로 걸어차버렸다. 일본 들어와 폭력을 행사한 건 그때가 처음이었다. 그제야 기가 좀 꺾인 듯 물러서는 것이었다. 구경하는 사람들 누구도 나에게 뭐라고 하지를 않았다. 아니 정확히는 같은 일본인 저 사람이 잘못했다고 하는 표정들이었다. 그리고는 몇몇 사람들은 신경 쓸 것 없다는 표정들을 지었다.

　참, 별난 놈 다 본다고 투덜대었다. 나하고는 초면인데다 아무 문제도 없는 상태에서 한국인이라는 이유만으로 욕을 하니까 나도 모르게 욱 하고 올라왔던 것이다. 화가 나니까 앞뒤 가릴 것이 없었던 것이다. 남의 나라에 와서 이러면 안 되지만…

30. 어린(?) 친구들이 친구하자고 제의해와

신주쿠 역 앞에는 유명한 만남의 장소가 있었다. 히가시구찌(東口)에서 나오면 바로 눈앞에 보이는 곳이다. 그곳 길거리에서 돗자리 같은 깔판을 깔고 바닥에 앉아 장사를 하고 있는데 20대 초반의 젊은 남녀 셋이 왔다. 물건을 구경하고는 나와 이 얘기 저 얘기하다가 한국에서 왔다고 하니까 더욱 관심을 표하고는 계속 이야기를 나눈다. 쓰즈네라는 여대생(21세)과 친구인 화교 여대생(21세), 그리고 한 사람은 베트남에서 온 유학생(22세)이 었다. 일본인 여학생은 올해 안에 한국 서울로 여행 가려고 하는데 서울에 대해 이야기를 좀 들려달라고 하였다. 잠깐 이야길 나누고 있는데 빗방울이 떨어지기 시작해 하늘을 보니 잔뜩 먹구름이 끼어 있어 어차피 오늘 장사는 접어야 할 것 같았다. 그래서 일찍 장사를 파하고 이 친구들과 가까운 휴게소를 찾아 들어가 시원한 음료수를 마시며 계속 이야기를 나눈다. 쓰즈네가 한국인 친구가 없다면서,

"리상. 우리 친구하면 어때요?"

하며 제의해왔다. 뜬금없는 제안이었지만 수락하기로 한다. 나와는 나이 차이가 십칠 년 정도 차이가 났지만 개의치 않기로 했다. 그래서 계속 이야길 나누다 다음 날 도쿄에서 가까운 곳에 있는 한 유원지로 놀러가기로 한다. 장사를 해야 했지만 사람 사귀는 것도 괜찮아 하루 쉬기로 한다.

다음 날 만나 같이 도쿄 근교의 유원지로 놀러갔는데 그곳에는 놀이기구들이 아주 다양하게 있었다. 나도 미친 척 같이 어린애가 되어 그렇게 하루를 즐겁게 보낸다. 오후 늦게까지 놀다가 도쿄 시내로 돌아온다. 그리고 휴게실에서 음료수를 마시며 다시 이야기를 나누게 된다. 화교 친구에게 물어본다.

"중국 가서 살고 싶지 않아?"

"가고 싶지 않아요."

뜻밖이었다.

"왜? 그래도 조국인데."

"너무 못살아 가고 싶지 않아요."

"이곳이 살기 좋아?"

"그럼요."

"어느 정도?"

"훨씬 좋아요."

나라가 잘살고 못사는 데 조국애란 건 없는 것 같았다.

1990년경엔가 중국 남쪽에 있는 계림(桂林)을 여행하고 있을 때였다. 그 당시만 해도 중국의 경제가 너무 낙후되어 있을 때라 같은 동양인이라도 외국인 표가 나는 모양이었다. 허리에 가방을 두르고, 배낭을 둘러메고, 카메라를 목에 걸고 다니면 사람들의 시선이 나를 향하곤 하였다. 덥수룩하고 꾀죄죄한 모습의 중국인들 모습이 아니기 때문이었을까. 일본인에 대한 중국인들의 반일 감정에 대해 익히 들어 알고 있었지만 그래도 그건 남의 일처럼 생각했다.

계림 시내 관광지를 돌아다니다 한 지역을 지나는데 나를 외국인으로 본 현지인 젊은 친구들 너댓 명이 뭐라고 하는데 알아들을 수가 없었다. 내가 중국어를 할 줄 알아야 답변을 하지. 그냥 시선을 한 번 주고는 그냥 돌아서 가는데 갑자기 뒤쪽에서,

"빠가야로!"

하는 게 아닌가. 나를 일본인으로 착각해 그렇게 한 것 같았다. 괜히 시비가 될 것 같아 그냥 지나치려다가

"워쓰, 한구어런(나는 한국인이다)."

라고 한마디 하니까 머쓱해진 표정들을 지었다. 미안하다는 표정들을 짓길래,

"메이꾸안시(괜찮다)."

한마디 하고 돌아선다. 우리가 반일 감정을 갖는 것보다 중국인들의 반일 감정이 훨씬 더한 것 같았다. 왜냐하면 우리보다 더욱 큰 피해를 본 게 중국 인민들이기 때문이다.

신주쿠 히가시구찌에 있는 지하상가의 통로에서 길거리 장사 할 때이다. 처음 이곳에 도착했을 때 지하통로 화단을 따라서 라면박스 행렬이

길게 늘어서 있는 게 보였다. 처음엔 도쿄 시내에 웬 라면박스 행렬인가 의아했는데, 그것들은 노숙자들의 잠자리였던 것이다. 지금은 한국에서도 지하도를 다니다 보면 가끔 그런 것들이 보이지만 그 당시만 해도 라면박스는 고사하고 노숙자들도 아직 거리에 보이지 않을 때였다. 라면박스를 몇 개 구해가지고 바람이 덜 들어오게 하고 그 안에다 이부자리를 깔고 생활하고 있었는데, 그런 노숙자 행렬이 삼십여 명 정도 되어 보였다. 처음엔 신기해 보이기도 했지만 그만큼 일본의 경제상황이 안 좋을 때였다. 일부 노숙자는 커다란 삼각자와 설계도면을 놓고 뭔가를 하고, 어떤 사람은 책도 읽고, 영자 신문을 읽는 사람도 있었다. 한쪽에서는 대낮부터 지나가는 사람들이 보든 말든 술을 마시고 있었다. 몇 년이 지난 후 언제부터인가 서울에도 이와 같은 광경이 생겨났다.

32. 일본 아저씨, "후루룩 쩝쩝 우동?"

그런 곳에서 한쪽에 장소를 마련해 장사를 하고 있었다. 한번은 손님들로 둘러싸여 장사를 하고 있는데, 이마에 잔주름이 많은 한 중년 아저씨(50대 중반)가 일본어로 뭐라고 물어왔다. 내가 할 수 있는 말이라곤 장사에 관한 짧은 회화 정도뿐이었기에 무슨 말인지 알아들을 수가 없었다.

"난니징(어느 나라 사람)?"

"강곡구징데쓰(한국인입니다)."

"나는 한국을 좋아해요."

"감사합니다."

"…까?"

역시 알아듣지 못하는 말을 하였다.

"죄송합니다. 무슨 말인지… 제가 일본어를 잘 못해서…."

"그러니까… 오와리… 잇쇼니 쇼쿠지…."

다는 못 알아들었지만 대충 정리해보면 "끝나고 나서 내가 저녁을 살테니까 식사나 같이 하면 어때요?" 이런 뜻인 것 같았다. 그래도 못 알아들은 척하니까 이번에는

"…후루룩 쩝쩝 우동!"

하고는 제스처를 쓰는 게 아닌가.

"하하하!"

"허허!"

"호호호!"

혼자서 판토마임을 하니까 옆에 있는 손님들이 웃었다. 호의를 베풀어주는 것은 고맙지만 우선 장사를 하는 게 중요했기 때문에 사양을 했지만 우동 아니면 다른 거라도 괜찮으니 같이하자고 하셨다. 그래서 다음

기회에 같이 하기로 한다.

한번은 시부야에서 같이 길거리 장사를 하고 있던 영국인 친구 안디가

"리상, 내일(토요일) 요요기 공원(시부야에서 걸어서 갈 수 있는 가까운 거리)에서 벼룩시장이 열리는데 한번 안 가볼 거야?"

"벼룩시장? 시부야에 그런 곳이 있었나. 요요기 공원이면 하라주쿠 공원 옆이잖아."

"맞아, 사람들이 많이 몰리나 봐."

"그래, 몇 시부터 열리는데?"

"7시면 시작할 걸. 같이 갈래?"

"흠… 좋아, 같이 가자구."

그래서 그 다음 날 아침 일찍 요요기 공원 쪽으로 향한다. 8시쯤 도착했는데 벌써부터 도착해 한창 준비 중이었다. 이른 시간인데도 공원에는 빈자리가 없을 정도로 사람들로 북적였다. 나도 따로 신청을 해 장소를 배정받는다. 주위를 잠시 둘러보니 중고 옷, 중고 신발, 칼, 투구 등 골동품류, 서화류, 시계, 장신구 등 온갖 잡동사니들이 다 나와 있었다. 공원 안엔 발 디딜 틈도 없을 정도로 많은 인파가 몰렸다.

이야! 일본에도 이런 벼룩시장이 있었나 싶었다. 아시아 최대 부국인 일본인들도 중고 물품을 찾는다는 게 좀 의외라는 생각이 들었다.

33. 어린 친구가 공부는 제쳐놓고 일찍 장삿길로

　내가 있는 곳에서 5m 떨어진 곳에는 어린 친구(19세)가 장사를 하고 있었다. 주로 어린이용 시계(모조 디즈니)를 위주로 판매하고 있었다. 이 친구는 이곳에만 오는 게 아니고 도쿄 인근에서 열리는 벼룩시장마다 찾아다니며 장사를 하고 있다고 하였다. 나이도 아직 어린 친구가 공부는 일찍 그만두고 장삿길로 들어선 셈이다. 나와 이 얘기 저 얘기 나누다가 내가 다른 나라로 자주 들락거린다는 걸 듣고는 언제 중국 들어갈 일 있으면 디즈니 상표 시계를 좀 갖다달라고 하였다. 주 종목이 시계인데 도쿄에서 물건을 조달받고 있는데 100엔만 싸게 공급해주면 많이 구입하겠다고 하였다. 이 친구는 웬만한 월급쟁이들 몇 배에 해당하는 수입을 올리고 있었다. 일찍이 돈맛을 봤으니 공부는 완전 뒷전이었던 것이다. 바로 내 옆에서는 허름한 중고 브랜드 운동화와 별 볼 일 없어 보이는 중고 옷가지들도 곧잘 팔리고 있었다. 한국 같으면 저런 걸 누가 쳐다보기나 할까 하는 것들이 선진 부국 일본에서 버젓이 팔리고 있는 것을 보면 역시 한국과는 뭔가 달라도 다르다는 생각이 들었다.

　한번은 신주쿠 가부키초에서 걸어서 가까운 거리에 있는, 한국인이 운영하는 민박집에 머물고 있을 때였다. 동사무소와 가까운 민박집은 다다미방으로 이루어진 구조였는데, 내가 자는 방에는 7~8명의 한국인들이 묵고 있었다. 다른 방들도 대부분 그랬다. 저녁식사 후 10시쯤 되니 일부는 일찍이 잠자리에 들고 일부는 어디서 구해왔는지 소주들을 마시고 있었다. 이곳에 있는 투숙객들 대부분은 노가다 현장에 다니는 사람들이었다. 옆에서 나누는 대화를 들어보니 어저께 파친코에 가서 얼마를 땄다느니, 또는 얼마를 잃었다느니 그리고 파친코장에서 한국 여자를 만났는데 얼굴이 어땠다는 등 시시콜콜한 이야기까지 안주 삼아 나누었다. 일본까지 나와 어렵게 노동 일을 했으면 한 푼이라도 모을 생각을 해야 되는데 저축했다는 이야기는 없고 온통 돈 벌어 파친코장에다 갖다 바친 이야기들뿐이었다. 어떤 사람은 일본 젊은 아줌마를 만났는데 자기를 좋아하는 것 같다고 입에 거품을 물고 자랑도 하였다. 파친코는 확률상 계속 하게 되면 결국엔 잃게 되는 구조인데, 그렇게 고생하고 번 돈을 그곳에 가서 털려버리면서 뭐가 그리 좋은지 계속 파친코장 얘기들을 나누었다.

34. 한국인들과 롯폰기의 나이트클럽으로

이케부쿠로 민박집에 있을 때이다. 숙소에서 만난 한국인들과(동대문 의류업 종사) 술도 한잔할 겸 해서 롯폰기에 있는 한 나이트클럽으로 가게 되었다. 클럽 안으로 들어가니 음악 소리(생음악이 아님)는 크게 났지만 손님들이 몇몇 테이블에만 있어 분위기가 좀 가라앉아 있는 느낌이었다. 한쪽에서는 20대 중반 여성들 대여섯 명이 모여 디스코춤 연습을 하고 있었다.

기본 메뉴를 시키고 자리에 앉아 춤추는 걸 구경하고 있으니 웨이터가 식사를 무료로 제공하는데 뭘로 하겠느냐고 물어왔다. 나를 비롯한 일행들은 초밥을 시켰다. 나이트에서 좀 있다가 나와 2차로 부근에 있는 한 술집으로 들어간다.

그곳은 이스라엘인 젊은 남자가 운영하는 곳이었다. 각 테이블마다 유럽사람들이 제법 보였다. 일행들과 같이 한잔씩 하며 이야기를 나누고 있는데, 들어온 지 한 시간쯤 지났을 때였다. 갑자기 입구 쪽이 시끄러워져 바라보니 조금 까무잡잡하고 신체가 건장한 한 남성(30대 중반)이 어찌된 일인지 오토바이 헬멧으로 실내에 있는 손님들의 머리를 때리고 있는 게 아닌가.

"억! 악!"

"아아!"

여자 손님들도 예외 없었는데, 여자 손님들이 비명을 질렀다. 멈칫 바라보는 사이 어느새 우리 일행들이 있는 곳으로 다가오더니 다짜고짜 일행들에게도 헬멧 세례를 퍼붓는 것이었다. 우리들은 상황도 제대로 파악하지 못한 채 기습적으로(?) 당하였다. 내 앞으로 왔을 때 발로 한 대 걷어차버리려다가 술에 취한 것 같아 그냥 내버려두었는데 그리 아플 정도는 아니었다. 곧이어 이스라엘 남자 주인과는 주먹다짐을 나누었다. 술집 사람들 서너 명이 한 명을 감당 못할 건 없었다. 소동을 부린 사람은 야쿠자였다. 이스라엘인 주인이 자꾸 이러면 우리들도 야쿠자들 불러오겠다고 하였다. 소동을 부리던 야쿠자는 씩씩거리면서 자기 동료들 데려오겠다며 밖으로 나갔다.

그때 술집 손님들 중에는 여성들도 몇 명 있었는데 그중 한 명(20대 중반) 밖으로 나가 흐느끼고 있었다.

"흑흑!"

갑자기 영문도 모른 채 봉변을 당하였으니 그럴 만도 하였다. 피부가 많이 그을린 남방형 미인이었는데 이곳 현지인 같질 않았다.

"어디서 왔어요?"

"브라질이요."

"그럼 여기 사람 아니에요?"

"브라질 상파울루에 살고 있는데, 도쿄가 고향이라 잠깐 들렀어요."

얼굴은 서구형 인상에다가 치렁치렁한 머릿결, 훤칠한 키(170㎝ 정도), 이목구비가 뚜렷한 글래머였다. 나도 모르게 두 팔로 안아주며 위로하고는 등을 토닥거려주었다.

그제야 좀 진정이 되었는지,

"어디서 왔어요?"

"서울에서 왔어요."

"위로해줘서 정말 고마워요."

"별말을요, 어디 다친 데는 없어요?"

"이제 괜찮아요. 혼자 왔어요?"

"아뇨, 한국 친구들과 같이 왔어요."

"괜찮다면 제가 술 한잔 사도 되겠어요?"

이런 미녀와 술 한잔하고 싶었지만, 일행들 때문에 그럴 수 없었다.

"고맙지만, 일행들이 있어서…"

"어쨌든 고마워요… 브라질에 가면 제 주위에 한국 친구들도 몇 명 있어요."

그때 이케부쿠로에서 동행한 한국인 일행들이 부러운 눈빛으로 바라보았다.

잠시 후 조금 전 행패를 부렸던 야쿠자가 동료들을 데리고 다시 왔다. 그리고는 술집 사람들과 다시 다투려 하였다. 따라온 야쿠자들이 주인에게 항의를 하다가 자초지종을 듣고는 오히려 술에 취해 행패를 부린 같은 동료를 나무라는 것이었다. 잘못됐으면 행패 부린 야쿠자와 이스라엘 측 야쿠자들 간 충돌로 갈 수도 있었던 것이다. 파손된 기물들은 행패를 부린 야쿠자 쪽에서 보상하기로 하고 그곳에서 철수한다.

잠시 후 일행들과 그곳에서 나와 숙소로 돌아가기 위해 택시를 잡아탄다.

"이형은 참 행복하겠습니다."

"뭐가요?"

"어떻게 그런 글래머 미인도 안아보고…"

"아, 난 또… 그게 뭐 특별한 의미가 있습니까. 그냥 위로해준 것뿐인데."

"그래도 그게 어딥니까. 우리들은 일본에 와서 그런 미녀의 손목 한번 잡아보기는커녕 만나본 적도 없는데. 이형은 어떻게… 정말 부럽습니다."

"별말을 다 하네요. 그게 부러우면 나처럼 그냥 한번 안아주면 되잖아요."

"그게 그리 쉬운 일인가요. 그리고 앞으로 그럴 기회가 없을 텐데."

하여튼 남자들이란….

이케부쿠로 숙소 여주인의 남동생 부부는 같은 숙소에서 살고 있었다. 남동생은 일본에 들어온 지 사오 년이 지났다고 하였다. 뒤에 들어온 부인은 이제 삼 년쯤 되었다고 했다. 남자는 고급 술집이 많은 아카사카(赤坂)의 한 술집에서 웨이터로 일하고 있었고, 부인은 누나가 운영하는 민박집 운영을 도와주고 있었다. 하루는 남동생과 같이 숙소에서 맥주를 마시며 이야기를 나누었다.

"술집 웨이터를 하려면 일본어를 능숙하게 해야 될 텐데… 일본어는 잘하세요?"

"기본적인 것만 할 정도예요. 술집에서 나누는 대화는 뻔하니까요."

"깊은 대화를 손님이 원하면요?"

"그건 못해요."

"그럼 어떻게 해요?"

"그땐 일본어를 잘하는 같은 한국인에게 부탁하면 돼요."

"그러지 말고 일본어를 공부하면 되잖아요."

"그게 말처럼 그리 쉽게 되나요… 그리고 차라리 그 시간에 술이나 한 잔 더 해야죠."

"하하하! 그렇다면 할 수 없죠. 그런데 부인은 어때요?"

"집사람은 나보다 일본어를 훨씬 더 잘해요."

"부인은 일본어를 어디서 배웠나요?"

"아뇨."

"그런데 어떻게 더 잘해요? 본인보다 일본에 늦게 들어왔는데…"

"집에서 할 일 없을 땐 텔레비전에서 나오는 연속극이나 보곤 하는데 어떻게 된 건지 나보다 훨씬 잘해요."

"따로 공부 안 하고 텔레비전만 보고요?"

"예."

"그렇게 되나요. 그럼 그쪽도 텔레비전만 보면 되겠네요?"

"그럴 시간이 없잖아요. 직장엘 다니는데… 집에 돌아오면 쉬기 바쁜데."

36. 아카사카(赤坂) 고급 술집에서 대접받는 한국 소주

"그렇겠군요. 그런데 혹시 일하는 술집에서 한국 술도 파나요?"

"예, 그런데 좀 비싸요."

"소주가 비싸봤자잖아요? 한 병에 얼마나 가길래…"

"한 병에 한국 돈 사오십만 원쯤 나가요."

깜짝 놀랐다. 소주가 몇만 원도 아니고 몇십만 원씩이나… 아무리 고급 술집이라도 좀 너무한 것 같았다.

"그렇게 비싼데도 손님들이 사 마셔요?"

"돈 많은 사람들은 그런 거 신경 안 써요. 경제적인 여유가 없는 사람들은 한번에 다 마시질 않고 일부 마시고 나머지는 보관해 놓았다가 다음에 올 때 조금 마시고, 또 보관하고 그래요."

"야! 한국 소주가 이곳에선 귀한 대접을 받네요."

"그런 셈이죠… 이곳에서는 일반 월급쟁이들이 쉽게 마실 수 있는 술이 아닌 거죠."

"월급은 괜찮게 받나요?"

"에이, 얼마 안 돼요. 누가 월급 보고 거길 나가나요."

"그럼 뭘 보고?"

"팁이 있잖아요. 손님들 주는 팁이 월급 몇 배나 더 돼요."

"그럼 수입 올린 건 전부 부인에게 다 갖다주나요?"

"에이… 그러면 나는 무슨 재미로 살아요. 일부만 갖다주고 나머지는 꼬불쳐놓았다가 필요할 때 요긴하게 써야죠."

"하하하! 하여튼…"

"킥킥! 마누라에게 말하면 안 돼요."

"하하! 알았어요."

제주도 출신 아주머니가 운영하는 한국인 민박집에 있을 때였다. 오늘은 한인 민박업소의 소개로 노가다를 나가게 되었다. 도쿄 외곽 쪽으로 나가는데 숙소에서 같이 나가게 된 한국사람과 동행한다. 전철을 두 번 바꿔 타고 또 20분을 걸어 도쿄 외곽 한적한 지역에 도착한다. 현장에는 오래된 2층 목조건물이 한 채 있었고 담 너머로 커다란 나무들이 보였다. 좀 기다리니 일본 현지 일꾼들이 왔다. 곧이어 책임자가 오늘 일에 대해 설명해주는데 2층 목조건물과 앞에 있는 거목들을 철거하는 작업이라고 하였다. 작업지시를 받고 도구들을 챙긴 후 목조건물 안으로 들어간다. 건물은 교토에서나 봄직한 그런 오래된 건물이었다.

마키짱과의 즐거운 시간… 고베(神戸)

37. 철거하기엔 너무 아까운 목조 고옥(古屋)

2층 다락 쪽에는 오랜 세월 청소를 안 했는지 먼지들이 켜켜이 쌓여 있었다. 물어보니 100년이 훨씬 넘은 고옥이라고 하였다. 그러니까 이 먼지들이 100년을 이야기하고 있는 것이다.

불도저로 밀고 오함마와 지렛대를 이용해 철거하기 시작하였다. 오래된 집이라 그런지 왠지 아깝다는 생각이 들었다. 넓은 정원을 포함해 800평은 넘어 보였는데 이곳을 철거하고 큰 건물이 들어설 것이라고 하였다. 일본은 한국과 달리 함바집도 없고 하루 일당에서 알아서들 사먹으라는 식이었다. 같이 온 한국인과 현장에서 좀 떨어진 곳에 있는 식당으로 찾아가서 점심을 해결한다.

다음 날도 다시 같은 현장으로 가게 되었다. 오늘은 정원에 있는 큰 나무를 베는 작업이었다. 멀리서 볼 땐 그리 커 보이지 않았는데 가까이서 보니 아주 큰 나무였다. 영화 '텍사스 전기톱 살인사건'에서 본 그런 전기톱으로 나무를 잘라내는데 큰 나무라 아주 조금씩 파들어간다. 같이 온 한국인이 자기도 해보겠다고 나선다. 이런 경우 안전 교육을 좀 받고 하는 게 정상 같은데 그런 과정도 없이 설명만 대충 듣고 바로 작업에 투입된다.

나는 일본어가 서툴러 감히 나설 생각도 못하고 있는데 김씨라는 분은 일본어도 곧잘 하였다.

"김형은 일본어를 어디서 배웠습니까?"

"따로 교육받은 건 없고 오사카에 있을 때 노가다 현장에서 만난 한국 대학생과 몇 달 같이 지내며 배웠습니다."

"일본에는 언제 나왔는데요?"

"한 삼 년 됐습니다."

"결혼을 하셨을 텐데 애들은 어떡하고…?"

"애들은 애 엄마가 봐 주고 있어요."

"삼천포에서 오셨다고 하셨는데, 왜, 삼천포가 싫던가요?"

"고향인데 싫을 리 있겠습니꺼, 살다보니 그렇게 돼버렸지예."

김씨의 말에 의하면 조그만 사업을 하다가 실패를 해서 빚을 졌는데 독촉하는 빚쟁이들의 등쌀에 못 이겨 일본으로 피해 나온 것이라고 하였다.

"그렇다고 계속해서 이렇게 일본에서 살 수는 없잖아요."

"언젠가는 돌아가야지예."

"여자분과 잠자리한 지도 오래됐을 텐데… 생각 안 나요?"

"생각나지만 할 수 없잖아요."

"그럼 부인에게 들어오라고 하면 되잖아요?"

"안 그래도 작년에 한번 왔다 갔어요."

"몇 년 동안 이 생활을 했으면 다른 지방에도 많이 가봤겠네요."

"많이 다녔지요."

"오키나와도 가봤나요?"

"아직 그기까지는…."

이분 말고도 숙소에서 만난 사람들 중 적지 않은 사람들이 이분처럼 타의에 의해 한국에서 일본으로 나와 떠돌아다니는 경우를 가끔 보게 된다. 일본뿐만 아니라 태국, 필리핀, 스리랑카 등지에서도 가족을 멀리하고 피난살이(?)를 하는 그런 한국사람들을 종종 만나곤 하였다. 외국을 떠돌아다니는 사람들 중에는 살인, 폭력, 사기 등 각종 사고를 쳐서 나오는 경우도 적지 않다고 들었다.

38. 일본 시골에도 한국 드라마 팬이

하루는 도쿄 인근 외곽 도시로 노가다를 하기 위해 다른 한국사람과 같이 가게 되었다. 우리를 데리러 온 트럭을 타고 한 시간 반을 달려 한적한 곳에 들어선다. 10시경 현장에 도착했는데 일행이 도착한 곳은 마을회관 같은 곳이었다. 이곳에서 30여 분 떨어져 있는 한 시골 초등학교로 피아노를 옮기는 일이었다. 회관에서 어린이들을 위해 학교에 기증하는 것이라고 하였다. 무겁고 힘든 작업이었지만 두어 시간 만에 끝난다.

마을회관의 대표라는 중년 남자분(50대 중반)이 한국에서 왔다고 하니까 방으로 좀 들어오라고 하였다. 자리에 앉으니 차를 한잔 내주고는 서재에서 앨범을 꺼내더니 일행에게 보여주며 자기 딸이 겨울연가에 나오는 박용하의 팬인데 박용하가 일본에 왔을 때 만났다나, 그리고 기념촬영까지 하였는데 그 사진을 보여주며 딸이 아주 소중히 간직하고 있다고 하였다. 그리고 이곳에는 자신의 가족들을 비롯해 한국 드라마 팬들이 꽤 있다고 하였다. 이런 촌구석까지 한국 드라마 팬들이 있을 줄은 생각도 못 했는데…

일을 끝내고 같이 온 한국 친구와 그곳을 나온다. 둘이는 이왕 이곳까지 온 김에 일본 시골 구경을 좀 하기로 한다. 목적지도 없이 길이 나 있는 대로 걸어가는데 한 시간쯤 걸어가니 정말 깡촌 동네였다. 민가들은 길가에 듬성듬성 있었는데 다니는 사람들이 거의 안 보여 꼭 유령 마을 같았다. 어쩌다 사람들을 마주치면 신기하다는 생각이 들 정도였는데 여기가 정말 일본 맞나 하는 생각이 들 정도였다. 이런 곳이 경제부국 일본에 많이 있다는 것이었다. 도쿄로 돌아가기 위해 물어서 한적한 전철역에 도착한다. 배가 고파 한 식당 안으로 들어간다. 그런데 차림표를 보니 이곳 깡촌(?)이 도쿄 시내보다 더 비쌌다. 그래도 배가 고프니 감수할 수밖에…

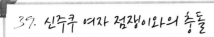

신주쿠 히가시구찌(東口) 쪽 도로 건너 은행 코너에서 장사할 때이다. 내가 장사하는 골목 바로 앞에는 50대 중반의 여자 점쟁이가 있었는데 나와는 불과 4~5m 거리 앞에서 탁자 위에 촛불을 켜놓고 영업을 하고 있었다. 길 아래쪽 가부키초(歌舞伎町)가 보이는 큰 도로에는 30대 초반의 한국인(대학 재학)이 트럭에 꽃을 가득 싣고 장사를 하고 있었다. 같은 한국인인 이 친구는 일본말도 잘해서 나는 어려운 일이 생기면 도움을 청하곤 하였다. 평소 내가 있는 장소에서 장사하는 것을 못마땅하게 보던 여자 점쟁이는 그 전에도 자리 문제로 여러 번 나와 다투었는데 그날따라 심하게 나오는 것이었다.

나는 점쟁이를 애써 무시하고 내 장사에만 신경 쓰고 있을 때였다. 언제 데려왔는지 은행 건물 경비원(60대 초반)을 대동하고 나에게로 왔다. 그리고는 경비원 어른께 뭐라고 이야기를 하였다. 경비원 어른이 나보고 이곳에서 장사를 하면 안 되니까 다른 곳으로 장소를 좀 옮겨달라고 하였다. 내가 이곳에서 장사하는 것을 처음 본 것도 아니고 그동안 몇 번 이야기하였지만 나도 마땅한 장소를 찾기가 쉽지 않아 그냥 뭉개고 장사를 하였다. 그렇게 몇 달을 하니 더 이상 나에게는 뭐라고 하지 않았다. 그런데 점쟁이 여자가 뭐라고 했는지 갑자기 치워달라고 하였다. 그리고 머리를 90도로 수그리고는,

"오네가이시마쓰(부탁합니다)."

하고 연세 많으신 분이 점잖게 부탁하고 나오니 참으로 난감하였다. 저녁까지는 꼭 좀 옮겨달라고 재차 부탁하셨다. 좀 있다 경비원 어르신이 간 후 점쟁이에게 가서 따진다.

"왜 남 장사하는 걸 방해합니까?"

뭐라고 대답하는데 알아들을 수가 없었다. 짧은 일본어로 항의하다가 화가 나 점쟁이의 영업용 탁자를 발로 걷어차버렸다.

점쟁이도 지지 않고 계속 뭐라고 중얼거렸다.

고베(神戸) 친구 마키짱

나나 점쟁이나 이 장소는 개인의 전유물이 아닌데도 먼저 영업을 시작하였다고 텃세를 부리는 것에 화가 났던 것이다. 좀 있다 이 지역을 담당하는 키가 좀 작고 머리를 민 땅땅한 체구의 야쿠자(40대 초반)가 왔다. 그에게 조금 전에 있었던 일을 이야기하니 점쟁이에게로 간다.

그리고는 점쟁이에게 뭐라고 하였다.

"…빠가!"

"…!"

점쟁이도 지지 않고 항의를 하였다. 화가 난 야쿠자가 몇 마디 하다가 점쟁이의 영업용 나무탁자를 아주 밟아 부숴버린다.

"뿌직!"

"빠가야로!"

점쟁이도 자기들 야쿠자를 불러온다고 하고는 어딘가로 간다. 그렇게 가더니만 시간이 지나도 안 오더니 그날은 아예 보이지를 않았다. 다음 날 다시 나왔는데 나에게는 뭐라고 하지 않고 조용히 자기 영업만 하였다. 먹고 사는 게 무언지… 그 후로 시부야 쪽으로 옮길 때까지 한동안은 그곳에서 장사를 계속 한다. 빨리 돈을 모아 중국 여행을 가야 할 텐데…

오래전 서울에 있을 때 한 주요 일간지에 일본 원주민인 아이누족의 족장이 방한한 기사가 실렸다. 아이누족은 현재 일본의 원주민, 또는 선주민으로 불리는 사람들이다. 지금은 열도 북쪽 홋카이도(北海島)에 모여 살고 있다. 지금은 소수민족으로 살아가지만, 한때는 일본열도의 당당한 주인으로서 살아가던 때가 있었다. 하지만 대륙에서 온 도래계(한반도)가 본격적으로 일본 땅에 진출하면서 강력하고 막강한 집단의 세력에 쫓기어(?) 현재 거주하고 있는 북쪽 홋카이도까지 밀려나게 된 것이다.

인터뷰 기사에 의하면 아이누족 대표(족장)가 말하길 지기들도 원래는 일본이 본토가 아니고 한반도 북부 만주 쪽 백두산 부근에서 터전을 잡고 살다가 일본열도로 들어와 정착해 살고 있었는데 뒤이어 들어온 같은 한반도 집단들이 차례로 들어와(가야, 백제, 신라, 고구려) 무력충돌을 하게 되는데 힘에서 밀려 북쪽으로 밀려가 현재의 홋카이도에 정착하게 되었다고 아이누족의 역사를 설명하였다. 그러니까 그들도 원래는 한반도 북쪽 일대와 만주가 옛 조상들의 터전이자 마음의 고향이라는 것이다. 그래서 한국인들에게는 특별한 인연을 느낀다는 것이었다.

민족이동설은 여느 나라의 경우와 별반 다를 게 없는 경우인 것이다. 집단 간의 세력 다툼에서 밀려 삶의 터전을 잃고 살 곳을 찾아 이동에 이동을 거듭한 끝에 간 곳이 현재의 일본열도였던 것이다. 족장의 말에 의하면 2차 세계대전 당시 적지 않은 조선사람들이 홋카이도의 아이누족 마을로 피해 온 것을 숨겨주었다고 한다. 오늘날 세계적인 경제 강국으로 우뚝 선 일본은 한반도에서 건너온 도래계에 의해 이루어진 나라인 셈이다. 그러한 역사적인 사실은 일본의 역사에 조금만 관심을 가지고 들여다보면 누구나 쉽게 접할 수 있다. 일본의 사서들(일본서기, 신찬성씨록, 고사기 등)을 들여다보면 도래계, 즉 한반도에서 건너간 우리 조상들의 이야기를 기록한 것들인 것이다. 일본 전국의 오래된 유명 사찰과 신사들 또한 도래계와 관련된 것들이다. 쉽게 말해 일본은 고대사에서만큼은 한반도 인들과의 관계를 인정하지 않을 수 없는 것이다. 만약 부정한다면 자신의 뿌리(조상)를 부정하는 모순에 빠지게 되기 때문이다.

72. 사진작가 미찌꼬와의 만남

신주쿠 동구 지하상가에서 장사를 하다가 만난 미찌꼬란 여성이 있었다. 내가 한국에서 온 걸 알고는 더욱 관심을 보였다. 보통 키에 좀 가냘픈 체형인 그녀(20대 중반)의 직업은 사진작가였다. 상가 통로를 따라나가면 도쿄 시청이 나오는데 그 부근에 있는 한 스튜디오에서 근무하고 있다고 하였다.

"리상, 괜찮다면 끝나고 좀 만날까요?"

"그럽시다."

"괜찮겠어요?"

"괜찮아요. 그럼 기다릴 테니까, 마치는 대로 와요."

"알았어요. 마치는 대로 바로 올게요."

그래서 나중에 만나기로 한다. 그날 오후 여섯 시쯤 내가 장사하는 곳으로 미찌꼬가 다시 왔다. 장사하던 물건들은 신주쿠 역에 있는 임시 보관함에 넣고 그녀와 같이 시내를 돌아다니다, 전철을 타고 시부야에서 가까운 하라주쿠 공원으로 간다.

"리상은 일본에 여자 친구가 있나요?"

"현재는 없는데 금방 생길 것 같아요."

"무슨 뜻인지?"

"아, 이제 그쪽을 만났으니 친구하면 되잖아요."

"아, 그래도 괜찮아요?"

"왜, 내가 싫어요?"

"그게 아니라… 갑자기라…"

"복잡하게 생각할 거 없어요. 싫어요, 좋아요? 나는 좋은데…"

"한국사람들 다 그렇게 솔직해요?"

"다 그렇지는 않지만 나는 성격상 좀…."

"나도 싫지는 않은데."

"그럼 됐어요. 그럼 우리 앞으로 친구로 지내요. 알았어요?"

"알았어요, 그렇게 해요."

하라주쿠 공원이 있는 하라주쿠(原宿) 역에 내려 요요기 경기장을 지나 하라주쿠 공원 정문 쪽에 도착하니 9시가 넘어 있었다. 이곳은 호젓한 곳이라 그런지 주로 데이트 나온 연인들이 오가고 있을 뿐 인적이 드물었다. 이 친구는 고향이 지방인데 이곳 도쿄 쪽에 아파트를 얻어놓고 혼자 살고 있다고 하였다. 고향에 계시는 부모님과 같이 살면 편하고 좋긴 한데 결혼하라고 너무 조르는 통에 따로 나와 살고 있다고 하였다.

"미찌코는 도쿄에 친구들이 많이 있나요?"

"아는 사람들은 좀 있는데 그렇게 친하지는 않아요."

"왜 그런데?"

"일본사람들은 친구 사이라도 웬만해선 속마음을 터놓고 얘기하지 않아요."

"왜 그렇지?"

"모르겠어요. 그래서 나는 일본이 싫어요."

"싫다고?"

"겉으로는 웃으며 친절하게 대해주지만 깊은 대화는 거의 못 나눠요."

"그렇군요… 어려울 때는 속마음을 터놓고 허심탄회하게 이야기할 수 있는 친구가 필요한 것인데…."

"그렇죠."

"그럼 일본이 싫으면, 떠나고 싶어요?"

"그럴 생각도 있어요. 차라리 일본을 떠나고 싶어요."

"거 참, 이야길 들으니 좀 그렇네."

"리상은 좋겠어요. 그런 대화를 나눌 수 있는 친구들이 있으니까."

"꼭 그렇지만도 않아요. 털어놓고 얘기할 수 있는 친구는 몇 명 안 돼요. 저기, 한국 가서 살면 어때요?"

"에… 그것도 좋은 생각이지만 한국에는 가족이나 친척, 친구들이 없잖아요."

"만약에 미찌코가 외국인과 결혼한다면 어느 나라 사람하고 할 것 같아요."

"그건 아직 생각 안 해봤지만, 낯선 서양인보다는 같은 동양인인 한국사람… 아니면 중국사람이 되지 않겠어요."

"그건 왜 그런데요?"

"아무래도 식습관이나 문화적으로나 그렇고, 특히 한국인은 일본인하고 감정이 가장 비슷하니까… 리상은요?"

"나도 비슷해요. 사고방식도 그렇지만 무엇보다 감정이 좀 더 비슷한 일본 여성이 아무래도 첫째로…"

그렇게 미찌코와 하라주쿠 공원에서 밤늦게까지 데이트를 하다가 그곳에서 나온다. 그 후로 혼자 산다는 아파트에 놀러가기도 하였다. 새로운 친구가 생기니 일본 생활이 더욱 편하고 좋았다.

신오쿠보 역에서 5분 거리의 도로변에서 골목으로 좀 들어간 곳에 민박집이 있었는데, 주인은 마산이 고향으로 경상도 사투리를 진하게 쓰는 젊은 한국인 남자(30대 중반)였다. 일본에서 대학을 졸업하고 민박집을 두 곳이나 운영하고 있었는데 제법 규모가 큰 편이었다. 이곳에는 다른 민박집과 달리 노동자들이 아닌 젊은 여행객들이 많이 묵고 있었다. 주인 남자는 아직 미혼이었는데 평소에 늦게 자고 늦게 일어나는 편이었다. 장기 투숙객들에게는 단출한 식단이지만 식사도 무료로 제공하였다. 물가가 비싼 도쿄에서 식사 문제를 해결하기가 부담스러운데 아주 잘된 일이었다. 장기 투숙객들 중에는 30대 싱글 여성들이 있어 김치, 맛김 등은 멀지 않은 곳에 있는 '장터'란 식품 가게에서 재료만 사가지고 와 직접 만들어 먹었는데, 나도 덕분에 식사 문제는 그럭저럭 해결할 수 있어 좋았다.

  내가 묵고 있는 방에는 주인을 비롯해 대여섯 명이 함께 있었다. 이곳에 들어온 지 며칠 지났을 때이다, 저녁시간이 되어 다 같이 모여 식사를 하는데 키가 좀 자그마한 일본인 남성(30대 중반)이 들어왔다. 같이 식사를 하는데 민박집 주인이 같이 있는 사람들에게 소개를 해주었다. 이곳에서 주인 일을 돕고 있다고 하였다. 식사가 끝난 후 이야기를 하는데 민박집 주인의 대학 후배인데 어저께 감옥에서 나왔다고 뜬금없는 이야기를 스스럼없이 하는 게 아닌가. 그러니까 민박집 일을 봐주며 일을 했는데, 신오쿠보(新大久保) 역 부근 길거리에서 불법 CD를 판매하다가 단속 경찰에 걸려 6개월간 감옥에서 살다가 어제 나왔다는 것이다. 다소곳한 인상에 사람은 괜찮은 것 같았다. 그런데 어찌하다보니 그렇게 된 것 같은데 어쩐지 안되어 보였다. 사는 게 무엇인지….

이 친구는 전공이 영문학이라고 하였다. 잘됐다 싶어 주인에게 일본어 좀 배울 수 있게 도와달라고 하니까 자기가 부탁해보겠다고 하였다. 그 다음 날부터 틈날 때마다 배우게 되는데, 내가 영어로 백지에 필요한 문장을 써주면 그 문장 아래에다 히라가나로 번역을 해 써주었는데 영문학을 전공해서 그런지 막힘이 없이 깔끔한 글씨체로 정리해주었다. 일본어는 중국어나 영어처럼 발음하기가 어렵지 않아서 번역한 걸 외우기만 하면 되었다. 내가 그냥 배우기가 미안해 주인에게 말하니 꼭 신세를 갚고 싶다면 담배나 가끔 한 갑씩 선물해주면 충분하다고 하였다. 그래서 가까운 편의점에 가서 담배 두 갑을 사갖고 와서 건네니 처음에는 안 받으려고 하는 걸 억지로 준다. 어쨌든 이 친구 덕분에 이곳 민박집에 머무는 동안 일본어를 좀 더 다양하게 배울 수 있게 되어 아주 좋았다.

이곳 민박집 주인은 아직 싱글이었는데(30대 중반), 마산에 계시는 부모로부터 성화가 대단한 모양이었다. 같은 방을 쓰다 보니 가끔 한국에 계시는 부모들과 통화하는 걸 듣게 되는데 그때마다 조금만 기다려 달라며 변명을 늘어놓기 일쑤였다.

한번은 민박집에 머물고 있는 장기 투숙객들 중 30대 중반의 한국 여성에게 자기 처지를 하소연하고 있었다. 이 여성은 용모도 수수하고 목소리도 아주 맑고 고왔다.

"와! 정말 미치겠네. 어이구!"

"왜요. 부모님은 걱정이 돼서 그러는데 잘 말씀드려요."

"그게 잘 안 통하니까 그러지."

"부모님들 심정도 좀 헤아려드려야죠."

"그럼 내보고 어떻게 하라꼬? 저렇게 닦달을 하는데 당장 어디서 주워

와서 한단 말이고. 아이고 골치 아파 죽겠네."

"그럼 제가 좀 도와 드릴까요?"

"어떻게?"

"아쉬운 대로 내가 가짜 며느리 후보 행세를 하면 어때요?"

"그래주면야 내야 좋지, 그런데 미안해서 어떻게 그런 부탁을…"

"괜찮아요, 이해하니까. 언제 봐서 통화를 하게 되면 나를 소개해줘요. 그럼 나머진 내가 알아서 할 테니까."

"정말 그래도 되겠소, 그럼 좀 부탁합시더, 부모님께 잘 좀 말해주소."

"알았어요, 걱정 마세요."

그러다가 며칠 후 마산의 어머니에게서 전화가 걸려왔다.

"엄만교? 잘 계시지예, 아부지는예… 너무 걱정마이소, 다음에 기회 있으면 천천히 말해줄라꼬 했는데… 사실은 결혼할 사람이 있는데… 이번 가을쯤 봐서 한국으로 갈 때 같이 가서 인사드리려고 했는데…"

"…"

"정말입니더, 제가 언제 거짓말 하는 거 봤능교."

"…"

"예, 예, 아 참, 못 믿네. 내 옆에 이 친구가 있으니까 직접 통화해보이소."

"…"

"진짜라예, 그럼 바꿔줄 테니까 직접 들어보이소… 자, 잘 좀 부탁하요."

그리고는 그 여자분에게 재차 부탁한다.

"알았어요, 이리 바꿔줘요… 여보세요! 네. 안녕하세요."

싹싹하고 간드러진 목소리였다.

"네, 어머님… 걱정 마세요. 언제 봐서 한번 찾아뵙고 인사드릴게요. 네, 네. 제가 잘 알아서 챙겨드릴 테니 걱정 마세요… 네, 네. 그리고 아버님께도 잘 말씀드려주세요. 걱정하지 마시라고… 잠깐만요, 바꿔드릴게요. 전화 받아요."

"여보세요, 예, 엄마. 인자 내말 믿지예… 그러니까 너무 갑치지 말고 조금만 기다리이소… 예, 예. 게시이소."

그렇게 통화가 끝난다.

"휴…! 인자 좀 살겠네."

"어땠어요? 나 잘했죠?"

"아이고, 잘한 게 뭐꼬, 너무 고마워서 미안해 죽겠구만은."

"그런 말 마세요."

이 여성도 노처녀인데 반찬 솜씨도 좋지만 가짜 며느리 연기도 아주 훌륭히 잘 해주었다. 하여튼 홀아비 심정은 홀아비가 알아준다고… 당분간은 부모님으로부터 시달리지 않아도 될 것이다.

오사카 만국 꽃 박람회장 입구

25. 신주쿠(新宿)의 한국인 보따리 옷장수 아주머니

신주쿠 역 동구 쪽 지하상가에서 장사할 때이다. 내가 장사하는 곳에서 시청 쪽 방향 통로에서 50여 미터 떨어진 곳에서 장사하시는 50대 후반의 한국인 중년 여성분이 계셨다. 이분은 매일 이곳에 나와서 장사를 하시는데 나와는 가끔 인사 정도만 하곤 하였다. 항상 큰 보따리 두어 개를 들고 내가 장사하는 곳을 지나곤 하셨다. 오늘도 어김없이 나타나신다.

"안녕하세요."

"예, 많이 팔았어요?"

"조금 전에 나와 아직 개시도 못 했어요."

"열심히 해요."

"예, 수고하세요."

그리고는 같은 장소를 향해 걸어가신다.

오늘은 좀 일찍 끝내고 시부야 쪽으로 가기 위해 짐을 정리한 후, 가까운 곳에서 장사하시는 아주머니 쪽으로 가본다. 주로 옷가지들을 팔고 계셨다.

"많이 파셨어요?"

"오늘은 좀 별로네요."

"여기서 장사하신 지 얼마나 되셨어요?"

"한 2년쯤 됐으려나…."

"이곳은 경찰이나 야쿠자들이 뭐라 안 해요?"

"왜 말 않겠어요."

"경찰들은 뭐라고 하는데요?"

"왜 장사하지 말라는데 자꾸 하느냐고… 뭐라고 하죠."

"그래서 어떻게 하셨는데요?"

"그래서 내가, 일본에서 물건들을 구입해 비싸게 파는 게 좋아요, 아니면 한국에서 가져와 싸게 파는 게 좋아요? 이렇게 말하니까…."

"그래서요?"

"그럼 아무 말 못 하죠. 좋은 물건 싸게 판다는데…."

"그럼 경찰들은 아주머니를 다 알아보시겠네요?"

"알아보죠, 이곳에서 장사를 오래 했으니까."

"옷은 주로 어디서 가져오는데요?"

"주로 남대문, 동대문에서 떼 와요."

"하루 얼마나 파시는데요? 저는 이삼만 엔 정도도 겨우 파는데요."

"나는 그 정도면 장사 그만둬요."

"얼마나 파시길래요?"

"못 팔아도 10만 엔(2017년 기준 650만 원 상당) 이상은 팔아야죠."

"그럼, 한국에는 언제 들어가는데요?"

"물건이 빨리 팔리면 일주일도 안 돼 들어가고, 늦게 팔리면 2주(당시 비자는 15일짜리) 다 채우고 들어가기도 해요."

"자제분들은요?"

"다 한국에 있죠. 나만 장사하느라 일본에 나와서 생활해요."

"숙소는요?"

"일본인이 운영하는 민박집에 묵고 있어요."

"아니, 왜 한국인 민박집에 안 계시고?"

"일본사람들이 더 편안해요. 한국사람들은 말이 통해 좋지만 뒤에서 수근수근대서서…."

"짐들은 잘 맡겨주나요?"

"한국에서 물건을 띄우면 주인이 받아서 알아서 잘 보관해줘요."

아주머니는 일본에서 이렇게 장사를 해서 번 돈으로 자식들 교육시키고, 시집 장가도 보내었다고 하시었다. 그리고 지금은 자식들에게 폐 안 끼치고 오히려 가끔 도와준다고 하였다. 그리고는 일본 왔다갔다하는 것도 힘들어 돈도 돈이지만 몇 년만 더 하고 그만둘 생각이라고 하셨다.

96. 신주쿠의 길거리 꽃장사 한국인 유학생

신주쿠 역 동구(東口) 입구 길 건너 내가 장사하는 곳에서 100m쯤 떨어진 곳, 가부키초(歌舞伎町) 맞은편 대로변에서 꽃장사를 하는 한국 유학생(20대 후반)이 있었다. 트럭에 각종 꽃들을 가득 싣고 장사를 하는데 번화가 중심지라 그런지 오가는 사람이 많아 장사는 괜찮게 된다고 하였다. 오늘따라 연말이라 그런지 바쁜 것 같았다.

"오늘은 어때요?"

"연말이라 그런지 좀 바쁘네요, 그쪽은요?"

"나는 크게 차이가 안 나요. 가끔 애인에게 연말 선물을 준다며 사가는 사람들도 있지만…."

"지난번 그 여자 점쟁이 아줌마인지 할머니인지 하는 사람하고는 어때요?"

"그 일이 있고난 후로는 나에게 뭐라 안 하네요."

"다시 한번 그러면 우리 야쿠자 불러 또 혼내줘버리면 돼요. 이곳은 우리 쪽 야쿠자들 구역이니까."

"오늘은 여기서 계속합니까?"

"오늘 저녁에는 아카사카 쪽으로 가볼 생각이에요, 그곳은 밤늦은 시각까지 장사를 할 수 있어서요. 특히 연말이라…."

"혼자 가요?"

"여자 친구하고 같이 가려고요."

이 친구는 이곳에서 만난 같은 유학생 여성과 사귀고 있었는데, 학교 졸업하고 한국에 돌아가면 결혼할 생각이라고 하였다.

저녁 장사를 한 후 식사를 끝내고 고급 술집들이 모여 있다는 아카사카 쪽으로 간다. 밤 10시가 넘었는데 거리는 생각보다 좀 한적하였다. 길

을 걸어가는데 마침 트럭을 세워놓고 꽃장사를 하고 있는 한국인 학생이
보였다. 옆에는 여자 친구도 같이 있었다.

"좀 팔았어요?"

"예, 연말이라 그런지 좀 사가네요…. 참, 인사해. 신주쿠 쪽에서 같이
장사하는 분이셔."

"안녕하세요."

"안녕하세요. 이야기 많이 들었습니다."

"그러세요…? 제 흉 안 보던가요?"

'갑자기 웬 흉이람.'

"흉은요, 잔뜩 자랑만 늘어놓던걸요."

"정말예요?"

"그럼요… 같이 장사하시면 심심하지는 않겠네요."

"저기… 가서 음료수나 좀 사와."

"알았어, 갔다 올게."

그리고는 자동판매기 있는 쪽으로 간다.

"일 년 중 언제가 가장 잘돼요?"

"크리스마스를 전후한 연말이죠."

"이 꽃들은 직접 받아오나요?"

"아뇨, 저는 판매만 하고 공급해주는 회사는 따로 있어요."

"한국사람?"

"아뇨, 일본인인데, 도쿄에서 아주 큰 규모로 하는 분예요."

"조건은요?"

"판매액의 30%를 제가 가져요."

"예… 하루 제일 많이 팔 때 얼마나 팔아봤어요?"

"작년 이맘때 하루 150만 엔(1,800만 원)까지 팔아봤어요."

계산을 해보니 30% 마진이면 540만 원을 단 하루에 번 셈인 것이다. 한국 같으면 상상도 못 할 수입인 것이다.

"야, 대단하네요. 매일 그렇게 팔 수 있다면 얼마나 좋겠어요."

"그럼 노나는 거죠… 학교도 때려치워야죠."

"하하하!"

"하하!"

"여자 친구, 수수한 인상에 이쁜데…."

"에이, 괜히…."

"아니, 정말 괜찮아요. 빨리 결혼하는 게 좋겠어요. 다른 사람들이 집적거리기 전에."

"가능하면 빨리 하려고 해요."

그때 여자 친구가 음료수를 사가지고 왔다.

"추우신데 한잔 드세요."

"예, 잘 마실게요."

"나 흉봤지?"

"아냐, 흉은 무슨 흉. 직접 물어봐."

"벌써 공처가 신세가 된 것 같네요."

"하하하!"

"호호호!"

1990년경 첫 일본 여행을 떠났을 때이다. 비행기로 두 시간이면 도쿄나 다른 지역 도시에 쉽게 갈 수 있었지만, 일부러 느린 배편을 택한 것은 현해탄의 깊고 푸른 물살을 보기 위함이었다. 서울 용산 쪽 남영동에 있던 국악 연구소에서 출발해 부산행 경부선 열차를 타고 다섯 시간여를 달려 부산역에 도착한다. 가까운 곳에서 식사를 한 후 배편을 알아보기 위해 역에서 그리 멀지 않은 곳에 위치한 여객선 터미널로 간다. 터미널 창구에서 시모노세키(下關)행 선표를 끊는다.

부산은 내가 자란 고향땅이라 그런지 서울에 있을 때와는 달리 마음이 푸근해져왔다. 중앙동 부두에서 건너편 쪽을 바라보니 용두산 공원이 눈에 들어왔다. 학창시절 친구들과 자주 놀러 다니던 곳이었지만, 변함없이 맞이해 주는 것만 같았다. 중앙동 사십 계단과 국제극장, 기상대, 그리고 여객선터미널 가까이에는 옛날 초기의 부산역이었던 고풍스러운 역사 건물도 눈에 들어왔다.

"부웅! 부웅!"

해질 무렵 뱃고동을 길게 울리며 시모노세키행 배가 떠난다. 오른쪽에는 영도섬이, 왼쪽 앞으로는 넘실대는 파도 사이로 오륙도가 맞아주었다. 중학교 다닐 때 산 위에 위치한 학교에서 바라보면 아래 수평선 쪽으로 매일 보았던 오륙도지만 지금 배 갑판 위에서 오랜만에 바라보는 섬은 감회가 새로웠다.

이윽고 부산항을 벗어나니 어느새 어두워졌다. 멀리 항구에 정박해 있는 배들이 비추는 불빛들만이 어둠을 밝혀주었다. 한 시간, 두 시간 멀어져가는 배를 해안선 멀리에 있는 등대의 불빛만이 고요한 바다를 비추어 주었다. 오랫동안 기다려왔던 일본 여행을 이제야 시작하게 되는 것이다.

두어 시간 갑판 위에서 서성이다가 선실로 내려간다. 내 자리는 3등실이었는데 선실 안은 많은 사람들로 북적였다. 술 마시는 사람, 화투 치는 사람, 큰대자로 드러누워 쉬고 있는 사람 등. 특히 중년 여성 승객들이 많이 보였는데 보따리 상인들인지 잠자리 옆에는 짐들이 많이 보였다. 옆에 계시는 50대 아주머니에게 물어본다.

"아주머니는 일본에 놀러가세요?"

"놀러는 무슨 놀러예, 장사 때문에 갑니더."

"그럼 일본에서 장사를 하세요?"

"아이라예, 한국 가져와서 팔 물건들을 사러 갑니더."

"그럼 일본에서 직접 장사하는 게 아니고, 일본에서 물건을 사가지고 한국에 와서 판매를 하신다는 말이죠."

"예."

"직접 판매하십니까?"

"아이라예, 물건을 직접 판매하지는 않고 국제시장이나 남포동 판매업자들에게 도매로 넘깁니더."

"예… 그렇군요… 요즈음은 어떤 물건이 인기 있는데요?"

"녹음기(카세트용), 카메라 등이 잘 나갑니더, 그리고 양주나 양담배도…"

"그럼 일본 갔다 바로 나오시겠네요?"

"예, 물건을 구입하면 바로 나옵니다."

"여행도 제대로 못 하시겠네요."

"묵고살기 바쁜데 무슨 여행에."

"그럼, 여기 선실 안에 계시는 분들도 같은…"

"예, 대부분 저하고 같은 사람들입니더."

"오래 하셨나요?"

"한 십 년 이상 했을 낍니더."

"수입이 그렇게 되나요?"

"그래도 이런 거라도 했으니까, 아들 딸 키우고 고등학교 대학교도 보내고 했지예."

하여튼 억척스럽다는 생각밖에 안 들었다. 사는 게 무엇인지….

다음 날 날이 밝아서야 시모노세키항에 입항한다. 세관 검사를 마치고 나간 승객들은 다들 바삐 어디론가 사라진다. 나도 오래전부터 고대해왔던 일본 일주 여행을 혼자 설레는 마음으로 이제야 시작하게 되는 것이다.

"자, 어디로 갈거나?"

신오쿠보 민박집(마산 출신 주인이 운영하는 곳)에 머물 때이다. 같은 방에 있는 사람들과 늦게까지 이야기를 하다가 늦게야 잠이 들어 단꿈에 한창 취해 있을 때였다. 갑자기 소란스러워지길래 눈을 살며시 뜬다.

"안녕하세요."

"어서오이소, 조금 전에 전화하신 분이지예?"

"예, 처음 뵙겠습니다. 사장님 되십니까?"

"좀 앉으이소."

"예."

"어떻게 이른 아침부터…."

"아는 곳이 이곳밖에 없어서요."

"여기는 어떻게 알고?"

"인천에 있을 때 대학생을 통해 들었습니다. 이곳 사장님이 친절하게 잘 해준다고 해서."

"잘 해주긴예, 그래 얼마나 묵으실라고예?"

"아까 전화로 말씀드렸지만 몇 달 머물 생각입니다."

"그래예, 몇 달 게시기엔 좀 불편하지 않겠습니꺼?"

"괜찮습니다, 말씀드렸다시피 이 사람(부인)하고 같이 머물 텐데, 숙박료만 좀 아까 말씀드린 대로 좀 부탁할께요."

이야기가 길어지는 바람에 잠을 더 잘 수가 없어 일어난다.

"죄송합니다, 우리 때문에…."

"아, 아닙니다."

"시끄럽게 해서 죄송합니다." 부인이 말했다.

"괜찮습니다."

"아까 얼핏 듣긴 들었는데… 사람을 찾는다고예?" 남자 주인이 말했다.

"예."

"어떤 사람인데예?"

"전부터 알고 지내던 여잔데, 사기를 치고 떠났는데 이곳 도쿄에 있다는 얘기를 듣고 이렇게 찾아나서게 됐습니다."

"그렇습니꺼? 금액이 얼마나 되는데예?"

"한 2억 정도 됩니다(2017년 기준 8억 원 상당)."

"와! 꽤 많네예. 어떻게 사기를 쳤길래?"

이 중년 남자분(50대 중반)은 인천에서 법당을 운영하고 있는 법사라고 하였다. 같은 신도들 중에서도 몇 년 동안 자기들과 친하게 지낸 여자 신도인데(40대 중반) 바로 돈을 돌려준다고 해 믿고 돈을 빌려주었는데, 차일피일 미루다가 어느 날 갑자기 일본으로 달아났다고 하였다. 아는 사람들을 통해 수소문해본 결과 도쿄의 어느 지역에 있다는 이야길 듣고 법당은 신도들에게 부탁하고 부부가 함께 그 사기꾼 여자를 찾기 위해 이곳 도쿄로 함께 오게 된 것이다.

"그럼 법당은 어떡하고예?"

"당분간은 문을 닫을 생각예요, 이 여자를 찾는 게 우선 급하니까요."

"이곳에는 아는 사람이 있습니꺼?"

"예, 오래전부터 알고 있던 신도 여자분이 도쿄에 살고 있어서 그분을 통해 좀 알아보려고 합니다."

"뭐하는 여잔데예?"

"장사를 하고 있는 걸로 아는데… 남편되는 사람이 야쿠자 출신인데 지금은 은퇴하고 집에 그냥 있다고 하네요."

"야쿠자 출신이면 사람 찾는 건 일도 아일낀데예."

"안 그래도 그 사람에게 좀 부탁해서 알아보려고 합니다."

그렇게 해서 삼 개월치 숙박비를 반쯤 깎아 선불로 내고 이곳에서 부인과 함께 머물게 된다. 아저씨는 나와 민박집 주인 남자, 그리고 부산에서 왔다는 30대 중반의 김씨와 한 방에서 지내고, 아주머니는 장기 투숙 여자분들하고 지내게 되었다. 법사 아저씨는 사기꾼 여자를 찾아다니는 한편 체류비를 충당하기 위해 노가다 현장에도 나가곤 하였다.

한번은 잠이 안 와 법사 아저씨와 밤늦게까지 이야기를 나누게 되었다.

전부터 궁금한 게 있던 차에 한번 물어보기로 한다.

"법사님은 국내에 있을 때 기도하기 위해 전국을 많이 돌아다녔겠네요?"

"많이 돌아다녔지요. 안 가본 데가 없을 정도로."

"명산은 다 가봤겠네요?"

"웬만한 명산은 다 가봤죠."

"놀러가셨나요, 아니면 기도하러?"

"기도하러 다녔죠, 법사가 놀러나 다녔겠습니까?"

"그렇겠네요… 그런데 기도하다보면 무슨 시험같은 게 온다고 들었는데?"

"오지요."

"무슨 시험인데요? 짐승이요, 아니면 귀신?"

"뭐랄까… 기도하다보면 신이 시험을 하는데, 명산일수록 특히 그런 게 심해요."

"예를 들면 어느 산이요?"

"뭐… 계룡산, 지리산, 삼각산 등 산의 정기가 강한 곳일수록 그런 현상이 더 강해요."

"설악산은요?"

"그기는 산 축에도 못 끼어요. 기생오라비처럼 이쁘기는 해도 명산에는 명함을 못 내밀어요."

"그럼 혹시… 귀신과도 만나본 적이 있겠네요?"

"있지요."

"사람을 해코지하지는 않나요?"

"나하고 원한 관계도 없는데 무슨 일 있겠어요?"

"귀신은 어떻게 생겼어요? 눈에 불을 켜고, 날카로운 송곳니 이빨에 붉은 피를 흘리는…."

"에이, 일반 사람하고 똑같아요… 다만 육신만 없는 거죠. 구천에서 떠돌아다닐 뿐 생각하는 것도 생전처럼 다를 게 없어요."

"참 믿을 수 없네요. 난 평생 한번도 귀신을 본 적이 없는데… 주로 어떤 특별한 사람들에게 귀신이 나타나나요?"

"다 그런 건 아니지만 주로 육체적으로나 정신적으로 약한 사람에게 나타나지요. 기(氣)가 강한 사람에게는 잘 안 나타나요."

"저는요?"

"거기는 건강하고 기가 세니까 안 나타나죠."

"한번 만나봤으면 싶은데…"

"만나 뭐하게요? 쓸데없는 생각 말아요."

"그래도 한번…"

"내일 일찍 일하러 나가야 하는데 괜한 생각 말고 잡시다."

주길신사(柱吉神社), 하까다

50. 고향 시골마을과 가등청정(加藤淸正)의 서생성(西生城)

　내가 어린 시절을 보내고 성장한 곳은 부산이지만 태어난 곳은 경남 울주군(현재 울산시 편입) 동해의 바닷가에 위치한 조그만 어촌이었다. 두 살 땐가 세 살 땐가 가족을 따라서 부산으로 갔기 때문에 성년이 되어 태어난 내 고향에 갔을 때엔 친구라고는 없었다. 친척들은 태어난 마을과, 인근 마을마다 많이 살고 있었다. 그래서 어릴 때부터 어머님 손 잡고 고향마을에 자주 가곤 했었다. 고향마을 집 바로 앞 조그만 강 건너편에는 서생성(西生城)이 있었다. 태어난 곳 집에서 바라다보이는 지척의 거리에 있었다. 이곳은 임진왜란 당시 왜장 가등청정(加藤淸正)에 의해 축성된 성이라고 하였다. 서생성의 성 안과 밖에도 아버지 쪽과 어머니 쪽 친척들이 다수 살고 있었다. 고향마을에서 걸어서 10여 분 거리에 외갓집이 있었는데, 어릴 때부터 자주 들락거려서 그런지 외갓집 식구들과도 아주 정이 많이 들었다. 여름이면 외갓집 마당에 거적 같은 것을 깔고 바로 앞에 있는 회야강(會夜江)에서 잡아온 물고기로 마을에 사는 친척들과 함께 모여 저녁식사를 하곤 했었는데 밤늦도록 시간 가는 줄 모르곤 했었다. 나는 부모님이 돌아가신 후 한동안 잊고 지내다가 이십대 후반이 가까워서야 다시 옛 고향땅을 찾게 되었는데 그때부터 몇십 년 동안 해마다 거르지 않고 가곤 했다.

　하루는 성내(城內)에 사는 육촌동생 종천이와 함께 집 앞 아래쪽에 있는 서생성으로 향한다. 동생은 이곳에서 태어나고 자라서 이 부근에 대해서는 잘 알고 있었다.

　"종천아. 니는 이 서생성(西生城)의 유래에 대해 잘 알고 있나?"

　"예, 어릴 때부터 하도 많이 들어서…."

　"이 성을 누가 지었는데?"

"옛날(임진왜란 당시)에 왜놈들이 이곳으로 와서 성을 만들었다고 들었어예."

"이 성을 쌓는 데 일본사람들 힘만으로 짓지는 않았을 텐데…."

"그 당시 서생성 일대에 사는 조선사람들이 많이 동원되었다고 들었어예. 많이 고생들 했을 거라예."

"그랬겠제. 혹시 일본사람들 이곳에 안 오나?"

"와예. 개인들끼리 가끔 찾아오는 경우가 있지예."

"서생성도 오래된 성이라 많이 허물어져서 보수도 하고 그래야 할 텐데, 안 그렇나?"

"그래야 될 텐데… 나라에서 왜놈들이 쌓은 성이라서 그런지 마아 팽개쳐 놓는 것 같심더. 일본 아들이 와서 저거 조상들이 만든 성이라고 보수를 하기 전에는 그냥 내버려둬야 될 것 같심더."

"아깝지 않나?"

"우째보면 아깝긴 하지만 우야겠능교."

"니 어릴 때 이곳에서 많이 놀았제?"

"알라 때부터 매일 이곳에 와서 동네 친구들과 뛰어놀았어예. 나한테는 그래도 정이 많이 든 곳이라 그런지 애착이 많이 가예."

"이 성을 지은 일본 장수 이름 아나?"

"아마 가토 기요마사라고 하지예. 매우 난폭하고 용맹한 장수라 카데요."

"그래 유명한 장수였지… 옛날에 성 아래가 바다였을 텐데?"

"저도 그렇게 들었심더. 세월이 많이 흘러 바다와는 좀 떨어져 있지만 옛날에는 성 바로 아래까지 물이 들어와 배가 다녔다고 들었심더."

"이곳 서생성의 벚꽃이 유명하다며."

"예, 봄이 되면 성 안, 성 밖 일대에 벚꽃이 많이 피는데 그때쯤 관광객들이 많이 몰려와예."

"니는 좋겠다. 좋은 고향에 태어나서."

"형님도 마찬가지지 않습니꺼. 우리 동네보다는 저 아래에 보이는 형님

동네가 더 좋은 것 같은데예."

이 서생성 안에만도 여러 가구의 친척들이 살고 있어 매년 이곳에 올 때면 인사하러 다니기 바쁘곤 하였다. 우리 부모님도 일제 때 일본 도쿄에서 살다가 귀국해서는 이곳 서생성 바로 위쪽에서 한동안 사셨다고 한다. 육촌동생 종천이의 할머니는 돌아가신 할머니의 친 여동생이기도 하셨는데 나를 친손자 대하듯이 잘 대해주셨다. 나의 조부님께서는 젊을 때 경남 기장군(機張郡, 현재 부산에 편입)에서 사셨는데 3·1운동 때 기장고을 만세운동을 이끄셨다가 일제에 의해 체포돼 대구 형무소에서 3년간 옥고를 치르셨다. 기미년 3·1운동 때 33인 중 우두머리인 손병희 선생께서도 2년 반 정도 사셨는데 할아버지께서는 3년을 사셨다고 하니… 그렇다면 공적의 무게가? 당시 할아버지께서 활동하실 때 수하에 사람들이 많았다고 한다. 그중에서도 P씨(자유당 당시 제1 야당인 민중당 대표 역임), K씨(만주에서 독립운동하다 귀국, 후에 5·16 당시 내각 수반, 국회의장 역임), C씨(국회의원, 경남 기장) 등이 조부님 밑에 있었다고 어릴 때부터 일가친척들로부터 귀가 따갑게 들어왔다. 할머니의 고향도 서생성 강 바로 건너가 출생지였다. 어머니의 고향은 바로 옆 동네이고, 육촌동생 종천이의 할머니(나에게는 작은 할머니)께서 할아버지 감옥살이할 때 옥바라지하느라 많은 고생을 하셨다고 들었다. 그 일 때문에 집안은 온통 풍비박산 나고… 일본의 역사를 들여다보면 도래계(한반도계)의 역사라 해도 과언이 아닐진대, 일제 치하 36년간 고초를 생각하면… 하여튼 일본은 적어도 나에게는 애증이 교차하는, 뗄래야 뗄 수 없는 가까운 나라인 것이다. 가깝고도 먼 이웃나라, 그 말이 가장 어울리는 나라인 것이다.

54. 캄보디아에서 만난 일본인 여행객들

내가 세계를 돌아다니며 경험해본 가장 뜨거운 날씨는 터키 이스탄불에서 아랍에미리트로 갔을 때였다. 두바이 공항에 도착해 트랩에서 내리는데 갑자기 열풍이 내 몸을 향해 몰아치는데 숨이 턱턱 막히는 것 같았다. 처음 겪어보는 뜨거운 열풍에 순간적으로 멍하였다. 뒤도 안 돌아보고 공항 청사 안으로 들어간다. 청사 안은 완전 별세계였다. 에어컨을 빵빵 틀어놨는지 그저 시원하기만 하였다. 의자에 앉아 좀 쉬었다가 공항 창구 직원에게 오늘 기온을 물어보니 자그마치 52도라고 하였다.

"아이쿠 맙소사!"

그러니 숨이 막히고 코가 막히는 것도 무리가 아니지. 그런데 이런 뜨거운 사막의 나라에서 사람들은 어떻게 살아가는지⋯? 긴 옷 차림의 중동 사람들을 처음엔 이해할 수 없었으나 이제야 알 것 같았다. 그 뒤로 요르단, 이집트 등 무더운 곳을 여행할 때면 나도 긴 소매의 옷을 구해 입고 다니곤 하였다.

어쨌든 오래전부터 그렇게 와보고 싶었던 앙코르와트(Angkor Wat)를 이제야 보게 된다고 생각하니 괜히 가슴이 설레었다. 입국 후 어수선한 프놈펜 시내에서 1박을 한 후, 다음 날 앙코르와트로 가기 위해 일찍 숙소에서 나온다. 시내의 한 좁은 강변에서 출발한 배는 세계적으로 유명한 돈레샵 호수를 거쳐 앙코르와트 관광의 거점도시인 시엠립에 도착해 한 게스트하우스에 여장을 푼다.

다음 날, 오늘도 날씨가 너무 더워(40도) 숙소에서 쉬고 있을 때였다. 휴게실 안쪽에 일본 여성 여행객들 서너 명이 모여 이야기를 나누고 있었다. 그중 한 사람은 어젯밤에 나와 오랫동안 이야기를 나눈 사람이었다 (20대 중반, 도쿄).

"리상, 오늘은 어디 안 나가요?"

"나가야 하는데 돌아다니기에 날씨가 너무 더워 그냥 좀 쉬려고요."

"그럼 이쪽으로 와서 같이 이야기나 해요."

"그럽시다… 곤니찌와, 하지메마시떼(안녕하세요, 처음 뵙겠습니다)."

"곤니찌와."

"같이 앉아도 될까요?"

"앉으세요. 혼자 여행 오셨나요?" 오사카에서 온 여성이 말했다.

"예."

"한국에서 오셨다고요."

"예."

"어찌 혼자 여행을?"

"혼자가 좋잖아요. 마음대로 돌아다닐 수 있고요."

"그렇긴 하지만… 심심하지 않나요?"

"혼자 다니는 게 습관이 돼서 별로 모르겠어요. 이쪽 분은 어디서 오셨나요?"

내가 앉은 자리 건너편 여성에게 물었다.

"교토에서 왔어요… 교토에 가봤나요?"

"물론 갔다 왔죠."

"그러면 다른 곳들도 가봤겠네요?"

"예, 나라, 교토, 오사카, 하카다(후쿠오카), 나고야, 그리고 고베, 오키나와, 히로시마…"

"와, 많이 다니셨네요. 그럼 일본에는 몇 차례나 다녀왔나요?"

"글쎄요, 잘은 몰라도 삼십 회 정도는 될 것 같은데요."

"대단하시군요, 우리보다 더 많이 돌아다녔겠네요… 특히 어디가 마음에 들던가요?"

"사람에 따라 다르겠지만 나는 교토하고 나라가 제일 좋았던 것 같아요."

"그럼 혹시 직업은?"

"지금은 쉬고 있지만 음악을 했어요."

"아, 그러세요. 어떤 종류의 음악을?"

"한국 전통음악이요."

"전통음악이라면 우리 사쿠하찌(퉁소)나 요꾸부에 샤미생 같은…."

"여러 악기를 만지는데 그중에서도 대금이라는 악기를 특히 오래 했어요."

"어떻게 생긴 악기인데요?"

"모양은 사쿠하찌처럼 생겼는데 이렇게 옆으로 부는 악기예요."

"얼마나 했는데요?"

"한 이십 년쯤 분 것 같은데요."

"대단하네요. 그 외에 다른 것도?"

"타악기와 전통춤도 같이 했어요."

"그럼 텔레비전이나 라디오 같은 데도 나갔겠네요."

"예, 여러 번 출연했어요."

"정말 부럽네요… 그런데 이렇게 외국에 나와 돌아다녀도 돼요?"

"괜찮아요. 직업보다 여행이 더 좋은걸요."

52. 일본 여행객들과 함께 한국 식당으로

그렇게 일본 여행객들과 이야기를 나누는데 한 사람이,

"전에 한국에 갔을 때 비빔밥을 먹어봤는데 너무 맛있었어요."

"일본에도 한국 식당들이 있을 텐데…."

"있긴 하지만 음식값이 비싸요."

"그럼… 이곳에도 한국 음식점이 있는데 한번 같이 갈래요?"

"그래도 괜찮아요?"

"그럼요."

"음식값은 비싸지 않나요?"

"서울에서 사먹는 것보단 좀 비싸지만 그래도 일본에서 사먹는 것보단 싸요."

"진짜예요."

"예, 어때요, 같이들 갈래요?"

"잇쇼니 이끼마쇼(같이 갑시다)."

"오네가이시마쓰(부탁합니다)."

그렇게 해서 한국 식당으로 함께 가게 된다. 그리 먼 곳이 아니라 이야 기도 할 겸 걸어서 간다. 잠시 후 한국 식당에 도착한다.

"자, 들어갑시다."

"식당 분위기가 좋네요."

"그렇죠. 어때, 안으로 들어갈래요, 바깥에서 먹을래요?"

"아무데서나요."

"그럼 여기서 먹읍시다. 그늘도 져서 괜찮은 것 같은데."

"그래요."

현지인 여종업원이 나와 물수건과 물을 돌리고 난 후 주문을 받는다.

"뭘로 들래요?"

"와따시와 비빔파(나는 비빔밥)."

"오따시모(나도)."

일행들은 모두 비빔밥으로 통일한다.

잠시 후 주문한 음식이 나왔는데 서울의 일반 식당보다 반찬이 다양하게 많이 나왔다.

"야!"

"쓰고이(멋있다)!"

"자, 타베마쇼(자, 먹읍시다)!"

"이타다끼마쓰(잘 먹겠습니다)!"

일행 중에는 비빔밥을 처음 먹어보는 사람이 있었는데 어떻게 먹어야 할지를 몰랐다.

"내가 해줄게요."

"그래줄래요."

그래서 콩나물, 숙주나물, 도라지 등 나물 종류와 빨간 고추장을 듬뿍넣어 숟가락으로 비벼준다.

"잘 보고 배워요… 자, 이제 먹어봐요."

"아리가또."

그리고는 식사를 한다.

"아지와 도우데스까(맛은 어때요)?"

"오이시이(맛있어요)!"

"진짜 맛있어요?"

"오이시이!"

"이것도 들어봐요, 한국식 된장예요."

"…!"

"어때요, 괜찮아요?"

"아주 맛있어요. 일본의 미소시루(된장국)와는 또 다른 맛이네요. 더 맛있어요."

"젠부 오이시이데쓰까(전부 맛있나요)?"

"젠부 오이시이데쓰."

돌아가며 한국 음식에 대해 한마디씩 칭송하였다.

"일본서 이 가격으로 이 정도의 음식을 먹을 수 있나요?"

"불가능해요. 이 정도면 몇 배 더 지불해야 돼요."

"그렇죠. 그럼 오늘 잘 따라왔네요."

"리상, 정말 고마워요. 덕분에 아주 맛있게 잘 먹었어요."

"저도요."

지구상에서 한국사람 다음으로 한국 음식을 좋아하는 사람은 아마도 일본사람들일 것이다.

숙소로 돌아간 후 한 친구에게 부탁해 그날 밤늦게까지 일본어를 배우다 잠자리에 든다.

맺음말

　여행, 얼마나 매력으로 다가오는 말인가? 특히 무전여행이라면 누구나 한번쯤은 꿈꿔보았을 것이다. 사람의 심장을 파고드는 환상적인 매력이지만, 말이 쉬워 무전여행이지 아무나 쉽게 할 수 있는 것이 아니라는 것이 필자가 오랫동안 세계를 돌아다니면서 경험으로 내린 결론이다. 외국에 나가 아는 지인을 만나 신세를 지는 것도 잠깐이지, 잘못하면 민폐만 끼치게 된다는 것이다.

　혹시 누군가 나에게 묻는다면 결코 날 따라하지는 말라고 권하고 싶다. 왜냐하면 무전여행을 하려면 많은 것이 맞아떨어져야만 하기 때문이다. 예를 들어 나같이 오랜 세월 여행을 하려면 모험심과 도전정신, 돈 문제(아파트 한 채 값은 기본), 체력 문제, 담력과 용기, 실험정신, 언어, 오랜 기간의 세월 투자, 끈기, 실천력 그리고 마지막으로 무엇보다 중요한 건 타고난 끼가 맞아야 한다는 것이다. 여행하면서 일어나는 모든 문제를 홀로 감당하면서 돌아다니려면 이것들 중 어느 한 가지만 빠져도 안 된다는 것이다.

　물론 여행 중 힘든 일만 있었던 것은 아니다. 그동안 세계 각국을 돌아다니며 가고 싶었던 곳 원 없이 가보았고(아직 일부 남았지만) 각 대륙별로 많은 친구들도 만나게 되는데, 그중에는 소위 미녀 친구들도 만나 사귀게 되어 시쳇말로 인생에 있어서 결코 밑진 장사는 아니었다고 생각한다.

　후회 없이 살아간다는 게 물론 말처럼 그리 쉬운 일은 아닐 것이다. 마음껏 하고 싶은 대로 하고, 가고 싶은 곳을 가고, 주위로부터 간섭을 받지 않고, 자유인으로 살아간다는 게 참으로 어려운 일일 수도 있는 것이다.

　현재의 나는 그동안 살아오면서 가장 어려운 시기를 보내고 있다. 기초생활수급자에 신용불량자 신세에다 그나마 몇 달 전 오랫동안 살던 월셋

집에서 쫓겨나 현재는 이웃 고시원에서 생활하고 있다. 현재 나에게 남아 있는 것이라곤 그동안 세계를 돌아다니며 기록한 많은 글들뿐이다.

나에게 다시 기회가 온다면 여행을 다시 시작할 것이고, 여건이 되는 대로 미력하나마 사회에 봉사할 기회를 가졌으면 하는 바람뿐이다.

각 분야(음악, 춤, 연기 등)에서 아직도 활동하는 친구, 선후배들을 만나면 하나같이 하는 말이, 내가 부럽다는 것이다.

모든 것은 자신의 의지에 달려 있는 것이다.

이해성